ÖSTERREICHISCHE AKADEMIE DER WISSENSCHAFTEN
MATHEMATISCH-NATURWISSENSCHAFTLICHE KLASSE
DENKSCHRIFTEN, 123. BAND

Morphologisch-ökologische Differenzierung, Biologie, Systematik und Evolution der neotropischen Gattung *Jacaranda (Bignoniaceae)*

VON

WILFRIED MORAWETZ, WIEN

(MIT 71 ABBILDUNGEN)

WIEN 1982

IN KOMMISSION BEI SPRINGER-VERLAG WIEN NEW YORK

Alle Rechte vorbehalten

Copyright © 1982 by
Österreichische Akademie der Wissenschaften
Wien

Druck: R. Spies & Co., A-1050 Wien

ISSN 0379-0207

ISBN-13 : 978-3-211-86500-2   e-ISBN-13 : 978-3-7091-5758-9
DOI : 10.1007/978-3-7091-5758-9

Meinen Eltern gewidmet

INHALTSVERZEICHNIS

English Abstract	7
Einleitung	9
Danksagung	10
Der Name „Jacaranda"	10
Material und Methoden	13

Morphologie und Biologie

Der Keimling	17
Sproßaufbau und Wuchsform	17
Sproßverkettung und Architektur	17
Physiognomie	19
Das Holz	22
Das Blatt	24
Der Blütenstand	27
Die Blüte	31
Frucht und Same	32
Phänologie	35
Reproduktion	37
Blütenbiologie	37
Generative und vegetative Vermehrung	39
Generative Ausbreitung	39
Vegetative Ausbreitung	42
Besiedelung	42
Modifikationsexperimente	42
Die Chromosomen	45
Die Inhaltsstoffe	47
Systematischer Teil	
Die Stellung und Abgrenzung der Gattung	49
Das Gattungsareal und die Sektionen	51
Conspectus specierum	51
Schlüssel für die Gattung *Jacaranda*	52
Beschreibung der Arten	55
Artenareale (Abb. 37—42)	99

Die Lebensräume

Die Arten der Wälder	103
J. puberula agg.	105
J. montana	110
J. micrantha	113
J. jasminoides	115

J. obovata	116
J. crassifolia und *J. macrantha*	117
J. subalpina	119
J. mimosifolia	120
J. copaia	121
Die Arten der Cerrados und anderer Savannen	124
J. caroba	128
J. oxyphylla	131
J. decurrens und *J. rufa*	134
Vergleich der Lebensräume von *Jacaranda*-Arten in den Küstengebirgen zwischen São Paulo und Rio de Janeiro	136
Vergleich der Lebensräume von *Jacaranda*-Arten in den Küstengebirgen im Süden des Staates São Paulo	139
Vergleich der Lebensräume von *Jacaranda*-Arten in der Serra de Botucatu	141

Diskussion

Die Stellung der Gattung innerhalb der Familie	143
Merkmalsprogressionen	144
Verwandtschaft und systematische Gruppierung	145
Arealgestaltung	147
Ökologie und Biologie	150
Ökologisch-systematische Zusammenhänge	151
Intragenerische Konkurrenz	153
Ökologisch-biologische Anpassungen	153
Ökologische Progression	157
Evolutionsfaktoren (Abbildung)	158
Cytogenetische Grundlagen	158
Sippendifferenzierung	158
Die raum-zeitliche und stammesgeschichtliche Entwicklung der Gattung	162

Literaturverzeichnis ... 167

Verzeichnis der Herbarbelege ... 175

Verzeichnis der Namen in der Gattung *Jacaranda* ... 179

Verzeichnis der Pflanzennamen (ohne *Jacaranda*) ... 181

English Abstract

Morphological and ecological differentiation, biology, systematics and evolution of the neotropical genus Jacaranda (Bignoniaceae)

So far few data are available to demonstrate the connection between morphology, ecology, biology, chorology and speciation in tropical woody plants. The genus *Jacaranda* is very appropriate for such a project of synthetic systematics: It contains relatively few species (ca. 43) which display a wide spectrum of evolutionary differentiation.

More than a third of all known Jacaranda-species have been studied in various habitats of Brazil. The systematic revision includes the whole genus. There is remarkable intra- and interspecific variation in regard to growth-forms (tall trees to subshrubs), leaves (double pinnatified to entire), inflorescences, fruits etc. Most of the differentiations in morphology and biology (phenology, dispersal, colonization) can be interpreted as aspects of adaptive radiation. Both mono- and polytypic taxa keep to well defined ecological amplitudes. The importance of micro-ecological adaptation to particular niches is emphasized. Parapatric species are as frequent as allopatric ones, while true sympatry is rare. Competitive exclusion can be neglected. Ecological radiation is postulated from rain-forest to dry habitats, e.g. in highly specialized neotenic pyrophytes of cerrado vegetation. A chorological analysis brings to light different geographical distribution patterns (climatic and edaphic, neo- and paleoendemism etc.). The two sections of the genus correspond to two distribution centers. The high cytogenetic stability is demonstrated by chromosome counts and C-banded karyotypes. Speciation is mostly allopatric and a new model of sympatric speciation is proposed. The phylogenetic relationships between the species, sections and other genera are discussed. As a synthesis the development of the genus in space and time since the early Tertiary is ventilated and compared with that of other neotropical genera.

Einleitung

Bereits im Jahre 1869 wies KERNER in seiner Arbeit über *Cytisus* auf die Zusammenhänge zwischen Morphologie, Ökologie, Chorologie und Artbildung hin. Bald darauf bestätigte WETTSTEIN (1898) durch ähnliche Untersuchungen die Richtigkeit einer solchen Darstellung und hob deren große Bedeutung für das Verständnis der systematischen Botanik hervor. In der Folge wurde diese auf der Synthese unterschiedlicher Disziplinen beruhende Form der Evolutionsforschung weiterentwickelt, durch moderne Hilfsmittel ergänzt und bei zahlreichen Formenkreisen des temperaten Raumes angewendet (vgl. z. B. EHRENDORFER 1968, MEUSEL 1972, HEYWOOD 1973, PUFF 1974, EHRENDORFER et al. 1977, HUBER 1977).

Lange Zeit jedoch fehlten entsprechende biologisch-systematische Untersuchungen an tropischen Holzpflanzen. Dies erschien um so bedauerlicher, als vermutet werden muß, daß die Entwicklungsgeschichte solcher Verwandtschaftsgruppen spezifischen Gesetzmäßigkeiten folgt und damit wesentliche Aufschlüsse über die Mannigfaltigkeit der Sippendifferenzierung verspricht (EHRENDORFER 1970). Erst neuerdings wurden vielseitige Beiträge zur raum-zeitlichen Entfaltung tropischer Gehölzgruppen erstellt (z. B. *Diospyros:* WHITE 1962, *Dipterocarpaceae:* ASHTON 1969, *Hymenea:* LANGENHEIM & al. 1973, *Bignoniaceae:* GENTRY 1974 b, c, 1976, 1978 a). Trotz dieser und ähnlicher Arbeiten ist unser Wissen über die Systematik und Ökologie tropischer Pflanzengruppen aber noch immer sehr unvollständig (RICHARDS 1969, WHITMORE 1969, WEBB 1974, EHRENDORFER 1978 b: 984). Daher schien es interessant und erfolgversprechend, eine tropisch zentrierte Holzpflanzengruppe durch Feldbeobachtungen und Laborarbeit auf möglichst breiter Basis zu untersuchen. Die neotropische Bignoniaceen-Gattung *Jacaranda* erwies sich für ein solches Projekt als besonders geeignet: Sie zeigt nämlich mit einer überschaubaren Zahl von Arten (vgl. BUREAU & K. SCHUMANN 1897) eine breite Differenzierung in morphologischer, ökologischer und biologischer Hinsicht und erleichtert die Feldarbeit durch ihren auffälligen Habitus.

Ziel dieser Arbeit ist es, ein möglichst umfassendes und lebendiges Bild der Gattung zu entwerfen. Dazu war es vor allem notwendig, das Verhalten einiger Arten im Freiland in bezug auf Morphologie, Variabilität, Ökologie und Biologie zu untersuchen. Diese Geländestudien wurden durch mikroskopische (Anatomie, Cytologie), ultrastrukturelle und chemische Befunde vertieft. Die Bearbeitung eines umfangreichen Herbarmaterials aus den meisten größeren Sammlungen vervollständigte das Bild im Hinblick auf die Abgrenzung und Verbreitung der Sippen. Aus all dem ergibt sich nunmehr eine gewisse Vorstellung von den Evolutionsmechanismen, den verwandtschaftlichen Zusammenhängen und der raum-zeitlichen Entfaltung der Gattung *Jacaranda*. Als formaler Rahmen für die Ergebnisse wird eine systematisch-taxonomische Revision vorgelegt.

Es liegt auf der Hand, daß meine Untersuchungen an *Jacaranda* im Rahmen einer Dissertation keine Vollständigkeit erreichen konnten und noch mancher Punkt einer genaueren Klärung bedarf. Auch ist zu erwarten, daß ergänzende Studien in fast jeder Landschaft des tropischen Südamerikas neue Befunde über diese Gattung erbringen werden.

Danksagung

Diese Arbeit wäre nicht zustande gekommen, wenn ich nicht von vielen Seiten Unterstützung erhalten hätte. Allen voran möchte ich Prof. Dr. GERHARD GOTTSBERGER und seiner Frau Prof. Dr. ILSE SILBERBAUER-GOTTSBERGER meine tiefe Dankbarkeit ausdrücken. Durch ihren herzlichen Empfang in Brasilien, die interessanten gemeinsamen Exkursionen, eine lebendige und mich begeisternde Einführung in die Tropenbotanik, die stets selbstlose Hilfe und zahllose Gespräche wurde der Aufenthalt in Südamerika zu einem Schlüsselerlebnis meiner Studienzeit. Jedoch wäre ein Beginn unmöglich gewesen, hätte nicht Univ.-Prof. Dr. FRIEDRICH EHRENDORFER eine adäquate Themenstellung vorgegeben. Ihm möchte ich für seine faszinierenden Ideen, für sein großzügiges Verständnis selbständigem Arbeiten gegenüber, für die Bereitstellung eines vorzüglich ausgestatteten Arbeitsplatzes und für die kritische und umsichtige Korrektur des Manuskriptes sehr herzlich danken.

Mein Dank gilt auch Dr. ALWYN GENTRY, der mich durch seine große Erfahrung auf dem Gebiet der neotropischen Bignoniaceen im brieflichen Kontakt vor manchem Fehler bewahrt hat.

Gar nicht hoch genug kann ich die Anteilnahme meiner lieben Eltern schätzen, die dieses Projekt nicht nur durch weitgehende Finanzierung, sondern auch durch laufendes lebhaftes Interesse unterstützt haben.

Ganz besonderer Dank gebührt meiner lieben Frau: Als unermüdliche Reisegefährtin und durch lebhafte Unterstützung in mannigfachen Belangen hat sie wesentlichen Anteil am Abschluß meiner Dissertation.

Folgenden Institutionen bin ich zu Dank verpflichtet: dem Dept. de Botânica der FCMBB (heute UNESP/IBBMA) in Botucatu für die freundliche Aufnahme während mehr als eines Jahres, dem „PROJETO RONDON" und dem INPA (Manaus) für eindrucksvolle Aufenthalte in Amazonas und dem Bundesministerium für Wissenschaft und Forschung in Wien für die zweimalige Vergabe eines Auslandsstipendiums.

Weiters danke ich dem „Fonds zur Förderung der wissenschaftlichen Forschung in Österreich" (Projekt-Nr. 4052) für die gewährleistete Unterstützung.

Ich könnte nicht allen denen gerecht werden, die auch sonst im In- und Ausland in verschiedenster Weise hilfreich waren: Ihnen allen sei recht herzlich gedankt.

Der Name „Jacaranda"

Der Name „Jacaranda" ist indianischen Ursprungs (SOUKUP 1970). Die erste Transkription erfolgte ins Portugiesische und läßt eine ursprüngliche Aussprache mit einem stimmhaften Sch am Anfang (etwa wie bei Genie) und einer Betonung der letzten Silbe vermuten. Als Vulgärname ist die Bezeichnung Jacarandá in Brasilien heute noch für viele Pflanzen mit gefiederten Blättern gebräuchlich, wird jedoch kaum für die hier behandelte Bignoniaceen-Gattung *Jacaranda* JUSS. verwendet. Diese Tatsache hat zu mancher Verwechslung geführt. So wird *Jacaranda*, die ein weiches helles Holz besitzt, oft irrtümlich als Palisanderlieferant angesprochen (z. B. MELCHIOR 1964), da die edelholzproduzierenden Bäume der Leguminosen-Gattung *Dalbergia* und *Machaerium* den volkstümlichen und sehr geläufigen Namen Jacarandá führen (LÖFGREN 1895, DECKER 1936).

Hingegen wird *Jacaranda* in den meisten Landstrichen Brasiliens von der Bevölkerung Caroba genannt. Dabei werden die hochwüchsigen Arten der Wälder als Caroba da mata von den viel kleineren Savannenbewohnern als Caroba do Campo, Caroba miuda oder Carobinha unterschieden. Dieser weitverbreitete Vulgärname leitet sich wahrscheinlich von dem indianischen „kaa-roua" ab, was soviel wie „bitteres Kraut" bedeutet (LÖFGREN 1895). Tatsächlich schmecken sowohl Rinde als auch Blätter der meisten *Jacaranda*-Arten bitter. Möglicherweise bestehen auch Zusammenhänge zwischen dem brasilianischen Namen Caroba und der europäisch-romanischen Bezeichnung für *Ceratonia siliqua* (ital. carroba, franz. caroubier; HEGI 1923), deren einfach gefiederte Blätter denen mancher *Jacaranda*-Arten ähnlich sehen.

Weiters gibt es in ganz Südamerika noch zahlreiche andere Bezeichnungen für *Jacaranda*. So z. B. Parapará (Amazonia); Fotui (Franz.-Guayana); Gualanday (Kolumbien); Paravisco, Soliman de Monte, Amchiponga, Ishpapi (Peru); Tarco (Argentinien); para paray guarú, paraparahi (Paraguay) und Uay-kuy mada yek (Venezuela) (DUGAND 1954, BERNARDI 1957, FABRIS 1964, SOUKUP 1970, PIO CORREA 1974, sowie nach Herbarangaben).

Material und Methoden

Zum allgemeinen Teil

Reisen und Aufsammlungen: Ich hatte Gelegenheit, die Zeit von Oktober 1974 bis Dezember 1975 sowie August bis September 1978 in Brasilien zu verbringen. Während dieser Aufenthalte legte ich etwa 35000 km innerhalb des Landes zurück und konnte folgende Bundesstaaten bereisen: Paraná, São Paulo, Rio de Janeiro, Minas Gerais, Bahia, Mato Grosso, Rondônia und Amazonas. Viele Ergebnisse konnten 1980/81 in einer viermonatigen Reise in Brasilien neuerlich auf ihre Richtigkeit überprüft werden. Diese Reisen dienten hauptsächlich dazu, *Jacaranda* zu suchen, im Gelände zu beobachten und aufzusammeln. Herbarmaterial wurde, soweit es möglich war, in mehreren Duplikaten gesammelt. Dabei wurde Wert darauf gelegt, auch vegetative Teile der Pflanzen möglichst vollständig zu erfassen. Das Material wurde an Ort und Stelle gepreßt und getrocknet oder auch nach dem Pressen mit 96% Alkohol besprüht und in Plastiksäcken bis zur endgültigen Trocknung aufbewahrt. Häufig wurden auch Alkoholpräparate hergestellt. Im Gegensatz zu den niedrigen *Jacaranda*-Exemplaren erwies sich das Besammeln von hohen Bäumen als schwierig: Diese wurden mit Hilfe von Seilschlingen bestiegen, um dann größere Äste abzuschlagen.

Die Transekte mit *Jacaranda*-Fundpunkten und Vegetationsabfolgen wurden entlang gebirgsdurchquerender Straßen bestimmt (Abb. 67: São Paulo–Santos, Taubaté–Ubatuba, Guaratingetá–Paratí, São José dos Campos–Caraguatatuba, Lorena–Itajubá, Resende–São Lorenço, Abb. 68: Itapeva–Apiaí–Iporanga–Eldorado–Jacupiranga–Cananéia, Abb. 69: Botucatu–Pardinho, Botucatu–São Manoel, Botucatu–Vitoriana, Botucatu–Rubião e Junior). Nur selten war es möglich von den Verkehrswegen weg, etwa 1–2 km in die Vegetation einzudringen. Höhenmessungen wurden mit einem handelsüblichen Höhenmesser durchgeführt, der regelmäßig an Fixpunkten (z. B. Meereshöhe) geeicht wurde; Luftdruckschwankungen ergaben Ungenauigkeiten von ca. 100 m.

Vegetationsanalysen: Neben quantitativen Daten (Baumhöhen, Stammdicken, *Jacaranda*-Frequenz, Epiphytenmenge u. a.) wurden vor allem physiognomische Charakteristika (Ausbildung der unterschiedlichen Strata, Dichte, auffällige Wuchs- und Blattformen) verwendet, um die jeweilige Vegetation zu charakterisieren. Weiters waren die Sukzessionsstufen und auffällige Florenelemente wichtige Merkmale. In einigen Fällen wurden charakteristische *Jacaranda*-Standorte durch Vegetationsprofile dargestellt. Diese wurden auf Grund exakter Messungen (Baumhöhen und -durchmesser, Kronendurchmesser usw.) angefertigt, Individuen mit weniger als 10 cm Stammumfang blieben meist unberücksichtigt.

Phänologie: Einige Jacaranda-Populationen wurden für phänologische Beobachtungen öfters aufgesucht, in manchen Fällen war es notwendig, durch Einzelbeobachtungen den phänologischen Rhythmus zu extrapolieren.

Früchte und Samen (quantitative Daten): Die Fruchtmenge (pro Individuum bzw. Fläche) konnte bei kleinwüchsigen Arten an mehreren Standorten exakt ausgezählt werden. Bei hochwüchsigen Bäumen wurde ein größerer Ast abgeschlagen, die Früchte auf diesem gezählt und dann die Menge am ganzen Baum geschätzt. Die Zahl der Früchte × Samenmenge/Kapsel (mindestens 3 geschlossene Kapseln ausgezählt) ergab die Samenmenge (bei Abb. 19).

Samenmassen wurden an Hand von frischen luftgetrockneten Samen (50—100 Stück) festgestellt. Die Sinkgeschwindigkeiten der Samen beruhen auf jeweils 10 Messungen in einem Aufwindkanal (LUFTENSTEINER 1978) und sind als Durchschnittswert angegeben.

Holz (spezifisches Gewicht): Möglichst große Stamm- und Aststücke wurden luftgetrocknet und abgewogen, das Volumen nach einem kurzen Paraffinbad durch Wasserverdrängung gemessen. Von jeder untersuchten Art standen 1—5 Proben zur Verfügung.

Morphologie und Anatomie: Schnitte an alkoholfixiertem Blatt- und Blütenmaterial erfolgten mit der Hand, wurden in Glycerin eingebettet und mit einem Zeichenapparat dargestellt. Holz blieb zum Weichwerden etwa 2 Wochen in einem Alkohol-Wasser-Glycerin-Gemisch (ca. 1:1:1), wurde mit einem Schlittenmikrotom geschnitten und nach dem Überführen in absoluten Alkohol in Euparal eingebettet.

Die Analyse der Nervatur erfolgte an Blättchen, die zuvor 1—3 Tage in 5% KOH gebleicht und dann in Safranin gefärbt wurden. Bisweilen war es notwendig, überflüssiges Gewebe mit dem Pinsel abzutragen bzw. überfärbte Blätter in 30% Alkohol zu differenzieren.

Blattflächen (Tab. 8): Von jeder Art wurden mindestens 5 mittlere vollständige Blätter unterschiedlicher Standorte vermessen. Die Blättchenfläche, L × B × 0,66 (CAIN & CASTRO 1959), mit der Blättchenzahl multipliziert ergibt die Blattfläche.

Chromosomen: Feldfixierungen nach Carnoy wurden nach allgemein gebräuchlichen Methoden (Karmin-Essigsäure, Feulgen) aufbereitet und die Chromosomenzahl an jeweils 5 vollständigen Zellen (somatische Metaphase, Pollenmitose, Meiose) ermittelt. Für die differentielle Heterochromatindarstellung fanden frische kultivierte Wurzelspitzen Verwendung, die etwa 5—6 Stunden mit 8-Hydroxychinolin vorbehandelt wurden, um dann nach MARKS (1975) C-gebändert zu werden.

Flavonoidchemie: Die Methode richtet sich nach GREGER (1975), die isolierten Stoffe stammen von dem Beleg 92-20275 *(J. crassifolia)*.

Pollen: *J. oxyphylla, J. rufa, J. mimosifolia* und *J. decurrens* wurden nach ERDTMAN (1960) acetolysiert, die Untersuchung des Pollens anderer Arten erfolgte lediglich nach einem kurzen Aufkochen in Karmin-Essigsäure.

Zeichnungen stützen sich auf Feldskizzen, Photos und Herbarmaterial.

Referenznummern ohne Angabe des Sammlers beziehen sich auf eigene Aufsammlungen.

Zum systematischen Teil

Den Kuratoren folgender Herbarien möchte ich danken, daß ich Herbarmaterial entweder an Ort und Stelle studieren konnte oder leihweise übersandt bekam (die Abkürzungen folgen dem „Index Herbariorum", STAFLEU 1974): B, BM, BOTU, F, G, HAL, HBG, INPA, K, L, LE, M, NY, OUPR, RB, SP, U, UB, W, WU.

Typusexemplare, die ich persönlich gesehen habe, sind mit ! gekennzeichnet.

Diagnosen: Die Blattlänge wurde jeweils von dem Blattpolster bis zum Ende der terminalen unpaarigen Fieder gemessen, die Blütenfarbe ist zum Teil in der Abkürzung des Farbenbuches von KORNERUP & WANSCHER (1963) angegeben (z. B. 12/E7) und bezieht sich auf lebendes Material. Die Blühzeiten (römische Ziffern für Monate) sind bisweilen nur für einen Teil des jeweiligen Art-Areals gültig; dies wird durch die getrennte Schreibweise (I; II; III; statt I—III) angedeutet.

Herbarbelege: Von den gesehenen Belegen wird nur ein Teil angeführt, der das Variationsspektrum des jeweiligen Taxons an gut erhaltenen Exemplaren deutlich macht; auch historisch interessante Herbarbögen werden zitiert.

Duplikate meiner eigenen Aufsammlungen sind in Wien (WU) deponiert und wurden z. T. auch an BOTU, K, MO, RB verschickt.

Streudiagramme: Bei dem Diagramm Abb. 27 wurde von einer gut erhaltenen Auswahl beider Arten möglichst divergierender Herkunft je ein durchschnittliches Blättchen vermessen. Länge : Breite (L : B) ergibt die Blättchenform, Länge × Breite die relative Blättchenfläche.

Bei dem Diagramm Abb. 31 wurde die Spitzenbreite des Blättchens nach 1/10 der Gesamtlänge gemessen und als % der Gesamtlänge ausgedrückt. Die Asymmetrie erscheint als Differenz der beiden halben Blättchenbreiten nach 1/3 der Gesamtlänge als % der Gesamtbreite an dieser Stelle. Bei *J. macrantha* stand von den meisten bekannten Herbarbelegen verschiedener Herkünfte je ein mittleres Blättchen zur Verfügung, von den wenigen Exemplaren von *J. crassifolia* wurden je 4 Blättchen unterschiedlicher Größe und Form erfaßt.

Arealkarten sind bis auf *J. obtusifolia* ausschließlich auf Grund von Herbarbelegen und eigenen Beobachtungen angefertigt.

Folgende Abkürzungen wurden im Text verwendet:

Abb.	Abbildung
et al.	et alii
bzw.	beziehungsweise
ca.	zirka
cf.	confer
d. h.	das heißt
div.	diverse
H	Höhe
H. B. V.	Hortus Botanicus Universitatis Vindobonensis
herb.	herbarium
ibid.	ibidem
inkl.	inklusive
J.	Jacaranda
max.	maximal
nom. nud.	nomen nudum
mündl. Mitt.	mündliche Mitteilung
Nerv.	Nervatur
pers. Mitt.	persönliche Mitteilung
S.	Seite
s.	siehe
sect.	sectio
s. l.	sensu lato
s. s.	sensu stricto
Tab.	Tabelle
U	Stammumfang
u. a.	und andere
usw.	und so weiter
vgl.	vergleiche
Vorb.	Vorbereitung
z. B.	zum Beispiel
z. T.	zum Teil

Morphologie und Biologie

Der Keimling

Bereits an den Keimpflanzen lassen sich manche Arten deutlich unterscheiden. Ich hatte Gelegenheit, die Keimlinge von 4 Arten zu vergleichen. Weitere Hinweise über die Keimung von *Jacaranda* fehlen vollkommen, obwohl besonders die Ontogenie von einfach gefiederten und ganzblättrigen Taxa wertvolle Hinweise über die Phylogenie der Gattung geben könnte.

Die Samen von *Jacaranda* (Abb. 13) bleiben von der Fruchtreife bis mindestens 4 Monate danach keimfähig und keimen unter günstigen Bedingungen nach etwa 1–6 Wochen. Die Keimung erfolgt epigäisch. Die Samenhülle reißt meist entlang des Randes auf, und die beiden herzförmigen, nicht allzu dicken Keimblätter entfalten sich. Bald darauf erscheinen die Primär- und Folgeblätter in decussierter Stellung. Bei *J. oxyphylla* bleiben die Primärblätter ungeteilt, und die erst ab dem zweiten Folgeblatt einsetzende Fiederung bringt meist ganzrandige Blättchen hervor (Abb. 1 A). Hingegen sind bei den folgenden 3 Arten die Primärblätter bereits geteilt. Die Fiederblättchen von *J. subalpina* fallen durch ihren bikonvex gezähnten bzw. gekerbten Rand auf, während bei *J. macrantha* sowohl die Keim- als auch die Primärblätter spitz konkavkonvex als auch geradlinig gezähnt sind (Abb. 1 B–C). *J. mimosifolia* läßt sich hauptsächlich durch die terminalen schmal elliptisch auslaufenden Blättchen von den anderen Taxa unterscheiden (Abb. 1 F). In der weiteren Entwicklung der Jungpflanze schreitet die Zerteilung der Blätter immer weiter fort, bis schließlich doppelt gefiederte Blätter ausgebildet werden. Bei Mangelerscheinungen treten im Jugendstadium wieder einfacher gefiederte Blätter auf.

Auch die Wurzelausbildung ist bei Jungpflanzen unterschiedlich: *J. oxyphylla* legt bereits wenige Wochen nach der Keimung das spätere Xylopodium (vgl. S. 21) als überlange dicke Pfahlwurzel an, *J. subalpina* hingegen hat in diesem Stadium ein kürzeres feines und vielfach verzweigtes Wurzelsystem (Abb. 1 D–E).

Sproßaufbau und Wuchsform

Sproßverkettung und Architektur

Jacaranda hat ein immer sympodiales Sproßsystem, d. h., die jährlich austreibenden Sprosse stellen nach einiger Zeit ihr Wachstum ein, und das Spitzenmeristem stirbt ab. Beim nächsten Wachstumsschub bilden dann die lateralen Blattachselknospen die neuen orthotropen Triebe aus. Dabei entstehen meist durch die Dominanz einer einzigen Knospe Monochasien; Dichasien treten weit seltener auf.

Nach den Kriterien der Wuchsformanalysen von HALLÉ et al. (1978) können innerhalb der Gattung *Jacaranda* 3 verschiedene Architekturmodelle unterschieden werden. Unterscheidungsmerkmale ergeben sich vor allem aus der Verzweigung des Stammes (unverzweigt: monocaul, verzweigt: polycaul), dessen Aufbau (aus nur einem Meristem gebildet: monoaxial, aus mehreren: polyaxial), der Wuchsrichtung der Sprosse (senkrecht: orthotrop, waagrecht: plagiotrop) und der Anlage der Blütenstände (terminal oder lateral). Hingegen ist die sonst für Wuchsformstudien wichtige Blattstellung bei *Jacaranda* durchaus einheitlich.

Wenn bei einem polycaulen Sproßsystem die jährlichen Triebe in je einem Blütenstand enden und dadurch die Ausbildung des Sympodiums verursacht wird, so entspricht dies dem SCARRONE-Modell (HALLÉ et al. 1978). Vertreter dieses Modells sind vor allem größere Bäume, wie z. B. *J. micrantha* (Abb. 2 B, 6 B), *J. montana* (Abb. 2 C)

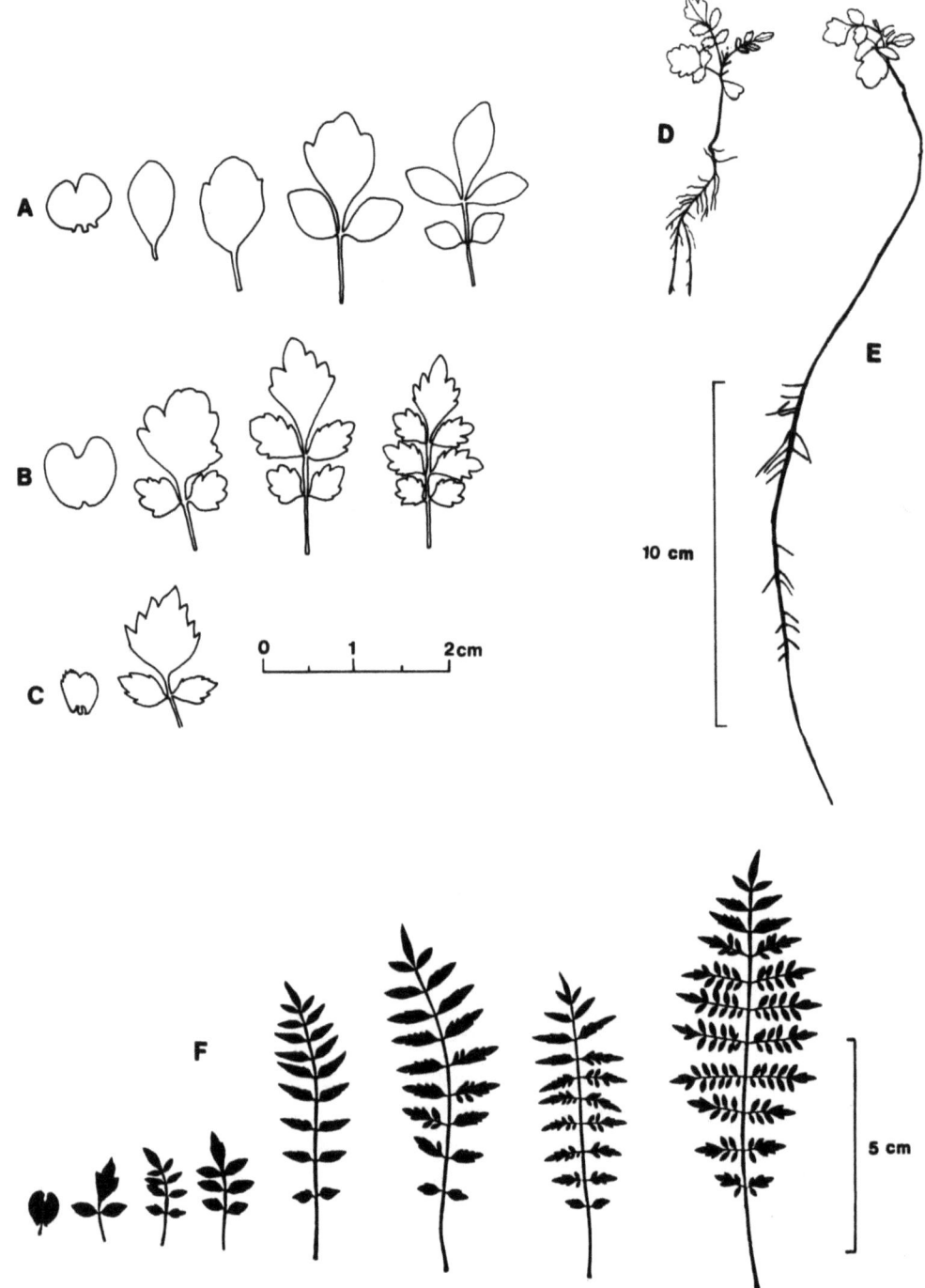

Abb. 1. Keimlinge und Jungpflanzen bei *Jacaranda*. A, E: *J. oxyphylla;* B, D: *J. subalpina;* C: *J. macrantha;* F: *J. mimosifolia;* A–C, F: Blattentwicklung im Laufe der Ontogenie von Keimblättern (links) über Primärblätter zu Folgeblättern (bei F je 4 Blätter von verschiedenen Pflanzen); D–E: Keimlinge gleichen Alters (vgl. S. 17).

und *J. mimosifolia* (HALLÉ et al. 1978). Es ist aber zu bedenken, daß diese Arten meist erst dann blühen, wenn sie bereits recht groß geworden sind. Daher sind für die Bildung der Sympodien anfangs nur die absterbenden terminalen Knospen der vegetativen Triebe verantwortlich und erst später auch die Blütenstände (z. B. *J. micrantha*, Abb. 48).

Ist aber das Sproßsystem monocaul mit einem ebenfalls terminalen Blütenstand, so ist das CHAMBERLAIN-Modell (HALLÉ et al. 1978) erfüllt, das bei *J. rufa* (Abb. 6 D), *J. macrantha* (Abb. 2 E), *J. decurrens* (Abb. 6 C) und *J. oxyphylla* auftritt. *J. macrantha* verzweigt sich bisweilen in einem ontogenetisch späteren Stadium und bildet damit Übergangsformen zu dem vorher beschriebenen SCARRONE-Modell. *J. decurrens* und *J. oxyphylla* treiben in vielen Fällen von dem morphologisch uneinheitlichen Xylopodium (vgl. S. 21) nicht nur ein, sondern mehrere basitone Stämmchen aus und haben dann ein sehr komplexes Sproßsystem, das etwa in die Nähe des TOMLINSON-Modells (HALLÉ et al. 1978) zu stellen ist.

Bei *J. puberula* agg. (und vermutlich bei *J. glabra*) hat der monocaule polyaxiale Stamm einen terminalen Blattschopf und darunter liegende laterale Blütenstände (Abb. 6 A). Die oberste Blattachselknospe bildet also den neuen orthotropen Jahrestrieb aus, die unteren Knospen dagegen formen die plagiotropen Infloreszenzen. Dieser Fall ist bei HALLÉ et al. (1978) nicht erfaßt, kommt aber dem rhythmisch wachsenden CORNER-Modell am nächsten. Von diesem unterscheidet sich *J. puberula* agg. lediglich durch das jährlich neu angelegte Spitzenmeristem, während das typische CORNER-Modell stets monoaxial ist. Größere verzweigte Bäume dieser Art entsprechen dann etwa dem SCHOUTE-Modell, dessen Ähnlichkeit mit dem CORNER-Modell auch bei HALLÉ et al. (1978) hervorgehoben wird.

Physiognomie

In der Gattung *Jacaranda* kommen sowohl hohe bis niedrige Bäume als auch Sträucher und Zwergsträucher vor. Normalerweise ist die Physiognomie ± artcharakteristisch, nur bei *J. puberula* agg. fällt die außergewöhnlich große Variation in der Wuchsausbildung auf (Abb. 5).

Die größten Vertreter der Gattung sind die Bäume der Regenwälder (Abb. 2 A–C). Diese erreichen bis zu 25 m Höhe und nehmen innerhalb der Vegetation einen Platz im obersten Stratum ein oder sind sogar Übersteher. Im Jugendstadium (d. h. noch nicht blühend) ist der Stamm noch unverzweigt und trägt an der Spitze einen dichten Schopf unverhältnismäßig großer Blätter (Schopfbäumchen). Wenn die Monochasien des Stammes immer nur auf einer Seite angelegt werden, so wächst dieser etwas schräg, eine Erscheinung, die bei Jungpflanzen häufig zu sehen ist. In einem späteren Stadium verzweigt sich die Hauptachse zu einer Krone, und erst wenn diese ausgebildet ist, beginnt der Baum zu blühen. Während die vegetativen Sprosse verhältnismäßig lange Internodien haben, sind die der generativen kurz und gestaucht. Es entsteht also gegenüber den vegetativen Trieben ein sehr markant abgegrenztes generatives Sproßsystem (z. B. *J. micrantha*, Abb. 6 B). Der Stamm dieser Bäume ist im Vergleich zu seiner Höhe schmal und bleibt vom Grund bis zu seiner ersten Verzweigung gleich dick; der Querschnitt ist elliptisch bis eiförmig. Von der ersten Verzweigung nach etwa 2/3 der Gesamthöhe breitet sich eine flache, manchmal schirmförmige Krone aus, die aus einem geschlossenen Blätterdach oder vielen schopfartigen Einzelkronen besteht (Abb. 59 C). Das Wurzelsystem ist, soweit es beobachtet werden konnte, oberflächennah und ausgebreitet. Meßdaten solcher Bäume sind in Tab. 1 zusammengefaßt.

Die kurzstämmigen Bäume stellen eine Wuchsform dar, die häufig in Savannen zu finden ist (EITEN 1972), so z. B. bei *J. brasiliana*, aber auch in tropischen

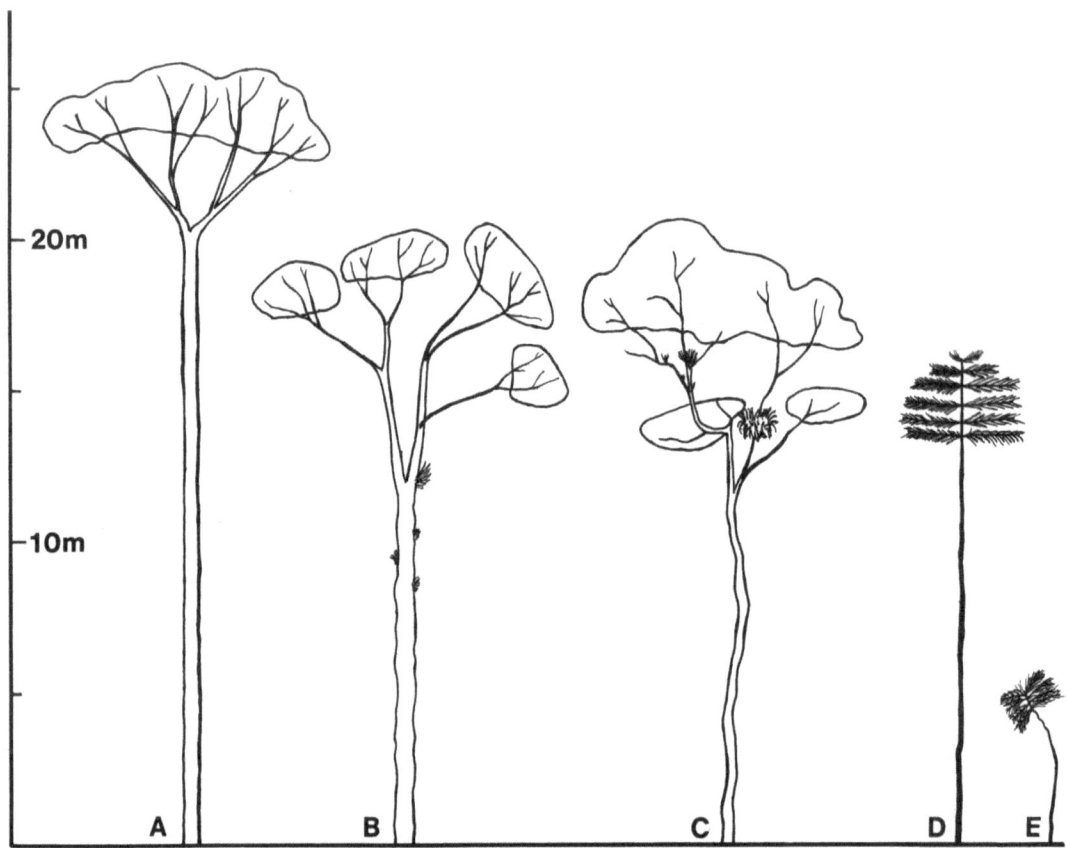

Abb. 2. A–D: Hochstämmige Bäume des Regenwaldes. A, D: *J. copaia;* A: Ausgewachsenes Individuum in einem Regenwald der „Terra firme" bei Manáus; D: Monocaules Schopfbäumchen (Jugendform) am Rande eines Regenwaldes bei Humaitá; B: *J. micrantha*, sehr großes Individuum in einem Bergregenwald der Serra do Mar (200 m) bei Paratí; einige Epiphyten eingezeichnet; C: *J. montana*, ausgewachsenes Individuum in einem Gipfelwald der Serra do Mar (850 m) bei Ubatuba, Großepiphyten eingezeichnet; E: *J. macrantha*, monocaules terminal blühendes Schopfbäumchen auf einer Weide im Gebirge des Itatiaia (ca. 1000 m).

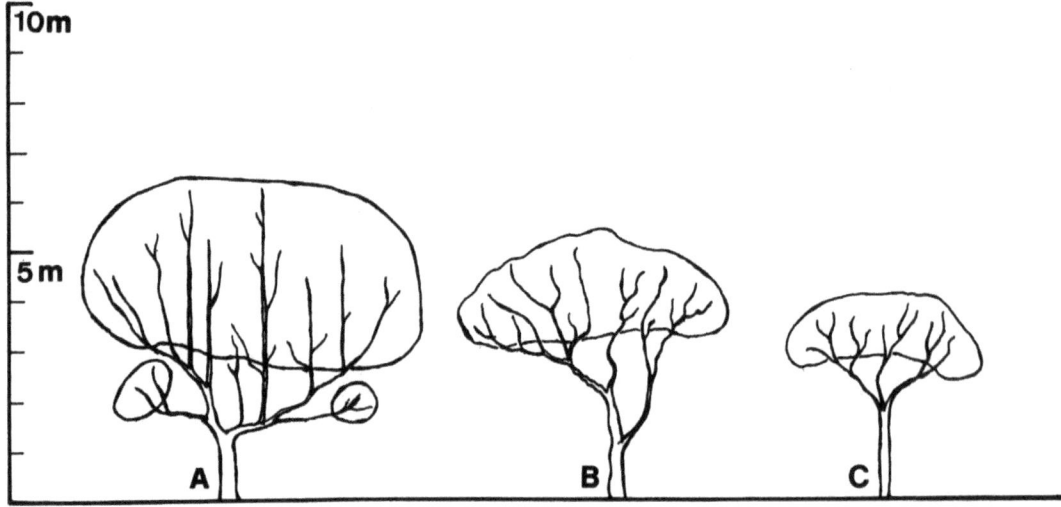

Abb. 3. Kurzstämmige Bäume. A: *J. mimosifolia*, in Botucatu kultivierter Baum; B: *J. cf. brasiliana* in einem Cerrado bei Mogi Mirim (31-291075); C: *J. subalpina*, kleineres Individuum in einem Bergwald des Itatiaia (1750 m).

Gebirgen vorkommt (z. B. *J. mimosifolia*). Von den hochstämmigen Bäumen unterscheiden sie sich auch durch die kugelig-geschlossene Krone. Ihre Ontogenie verläuft ähnlich dem vorigen Typus, nur setzt bisweilen die Blüte schon vor der Kronenausbildung ein (Meßdaten in Tab. 1, Abb. 3).

Die niedrigen Bäumchen oder Sträucher kommen ausschließlich in savannenartigen Vegetationstypen vor und erreichen selten mehr als 5 m Höhe. Im Gegensatz zu größeren Bäumen blühen sie bereits in einem ontogenetisch sehr frühen Stadium und sind daher hauptsächlich aus generativen Sproßsystemen aufgebaut. Die größten unter diesen sind *J. macrantha*, ein an offenen Standorten monocaules Schopfbäumchen (Abb. 2 E), und *J. pulcherrima*, ein zierliches Kronenbäumchen (Abb. 4 E). Diese beiden Arten sind morphologische Übergangsformen zu höherwüchsigen Bäumen und bilden noch verhältnismäßig lange Internodien aus. Dagegen sind die Internodien bei *J. rufa* (Abb. 6 D) und *J. oxyphylla* wesentlich kürzer und bei *J. decurrens* (Abb. 6 C) und *J. racemosa* bereits stark gestaucht. Innerhalb der Gattung zeigen diese Taxa die niedrigste Wuchshöhe: Die Stämmchen von *J. decurrens* erreichen kaum 15 cm und werden von den viel längeren Blättern weit überragt, bei *J. racemosa* sind die Blätter in einer Art grundständigen Rosette angeordnet, und nur die Blütenstandsachse wird bisweilen 60 cm hoch. Gegenüber den kümmerlich ausgebildeten oberirdischen Organen ist bei diesen Cerradoarten das unterirdische System sehr mächtig: Bereits die Keimlinge haben eine tiefreichende, oft erstaunlich dicke Pfahlwurzel (Abb. 1 E). Werden die Stämmchen durch einen der häufigen Savannenbrände zerstört, so hat die Pfahlwurzel genug Speicherstoffe, um neue Sprosse auszutreiben. Nach jedem dieser Brände wird der basale stammartige Teil verbreitert und auch die Wurzel verdickt. Im Laufe der Zeit entsteht ein dickes holziges, oft sehr tief reichendes Organ, das Xylopodium genannt wird und sowohl aus Stamm als auch aus Wurzel

Tabelle 1. Meßdaten von *Jacaranda*-Bäumen

Art und Belegnummer	Gesamthöhe	1. Verzweigung	Stammumfang	Kronendurchmesser	Holz, spez. Gewicht
J. copaia					
+	21 m	16 m	77 cm	–	0,6
+	19 m	–	81 cm	–	0,6
+	15 m	6 m	39 cm	–	–
J. micrantha					
11-181274	14 m	6 m	85 cm	–	–
11-18275	20 m	14 m	150 cm	–	–
31-11175	21 m	11 m	135 cm	10 m	0,6
J. montana					
11-8875	14 m	7 m	90 cm	6 m	–
11-9875	16 m	10 m	92 cm	6 m	–
+	18 m	5 m	–	10 m	–
21-11875	18 m	11 m	72 cm	6 m	0,65
J. mimosifolia					
Kultiviert	6 m	1,5 m	80 cm	7 m	–
J. cf. brasiliana					
31-291075	5 m	1 m	60 cm	5 m	0,6
J. subalpina					
+	16 m	10 m	68 cm	4 m	–
18-10175	5 m	2 m	34 cm	4 m	–

besteht (RAWITSCHER & RACHID 1946, FERRI 1961, RIZZINI & HERINGER 1961). Die Form der Xylopodien ist bei *Jacaranda* artspezifisch (Abb. 4 A–D).

Wenn nach einem Brand nur ein Sproß auswächst, so entsteht ein (Zwerg-)Bäumchen; wenn aus einem Xylopodium gleichzeitig mehrere Triebe entstehen, so wird ein (Zwerg-)Strauch gebildet. Diese Variabilität innerhalb der Wuchsformen ist besonders für die Cerradovegetation typisch (EITEN 1972). Bemerkenswert scheint, daß das oberirdische Sproßsystem auch ohne Brandbeeinflussung nach wenigen Jahren beim Erreichen einer bestimmten Höhe abstirbt und das Xylopodium wieder ein neues austreibt (vgl. Abb. 61).

Das Holz

Das Holz von *Jacaranda* ist weiß, gelb oder hellbraun und in den meisten Fällen weich. Das spezifische Gewicht liegt je nach Art und Standort zwischen 0,4 und 0,8. Jahresringe werden ausgebildet, sind aber meist exzentrisch angelegt, d. h. auf einer Seite viel breiter als auf der anderen. Der Kork entsteht ein- bis mehrschichtig unterhalb der Epidermis (METCALF & CHALK 1950) und bildet eine meist dünne Borke, die in kleinen Platten flächig abschülfert. Bei sehr alten Individuen kann die Borke der dünneren Äste mehrere Zentimeter dick werden. Auch die Xylopodien der Cerradoarten haben eine dicke und gut ausgebildete Borke.

Die Holzanatomie ist bei METCALF & CHALK (1950) allgemein behandelt. Eingehender ist das Holz einer *Jacaranda* bei MELLO (1951) analysiert worden, und auch bei PANIZZA (1967) sind Angaben über den Holzbau zu finden. Nach diesen Literaturangaben und eigenen Befunden lassen sich folgende holzanatomische Charakteristika für die Gattung herausstellen: Gefäße zerstreutporig angeordnet, 20–200 µm weit, 1–33 pro mm^2, einzeln oder bis zu fünft zusammengefaßt, im Längsschnitt gerade oder unregelmäßig wellenförmig. Parenchym paratracheal, vasizentrisch oder alliform-confluent bis confluent, bisweilen auch apotracheal gebändert (= metatracheal). Markstrahlen 1–4reihig, 20–150 µm breit, 100–700 µm hoch, aus 10–60 Zellen bestehend, homogen oder heterogen zusammengesetzt. Libriformfasern etwa 0,5–2,2 mm lang, dünn- oder dickwandig. Tüpfel einfach, bisweilen mit einer Areole umgeben, gleichmäßig oder ungleichmäßig verteilt.

Die Größe der Gefäße, deren Menge und Verteilung und die Länge der Libriformfasern können je nach ökologischen Bedingungen beträchtlich variieren, wie z. B. auch bei der Bignoniaceen-Gattung *Arrabidaea* (SCHENK 1893: 218). Andere Merkmale, wie z. B. die Zusammensetzung der Markstrahlen, die Verteilung des Parenchyms, die Zellwanddicke der Libriformfasern und die quantitative Verteilung einzelner Holzelemente, sind nach vorläufigen Untersuchungen zur Artunterscheidung gut brauchbar. Folgende 3 Arten lassen sich an Hand holzanatomischer Merkmale leicht trennen.

Das Holz von *J. oxyphylla* (oberer Teil des Xylopodiums) besteht fast ausschließlich aus Parenchym und Markstrahlen. Die Libriformfasern ziehen sich, zu wenigen gebündelt, zwischen dem restlichen Gewebe durch. Die Gefäße sind (20–) 50 (–100) µm weit, 11–33 pro mm^2, zu (1–) 3 (–5) zusammengefaßt und im Längsschnitt auffallend unregelmäßig wellenförmig. Die Markstrahlen sind (1–) 3 (–4)reihig und immer heterogen (d. h. aus Zellen verschiedener Größe) zusammengesetzt. Das paratracheale Parenchym ist alliform-confluent, manchmal vasizentrisch, stets in vielen Zellreihen um die Gefäße angeordnet. Die Libriformfasern sind dünnwandig.

Hingegen ist die quantitative Verteilung der Holzelemente bei den folgenden 2 Arten gleichmäßig, die Gefäße sind im Längsschnitt gerade und die Libriformfasern dickwandig.

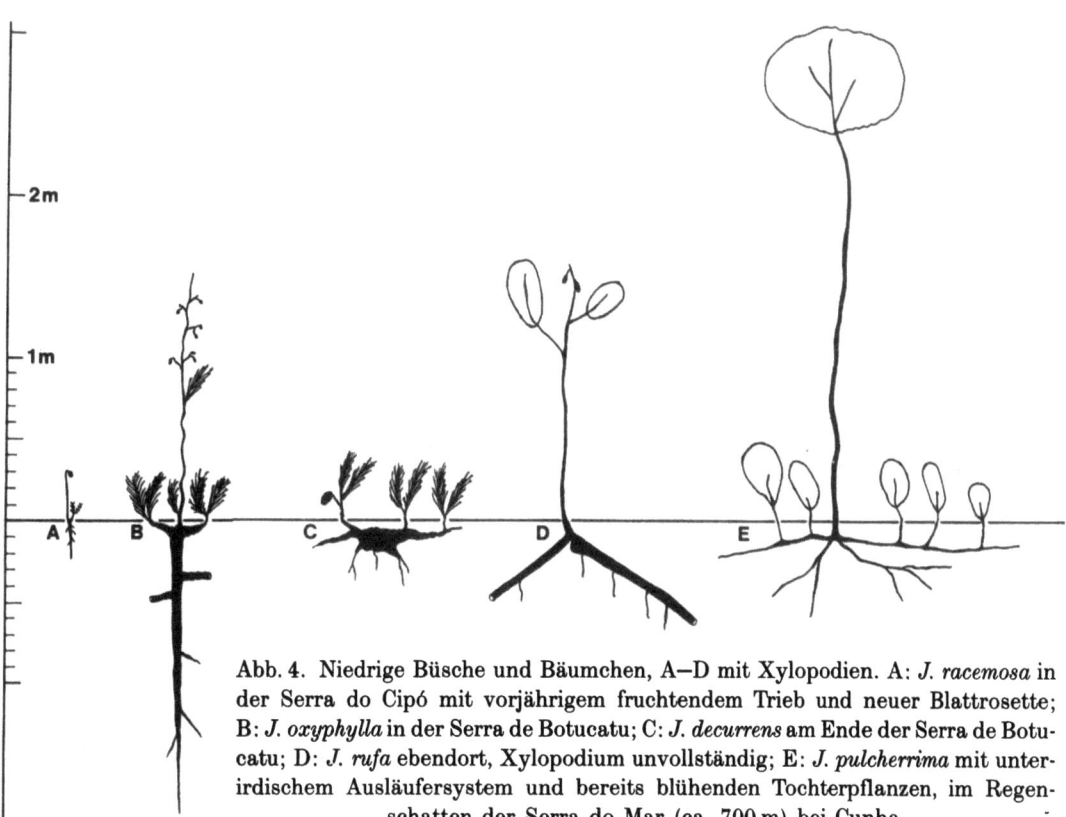

Abb. 4. Niedrige Büsche und Bäumchen, A–D mit Xylopodien. A: *J. racemosa* in der Serra do Cipó mit vorjährigem fruchtendem Trieb und neuer Blattrosette; B: *J. oxyphylla* in der Serra de Botucatu; C: *J. decurrens* am Ende der Serra de Botucatu; D: *J. rufa* ebendort, Xylopodium unvollständig; E: *J. pulcherrima* mit unterirdischem Ausläufersystem und bereits blühenden Tochterpflanzen, im Regenschatten der Serra do Mar (ca. 700 m) bei Cunha.

Abb. 5. Wuchsformvariation bei *J. puberula* agg. (fertile Individuen). A: Hochstämmiger Baum in einem Halbtrockenwald des botanischen Gartens in São Paulo; B: Tiefverzweigter Baum in einem Restinga-Wald bei Ubatuba; C: Schlanker Baum am Rande eines Halbtrockenwaldes bei Jacupiranga; D: Kurzstämmiges Bäumchen im Unterwuchs eines Araucarienwaldes in der Nähe von Curitiba; E: Monocaules Bäumchen in einer sekundären Savanne bei Ubatuba, beachte den gut ausgebildeten xylopodiumartigen Wurzelstock; F: Niedriger Strauch zwischen dichtem Grasbewuchs am Straßenrand bei Jacupiranga.

Bei *J. montana* sind die Gefäße (15−) 70 (−100) µm weit, 14−17 pro mm², zu (1−) 2 (−3) zusammengefaßt. Die Markstrahlen sind 1−2reihig und sehr charakteristisch zusammengesetzt (am homogenen Zentralkörper sind an beiden Enden 1−2 besonders große Zellen angefügt). Das paratracheale Parenchym ist alliform-confluent, stets in vielen Zellreihen um die Gefäße angeordnet. Dazwischen tritt aber regelmäßig apotracheal gebändertes Parenchym auf.

Bei *J. copaia* sind die Gefäße 20−150 µm weit, 6−20 pro mm², zu 1−2 (−3) zusammengefaßt. Die Markstrahlen sind 2−3reihig und homogen zusammengesetzt. Das paratracheale Parenchym ist meist vasizentrisch mit 1−2 Zellreihen um die Gefäße, bisweilen auch alliform-confluent.

Die wirtschaftliche Nutzung ist besonders bei den großen schnellwüchsigen baumförmigen Arten von *Jacaranda* interessant (z. B. *J. copaia*, *J. micrantha*). Es kann als Bauholz, für leichte Tischlerarbeiten, Kisten usw. verwendet werden (UPHOF 1968).

Das Blatt

Innerhalb der Gattung findet sich eine große Mannigfaltigkeit an Blattausbildungen (Abb. 7). Viele Merkmale im Blattbereich (z. B. Fiederungsgrad, Blättchenform, -oberfläche, -behaarung, Rachisflügelung, Farbe) sind für einzelne Sippen charakteristisch und systematisch gut brauchbar. Daher lassen sich die meisten Arten auch im vegetativen Zustand leicht bestimmen. Doch findet sich innerhalb vieler Taxa eine große Variationsbreite an Blattmerkmalen (z. B. Blattgröße, Blättchenrand, Behaarungsdichte).

Die Blätter sind immer decussiert. Ihre Achselknospen werden durch seriale Beiknospen bereichert, deren Zahl von 1−6 schwankt. Je nach Art können sich die Knospen in bezug auf Größe, Behaarung und Form der Knospenschuppen unterscheiden. Das Blatt ist in der Regel gestielt und die Lamina vielfach geteilt. Die meisten Arten haben doppelt gefiederte Blätter, doch soll auch dreifache Blattfiederung vorkommen. Einige Arten zeigen eine einfache Blattfiederung, aber nur eine Art hat ungeteilte und ganzrandige Blätter. Die Länge der Blätter variiert im Bereich von 10−200 cm, und auch der Blattschnitt ist sehr unterschiedlich. Es gibt Blätter mit wenigen, aber großen Blättchen und solche, die durch die große Anzahl winziger Blättchen ein mimosenartiges Aussehen erhalten (so besonders häufig in der Sektion *Monolobos*). Der Blattstiel endet am Grunde in einem pulvinusähnlichen Blattpolster. Auch die Fiederansatzstellen sind häufig angeschwollen und bisweilen abgesetzt. Die Rachis ist meist rinnenartig ausgebildet und bei einigen Arten zu breiten Flügeln ausgewachsen.

Im Leben erscheinen die Blätter hell- oder dunkelgrün, in manchen Verwandtschaftsgruppen auch olivgrün; die Oberfläche ist entweder lackartig glänzend oder matt. Die Konsistenz schwankt von hart und brüchig über derb und ledrig bis zu dünn und papierartig. Auch die räumliche Anordnung der geteilten Lamina variiert: Bei manchen Taxa liegen die Blättchen regelmäßig in einer Ebene, bei anderen Arten hängen sie ± lotrecht (z. B. *J. rufa*) oder stehen räumlich ungeordnet von der Rachis ab (z. B. *J. oxyphylla*).

Die Blättchen sind gestielt oder sitzend, häufig asymmetrisch und weisen ein sehr großes Formenspektrum auf (Abb. 7). Besonders auffallend sind die der Fiederrachis herablaufenden Blättchen von *J. decurrens* und die apikal ausgerandeten Blättchen von *J. obovata*, *J. macrocarpa* u. a. Ein sehr konstantes Merkmal ist die Blättchenoberfläche, die entweder eben oder bullat ausgebildet wird (Abb. 9). Gezähnte Blättchen kommen nur in der Sektion *Dilobos* vor. Sie sind bei manchen Arten ± regelmäßig vorhanden, treten aber bei anderen nur sporadisch auf. Die Zähnung entspricht dem cunonoiden Typus (sensu HICKEY & WOLFE 1975). Die Nervatur (vgl. HICKEY 1974) ist

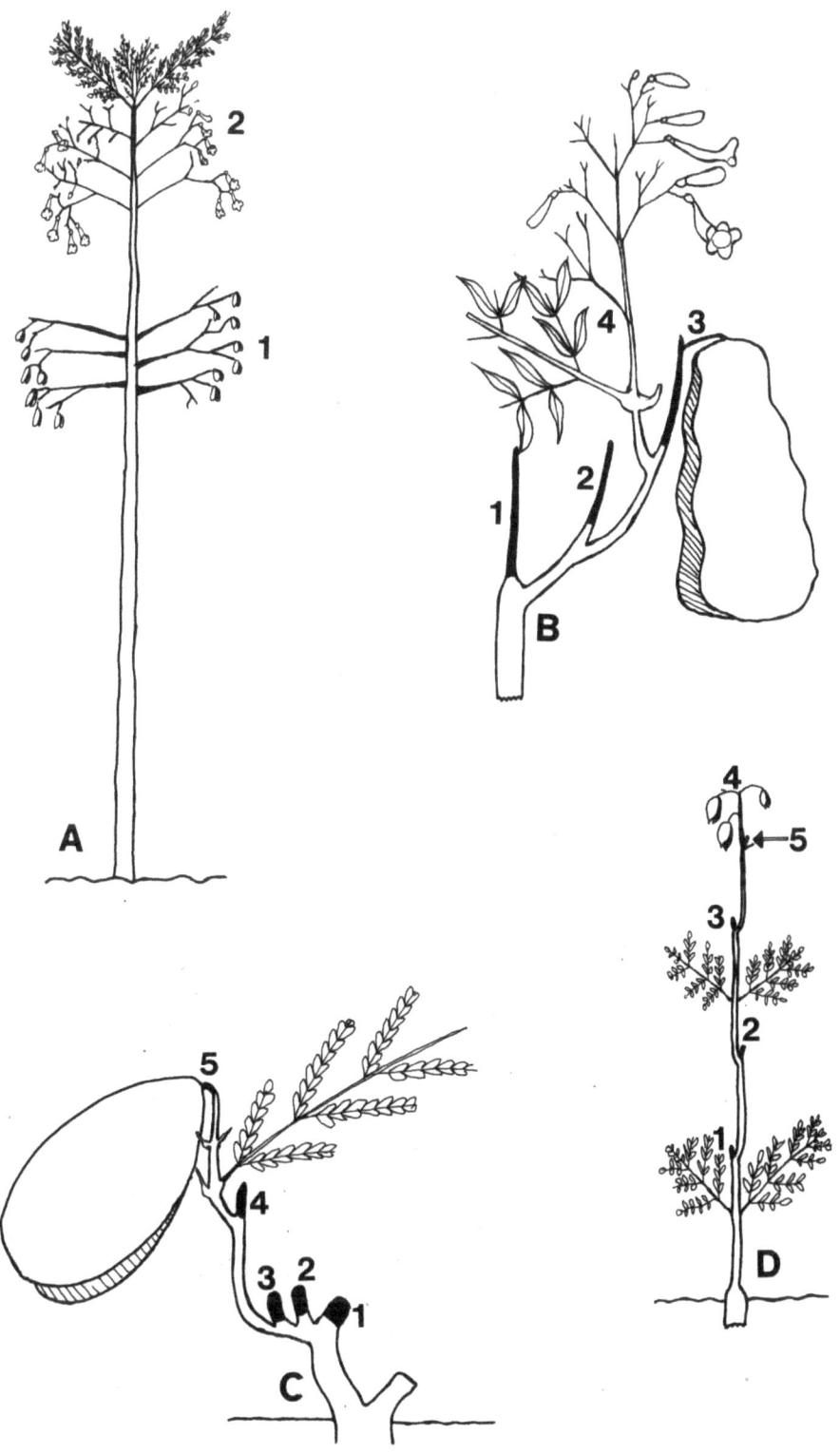

Abb. 6. Sproßverkettung bei *Jacaranda*. Die schwarz eingezeichneten Äste sind die abgestorbenen terminalen Triebe. Die Nummern bezeichnen die Reihenfolge und den Ort der fertilen Triebe je einer Vegetationsperiode (vgl. S. 17—22). A: *J. puberula* agg., monocaules polyaxiales Bäumchen mit einem terminalen Blattschopf und lateralen fertilen Trieben; B: *J. micrantha*, vereinfacht gezeichnetes generatives Sproßsystem an einem ausgewachsenen Baum; C: *J. decurrens*, monocauler polyaxialer Zwergstrauch mit terminalem Fruchtstand und stark gestauchten Internodien; D: *J. rufa*, wie C, nur mit etwas längeren Internodien, der nächstjährige Sproß beginnt bei 5 (Pfeil) auszutreiben.

Tabelle 2. Die Verteilung von einzelligen (A) und einreihig mehrzelligen (B) Blatthaaren innerhalb der Gattung *Jacaranda*

	Sektion *Dilobos*		Sektion *Monolobos*
A	*J. caroba*	A	*J. copaia*
	J. crassifolia		*J. mimosifolia*
	J. jasminoides		
	J. macrantha		
	J. macrocarpa		
	J. micrantha	B	*J. brasiliana*
	J. montana		*J. caucana*
	J. puberula agg.		*J. decurrens*
	J. pulcherrima		*J. obtusifolia*
	J. ulei		*J. praetermissa*
	J. subalpina		*J. poitaei*

sehr unregelmäßig eucamptodrom bis brochidodrom ausgebildet, bei Savannenarten bisweilen reticulat. Die Vernetzung kann bis zum 4. Grad erfolgen, Areolen werden nur selten und unregelmäßig ausgebildet.

Die Anatomie der Lamina entspricht der eines normal dorsiventral gebauten Blattes (METCALF & CHALK 1950, PANIZZA 1967), nur *J. macrocarpa* fällt durch ein mehrreihiges Palisadenparenchym auf. Die Stomata sind anomocytisch (Abb. 10/B 2), ein Typus, der u. a. auch bei *Tecomaria*, *Tabebuia* und *Campsis* vorkommt (METCALF & CHALK 1950). Das Indument besteht aus einfachen einzelligen oder einreihig mehrzelligen Haaren, aus gestielten oder sitzenden mehrzelligen Drüsenköpfchen und flachen, in die Oberfläche eingesenkten Schüsseldrüsen (Abb. 10 A—C). Die Haare bilden dichte filzig-samtige Überzüge, stehen vereinzelt oder bedingen durch Verkieselung eine rauhe Oberfläche. Die Verteilung der einzelligen und einreihig mehrzelligen Haare ist für die Sektionengliederung interessant (Tab. 2). Bei einigen Arten treten Haarfilz-Domatien auf, die offenbar in 2 sehr entfernten Verwandtschaftsgruppen konvergent ausgebildet wurden: Bei der *J. micrantha-J. puberula*-Gruppe erscheinen sie ausschließlich, oft zu mehreren pro Blättchen, in primären und sekundären Nervaturachseln, stets von größeren Nerven begrenzt; bei der *J. obtusifolia-J. hesperia*-Verwandtschaft hingegen sind sie einzeln, oft größere Nerven überwuchernd, asymmetrisch am Grunde des Blättchens angelegt. Die Drüsenköpfchen sollen nach METCALF & CHALK (1950) als Hydathoden wirken. Dies konnte nicht bestätigt werden, hingegen wurde diese Funktion häufig an Haaren beobachtet. Der Blattstiel und die Blattrachis haben einen geschlossenen Gefäßbündelring, der von einem oder mehreren Sklerenchymringen umgeben ist.

Die anfangs erwähnte infraspezifische Variation der Blattausbildung kann zwischen verschiedenen Populationen, innerhalb einer Population oder sogar innerhalb eines Individuums auftreten und ist auf verschiedene Ursachen zurückzuführen.

a) **Blattvariation abhängig vom Alter des Individuums.** Die Jungexemplare der baumförmigen Arten bilden in den ersten Monaten nach der Keimung Blätter aus, die wesentlich kleiner sind als die des erwachsenen Baumes. Bei einer Höhe von ca. 1,5—2 m haben die Pflanzen vielfach Blätter, die größer sind als die Durchschnittsblätter erwachsener Individuen. In allen Fällen sind die Jugendblättchen deutlich gezähnt, auch dann, wenn die erwachsenen Blättchen ganzrandig sind (Abb. 32 A—C). Stockausschläge von älteren Bäumen verhalten sich ähnlich wie Jugendblätter. Campossträucher zeigen im Gegensatz dazu eine geringere Variationsbreite: Die Jugendblätter sind nur etwas größer als die Altersformen und selten gezähnt. Die Stockausschläge unterscheiden sich allerdings deutlich von den Durchschnittsblättern (Abb. 28 A—B).

b) Blattvariation abhängig von der Position im Sproßverband. Die Blätter in der Nähe des Blütenstandes sind kleiner als die an sterilen Ästen (SANDWITH 1958) und häufig nur einfach gefiedert. Bei Camposstäuchern ist dieser Unterschied meist nicht deutlich. Auch Licht- und Schattenblätter unterscheiden sich bisweilen recht stark: Erstere sind im allgemeinen wesentlich kleiner als letztere (Abb. 8).

c) Blattvariation abhängig vom Standort. *J. micrantha* hat in der Serra do Mar (gleichmäßig feuchtes warmes Klima, vgl. S. 114) wesentlich größere Blätter und Blättchen als an bodenfeuchten Standorten in der Serra de Botucatu (± ausgeprägte Trockenzeit, kühleres Klima, vgl. S. 114, Abb. 32 A–B). Individuen in benachbarten bodentrockenen Lagen bilden dann noch kleinere Blätter aus.

Der Blütenstand

Jacaranda hat durchwegs offene (= polytele sensu TROLL 1964) Blütenstände. Diese sind komplexe oder einfache Thyrsen, die in ihrer Zusammensetzung, Größe und

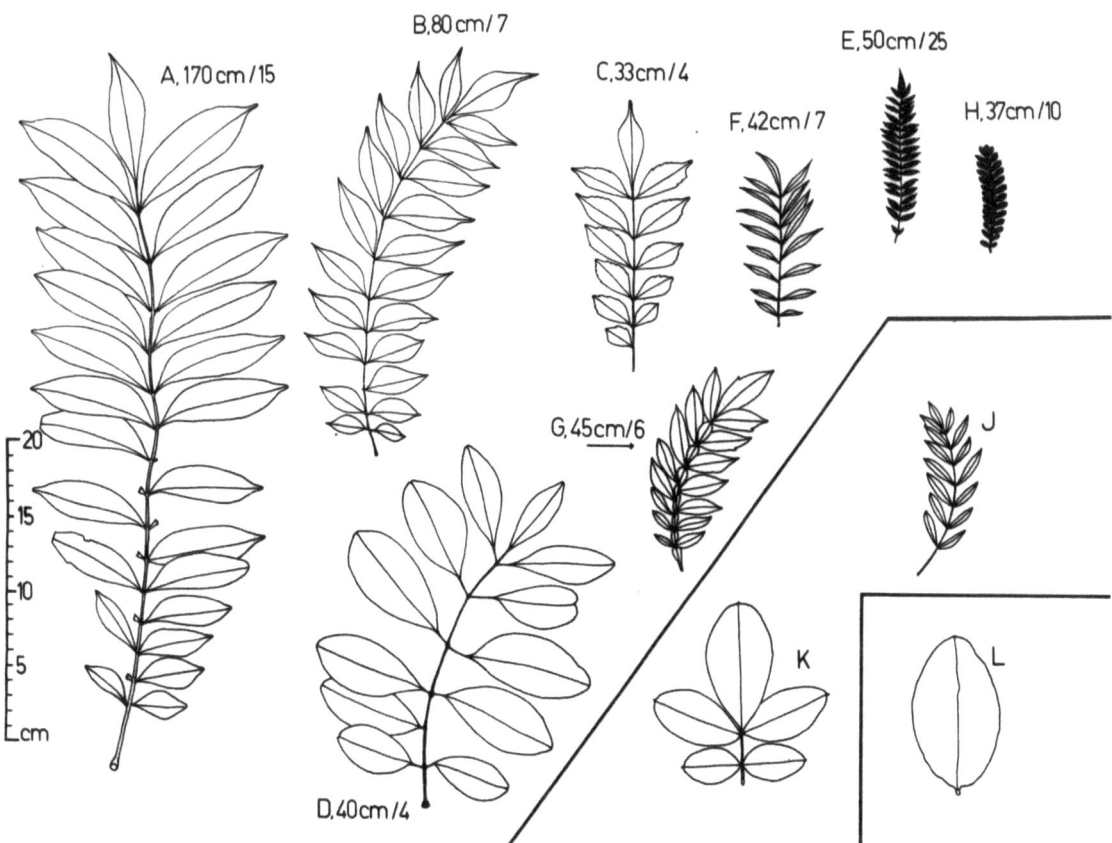

Abb. 7. Blattausbildungen bei *Jacaranda*. Die Angaben in cm bedeuten die Länge des jeweils doppelt gefiederten Blattes, die Zahl dahinter die Menge der Fiederpaare des gezeichneten Herbarbeleges. A–H: Doppelt gefiederte Blätter, jeweils nur eine mittlere Fieder dargestellt. A: *J. copaia*, sehr großes Blatt eines monocaulen Schopfbaumes bei Humaitá; B: *J. micrantha*, großes Blatt eines hohen Regenwaldbaumes in der Serra do Mar; C: *J. montana*, mittleres Blatt eines hohen Baumes im Gipfelwald der Serra do Mar; D: *J. obovata*, durchschnittliches Blatt eines Küstenwaldbaumes in Bahia; E: *J. mimosifolia*, mittleres Blatt eines in Botucatu kultivierten Baumes; F: *J. oxyphylla*, mittleres Blatt eines kleinen Cerradostrauches bei Botucatu; G: *J. rufa*, großes Blatt von einem Zwergbäumchen im Cerrado bei Botucatu; H: *J. decurrens*, mittleres Blatt eines Cerradozwergstrauches bei Botucatu. J–K: Einfach gefiederte Blätter. J: *J. racemosa*, Zwergstrauch in der Serra do Cipó; K: *J. paucifoliolata*, Strauch in der Serra do Espinhaço. L: Ungeteiltes Blatt von *J. simplicifolia*, einem kleinen Strauch in Goiás.

äußeren Form beträchtlich variieren können. Bei wenigen Arten werden Trauben ausgebildet. Die folgenden Beispiele sollen einen Querschnitt durch die wichtigsten Ausbildungsformen innerhalb der Gattung geben.

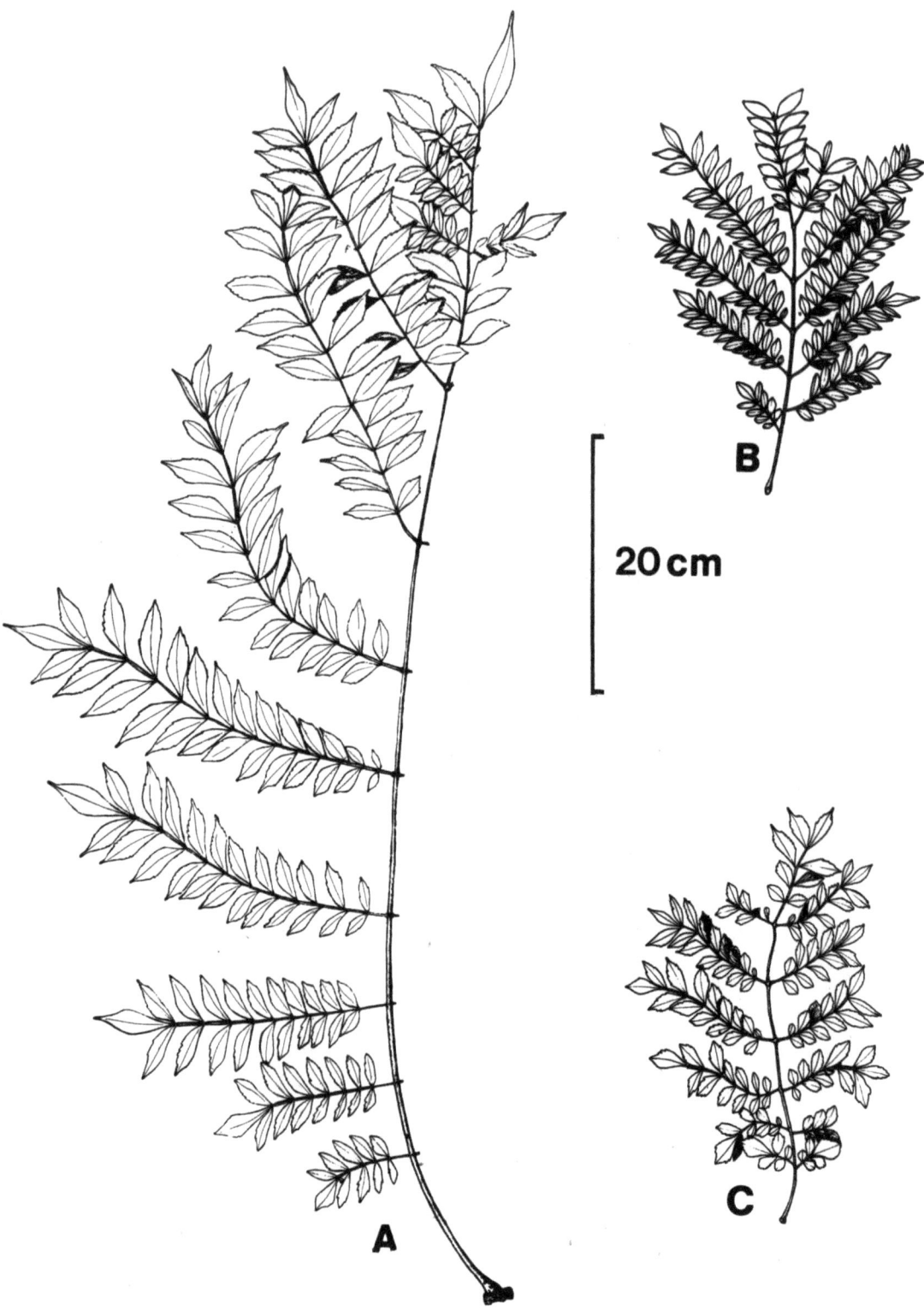

Abb. 8. Unterschiedliche Blattausbildungen bei *Jacaranda sp.* (ex aff. *J. puberula* agg.; 23-, 33-, 43-9175) aus dem Itatiaia, ca. 1000 m. A—B: Ein einziger 12 m hoher Baum. A: Schattenblatt; B: Sonnenblatt. C: ca. 1 m hohes Jungexemplar, im Schatten wachsend.

Einen sehr komplexen Blütenstandsbau zeigt *J. macrantha* (Abb. 11 A). In der basal gelegenen Bereicherungszone stehen in den Achseln von doppelt gefiederten Tragblättern bis zu 3 Paare von Bereicherungstrieben. Die anschließende Hauptfloreszenz besteht aus etwa 7 Dichasienpaaren, die aus nur mehr kleinen lanzettlichen Brakteen entspringen (frondobrakteoser Blütenstand). Die Stellung der Teilblütenstände ist wie die der Blätter grundsätzlich decussiert, jedoch treten hier, wie bei fast allen Arten, Verschiebungen der Knospen entlang der Achse auf, so daß der Eindruck einer dispersen Stellung entsteht. Die im rechten Winkel abstehenden Bereicherungstriebe haben zumindest die Länge der Hauptachse und geben zusammen mit den zur Spitze hin kleiner werdenden Dichasien der Hauptfloreszenz dem Blütenstand eine pyramidale Form.

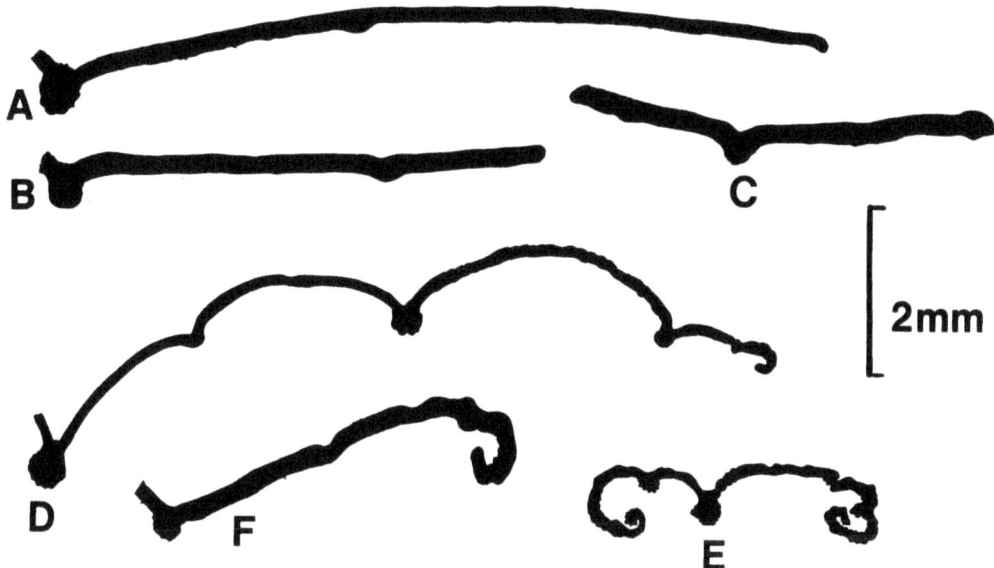

Abb. 9. Blättchenquerschnitte einiger *Jacaranda*-Arten ohne Darstellung der Haare. A–C: Ebene Blättchen. A: *J. crassifolia*, sehr kleines halbes Blättchen; B: *J. caroba*, mittelgroßes halbes Blättchen; C: *J. oxyphylla*, mittelgroßes ganzes Blättchen. D–E: Bullate Blättchen. D: *J. macrantha*, sehr kleines halbes Blättchen; E: *J. ulei*, mittelgroßes ganzes Blättchen. F: *J. pulcherrima*, mittelgroßes Blättchen mit stark eingesenkter Nervatur, Übergangsform zwischen A–C und D–E.

Einfacher gebaute Blütenstände besitzt *J. oxyphylla* (Abb. 11 B). Hier werden Bereicherungstriebe selten ausgebildet, meist ist nur die Hauptfloreszenz vorhanden. Die zahlreichen Dichasien des einfachen Thyrsus entspringen den Achseln von kleinen Tragblättern. Diese sind im unteren Teil der Hauptachse doppelt oder einfach gefiedert, im oberen Teil nur mehr lanzettlich. Die Hauptachse, die meist länger ist als bei *J. macrantha*, gibt dem Blütenstand zusammen mit den eher kleinen Dichasien eine schmale längliche Form.

Wesentlich stärker vereinfacht ist der traubige Blütenstand von *J. racemosa* (Abb. 11 C). Entlang der rutenartigen Hauptachse stehen in den Achseln von nur mehr lanzettlichen Tragblättern (brakteoser Blütenstand) wenige Teilblütenstände. Diese lassen zwar mit Hilfe der noch vorhandenen Brakteen ihren dichasialen Grundbau erkennen, sind jedoch bis auf die mittlere Terminalblüte reduziert.

Einen sehr ähnlichen Blütenstand zeigt *J. decurrens* (Abb. 11 D). Im Gegensatz zu *J. racemosa* sind jedoch die Internodien stark gestaucht und die Dichasien zu Triaden oder Diaden, teilweise aber auch zu Einzelblüten reduziert. Wegen dieser weniger weitgehenden Reduktion der Teilblütenstände stellt dieser Blütenstand eine morphologische Übergangsform zwischen *J. oxyphylla* und *J. racemosa* dar.

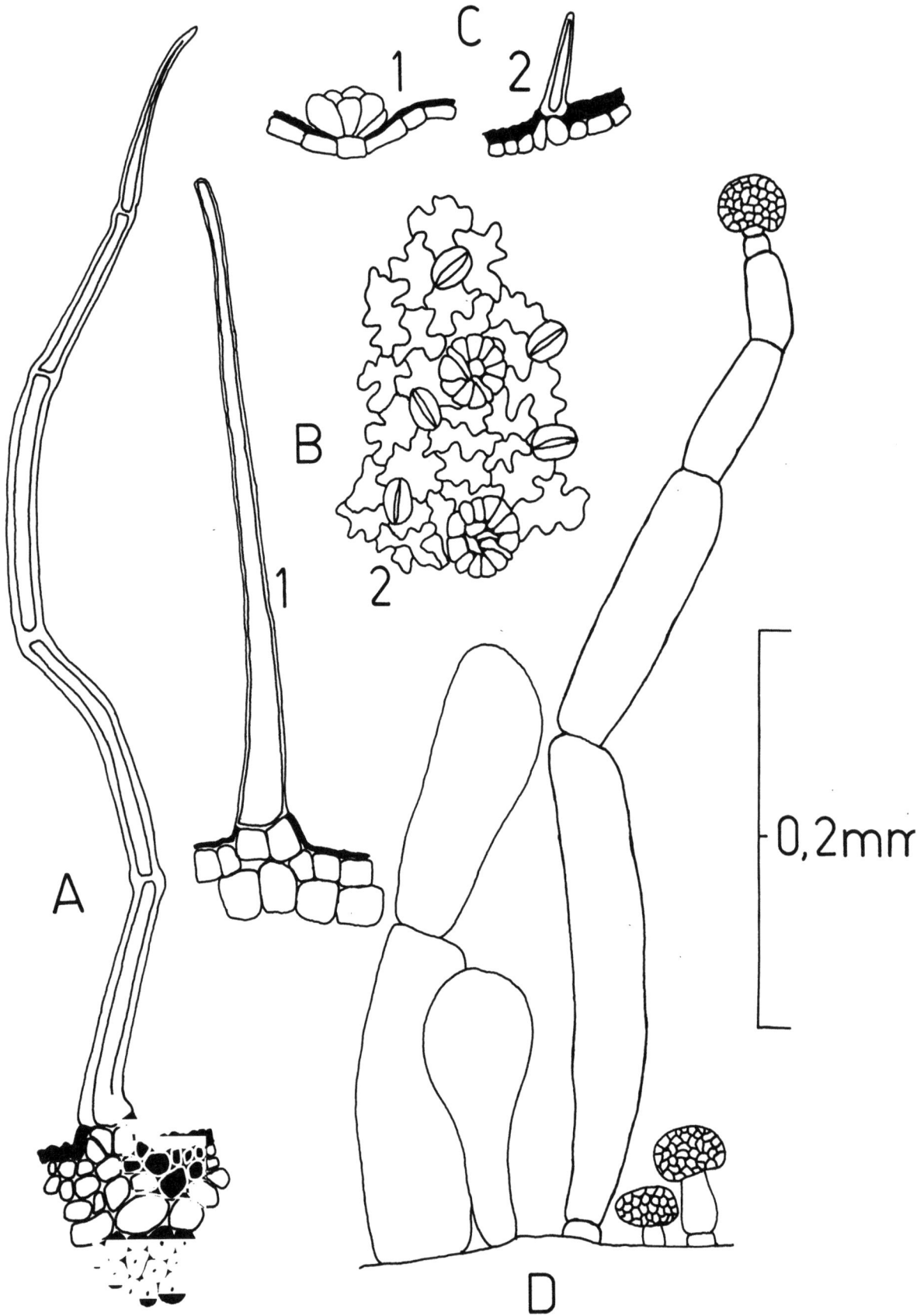

Abb. 10. Anatomie bei *Jacaranda*, Sklerenchymzellen und Cuticula schwarz eingezeichnet. A: *J. decurrens*, einreihig mehrzelliges Haar von der unteren Mittelrippe eines Blättchens; B: *J. macrantha*, Blättchenunterseite; B/1: Einzelliges Haar der Mittelrippe; B/2: Aufsicht der Epidermis mit Spaltöffnungen und mehrzelligen Drüsenköpfchen; C: *J. montana*, Unterseite eines Blättchens; C/1: Eingesenktes mehrzelliges Drüsenköpfchen; C/2: Einzelliges Haar auf der Mittelrippe; D: *J. micrantha*, Indument der Staminodiumsspitze; links Keulenhaare, rechts lange und kurze Haare mit vielzelligen Drüsenköpfchen.

Die Blüte

Die Blüten von *Jacaranda* unterliegen im Gegensatz zu der großen Vielfalt im vegetativen Bereich keiner großen Variation (vgl. Abb. 26 C, 28 E, 30 B, 32 D, 34 C, 35 F). Sie sind, wenn man von der aberranten Ausbildung von *J. macrocarpa* (Abb. 25 D) absieht, im wesentlichen gleichförmig, etwa so wie im Schema von Abb. 12 gebaut. In der Blütentypologie der *Bignoniaceae* (GENTRY 1974 b) entsprechen sie dem *Anemopaegma*-Typus.

Der Kelch ist entweder tief geteilt und ausgebreitet oder nur seicht gezähnt bis gelappt und der Blütenröhre eng anliegend. Sehr eigenartige gekielte, einwärts gebogene Kelchlappen haben einige Sippen der *J. irwinii*-Gruppe. Artspezifisch kann auch

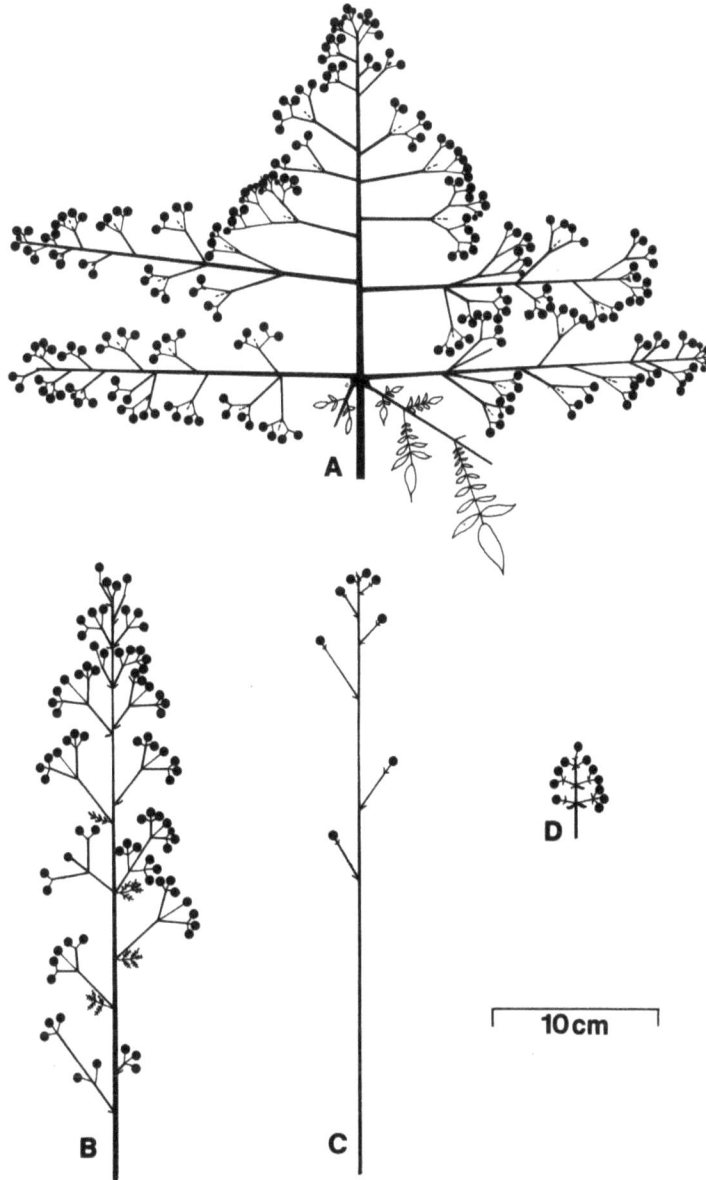

Abb. 11. Schematische Darstellung von Blütenständen, nach Herbarbelegen gezeichnet. A: *J. macrantha*, doppelter frondobrakteoser Thyrsus, Terminalblüten der Dichasien abgeworfen; nur die Tragblätter des untersten Bereicherungstriebes angedeutet; B: *J. oxyphylla*, einfacher frondobrakteoser Thyrsus, nur die Brakteen der Teilblütenstände eingezeichnet; C: *J. racemosa*, brakteose Traube mit zu Einzelblüten reduzierten dichasialen Teilblütenständen; D: *J. decurrens*, Übergangsform zwischen B und C mit stark gestauchten Internodien; vgl. S. 27.

die Kelchwand sein: Sie variiert von dünn papierartig bis zu dick fleischig. Die Blütenröhre entspringt zwischen Kelch und Diskus, ist röhrig-glockig und im Mittelteil deutlich abgeflacht. An der Basis ist sie häufig blasig aufgetrieben, ein Merkmal, das besonders für die Taxa der Sektion *Monolobos* charakteristisch ist. Die Kronlappen sind rund oder elliptisch und stehen meist seitlich ab. In der Kronröhre sind zwei längere und zwei kürzere, der Oberseite der Blütenröhre eng anliegende Staubblätter inseriert: Sie tragen je eine oder zwei fertile Theken. Das Staminodium, um ein Vielfaches länger als die Stamina, liegt locker am Grund der Blütenröhre. Seine Ausbildung ist bisweilen systematisch gut verwendbar, es kann an der Spitze ganz, ausgerandet oder in manchen Fällen sogar breit zweigeteilt sein. Der Diskus ist vom Fruchtknoten abgesetzt oder geht allmählich in diesen über. Der Fruchtknoten erscheint eiförmig abgeflacht, behaart oder kahl, und die Samenanlagen liegen etwa 8seriat in jedem der beiden Fächer (GENTRY 1973).

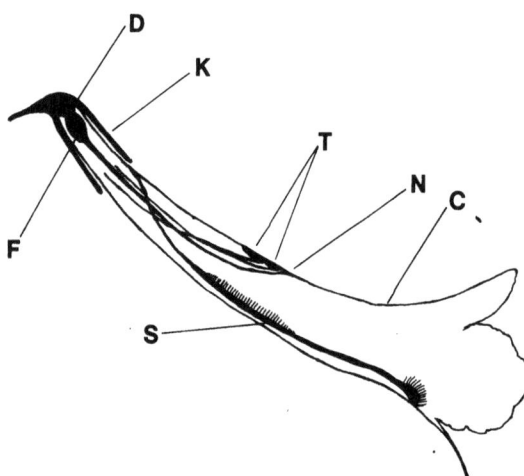

Abb. 12. Schematischer Längsschnitt durch eine *Jacaranda*-Blüte mit natürlicher Lage der Blütenorgane. K: Kelch; D: Diskus; F: Fruchtknoten; N: Narbe; C: Corolle; T: Theken; S: Staminodium.

Die Anatomie der Blüte wird bei PANIZZA (1967) kurz beschrieben, bietet aber keine besonderen Differentialmerkmale. Nur das Indument zeigt eine gewisse Variationsbreite. Es kommen einfache Haare, mehrzellig einreihige Haare, Gabelhaare, gestielte und ungestielte Drüsenhaare, auf dem Staminodium zusätzlich auch mehrzellige Keulenhaare vor (Abb. 10 D).

Der Pollen von *Jacaranda* ist tricolpat, eine Ausbildung, die innerhalb der *Bignoniaceae* sehr häufig vorkommt und deswegen als ursprünglich angesehen wird (BUURMAN 1977, GENTRY & TOMB 1979). Innerhalb der *Tecomeae* grenzt sich *Jacaranda* zusammen mit *Digomphia* von allen anderen Gattungen durch einen tricolpat-psilaten Pollen (bei BUURMAN 1977: *Arrabidaea*-Typus) ab, der aber bei den *Bignonieae* recht verbreitet ist (GENTRY & TOMB 1979). BUURMAN (1977) hebt außerdem bei der Beschreibung des *Jacaranda*-Pollens das Auftreten charakteristischer unregelmäßiger Risse in der Colpusmembran hervor, was ich ebenfalls bei vielen Arten beobachten konnte (z. B. *J. decurrens, J. macrantha, J. mimosifolia, J. oxyphylla, J. rufa*).

Fossiler Pollen, der dem von *Jacaranda* ähnelt, ist aus dem Oligozän von Puerto Rico bekannt (GRAHAM & JARZEN 1969).

Frucht und Same

Die Früchte von *Jacaranda* sind trockene holzige, meist flachgedrückte Kapseln mit einem senkrecht zur Kapselwand stehenden Septum, dem wichtigsten Erkennungsmerkmal für die Tribus der *Tecomeae (Bignoniaceae)*. Innerhalb dieser nimmt der Fruchtbau von *Jacaranda* (gemeinsam mit *Digomphia*) jedoch eine Sonderstellung ein:

Beim lokuliziden Aufspringen bricht die schmale Scheidewand in 2 Teile (septifrage Kapsel) und bleibt so als niedriger Vorsprung auf je einer Kapselhälfte sitzen (K. SCHUMANN 1895: 206).

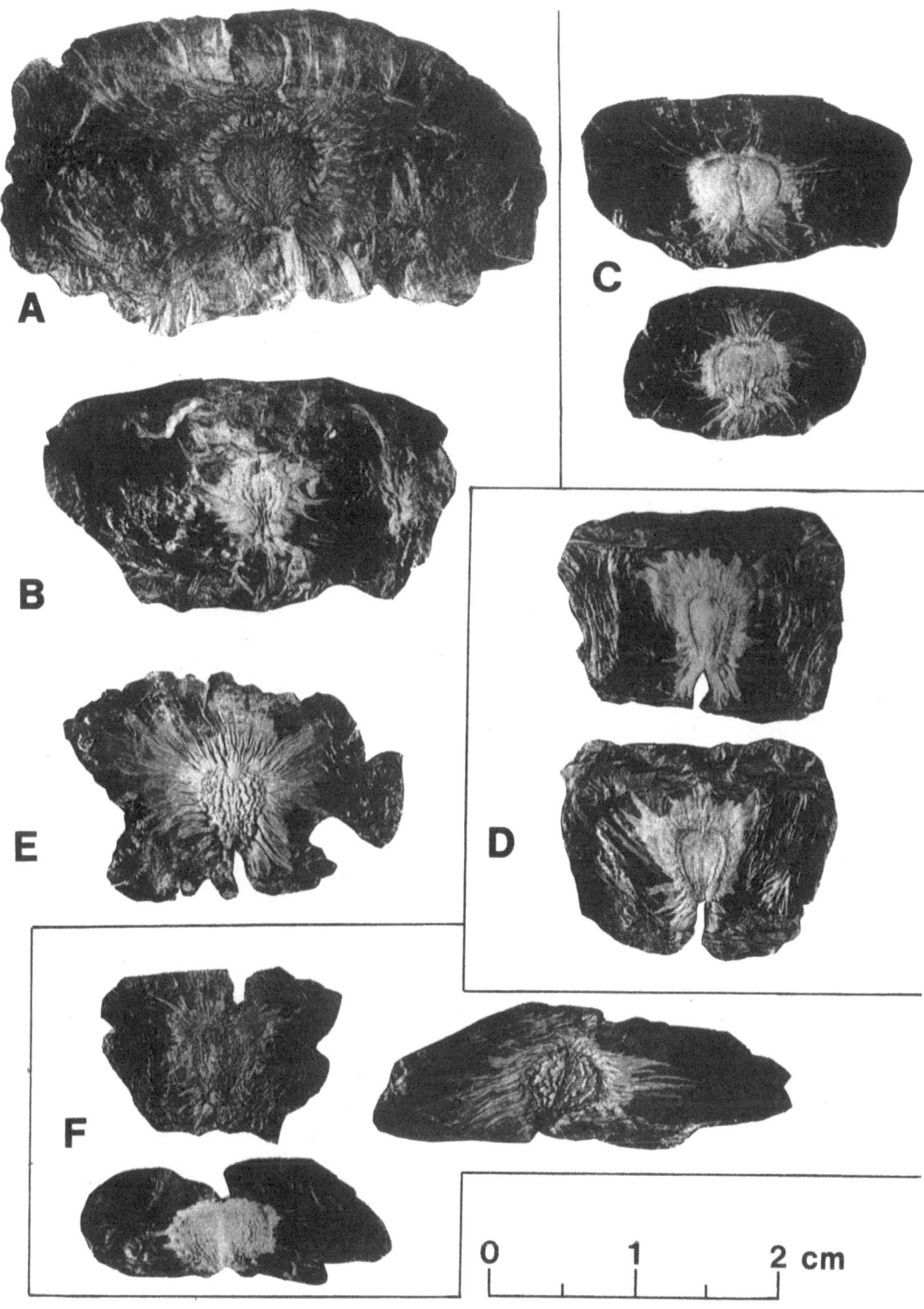

Abb. 13. Geflügelte Samen von *Jacaranda*. A: *J. decurrens* (11-24575); B: *J. rufa* (11-4175); C: *J. oxyphylla* (14-61274); D: *J. micrantha* (11-10275); E: *J. macrantha* (11-9175); F: *J. montana* (links oben 211-15875, links unten 51-18275, rechts 31-10275).

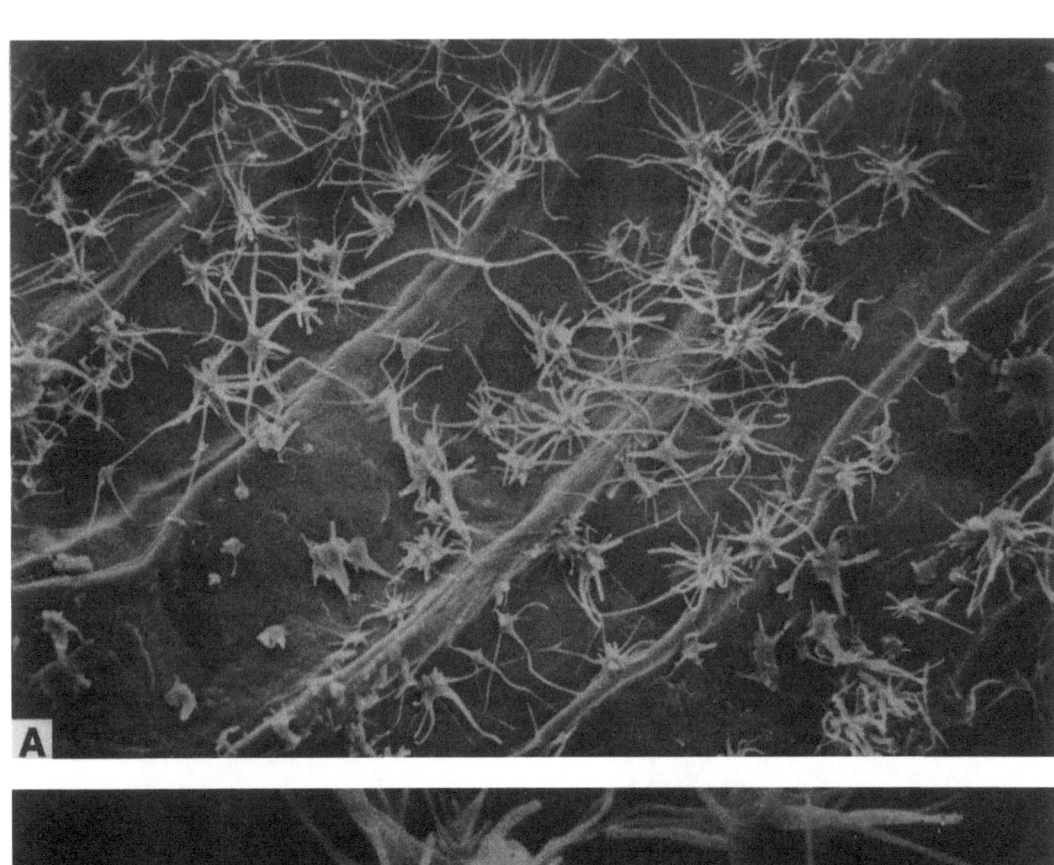

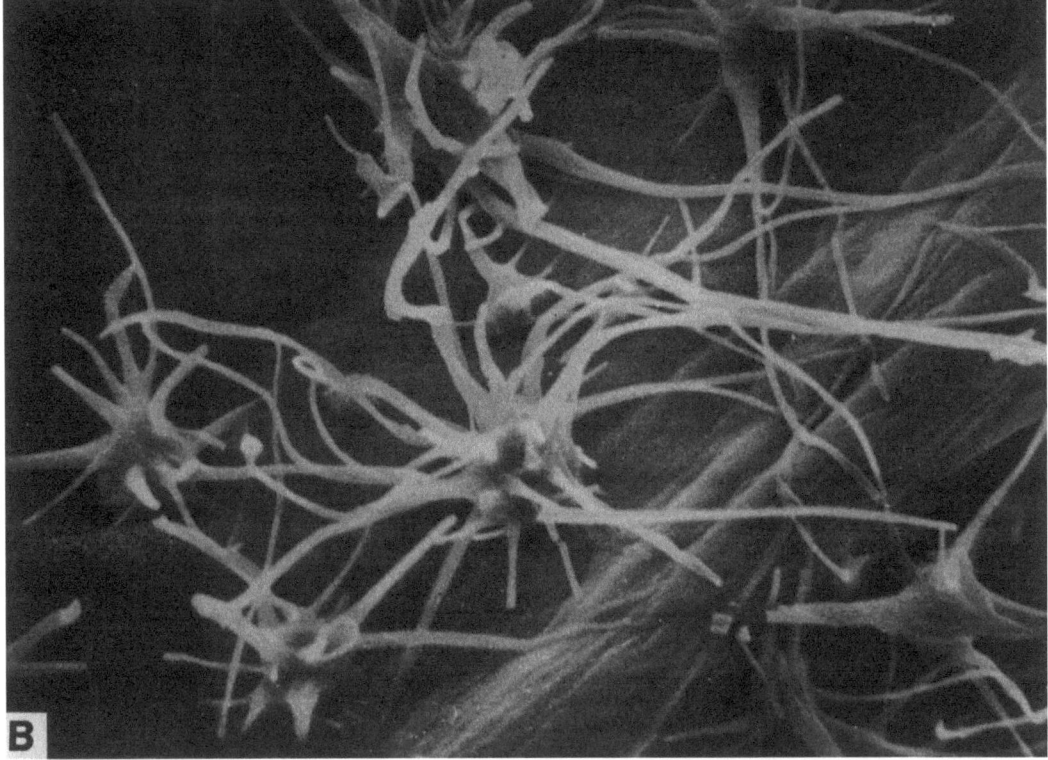

Abb. 14. Testaoberfläche von Samen bei *J. ulei* [REM-Aufnahmen HESSE & MORAWETZ 1980, Belegexemplar: IRWIN et al. 31392 (UB)]. A: Verschiedenartige Ausbildungen der „Sternschuppen": kleine bis große Grundkörper mit wenigen bis vielen Fortsätzen, daneben auch weniger differenzierte schuppenartige cuticuläre Auswüchse (×1200); B: Detail aus dem Mittelfeld von A (×5000).

Tabelle 3. Meßdaten von *Jacaranda*-Samen

Art	Zahl/Frucht	Durchmesser mit Flügel in mm	Durchmesser ohne Flügel in mm	Masse in mg	Auswurfhöhe in m	Sinkgeschwindigkeit in m/sek
J. copaia	82	27	5	5,1	18–25	0,5
J. micrantha	145	17	4,1	6,4	14–21	0,6
J. montana	59	20	3,8	5,3	14–20	0,7
J. mimosifolia	65	17	5	8,2	5–20	0,7
J. subalpina	63	15	5,3	5,7	5–15	0,8
J. caroba	71	13	4,7	2,0	1,5–4	0,5
J. oxyphylla	84	18	4,5	7,4	1–2	0,8
J. rufa	80	24	4	3,9	1–2	0,4
J. decurrens	39	41	9	31,3	0,1	0,7

Die Größe und die Gestalt der Früchte sind innerhalb der Gattung sehr vielfältig (Abb. 25 B, 26 D, 29 D, 30 C, 32 H, 33, 34 F, 35 K, 36 C–D). So variiert die Länge von 3–16 cm, und auch der Umriß ist von Art zu Art verschieden (schmal bis breit oblong, elliptisch bis kreisförmig, ovat bis obovat). Die Kapselwände sind entweder dickholzig (häufig bei Savannenbewohnern, bei *J. praetermissa* und *J. cuspidifolia* sogar kugelig aufgeblasen) oder dünn (etwa bei den Arten der Wälder). Der Kapselrand ist meist eben. Deutlich undulate Früchte kommen als Artmerkmal bei *J. micrantha* vor, treten aber auch bei anderen Taxa sporadisch auf (z. B. *J. macrantha*, *J. oxyphylla*). Ein weiteres auffallendes Merkmal ist der ringartige Wulst nahe beim Fruchtstiel, der sich z. B. bei *J. pulcherrima* findet.

Die Samen liegen dicht flach übereinandergeschichtet entlang der Samenleiste. Die Testa ist durch schuppige flache Leisten strukturiert und läuft in den meist samenumfassenden, häutig durchsichtigen Flügel aus (Abb. 13). Im Raster-Elektronenmikroskop zeigen sich auf dem zentralen, nicht häutigen Teil der Samenoberfläche eigenartige, etwa 5–20 µm große cuticuläre Auswüchse. Diese sind bisher nur von *Jacaranda* bekannt, stellen offenbar ein Gattungsmerkmal dar und werden Sternschuppen genannt (HESSE & MORAWETZ 1980, Abb. 14).

Phänologie

Die meisten baumförmigen *Jacaranda*-Arten sind bis zur Hauptblüte gänzlich blattlos und entwickeln ihr Laub erst in der Abblühphase. Bisweilen ist der Baum noch während der Blüte locker *(J. montana)* oder gänzlich *(J. subalpina)* belaubt. Bei *J. obtusifolia* sollen gleichzeitig blühende laublose und sterile, dicht beblätterte Äste auftreten.

Die untersuchten strauchförmigen Cerradoarten entwickeln zum Teil ihr Laub zugleich mit der Blüte *(J. decurrens, J. rufa)* oder behalten das ganze Jahr sterile blatttragende Äste und treiben daneben fertile Sprosse aus *(J. oxyphylla, J. caroba, J. rufa)*. Weder das eine noch das andere Verhalten ist immer zu beobachten: Manchmal behalten einzelne Pflanzen das gesamte Laub während des Jahres, manchmal werfen sie alle Blätter ab. Savannenbrände stimulieren diese Arten häufig zu neuer Blüten- und Blattbildung.

Sterile Jugendexemplare behalten ihre Blätter über das ganze Jahr und werfen diese nur ab, wenn sie stärkeren Trockenperioden ausgesetzt sind. Ihr jährlicher phänologischer Rhythmus beginnt erst mit der Blüte (z. B. bei *J. micrantha*, *J. montana* und *J. subalpina*).

Bei *Jacaranda* lassen sich 3 verschiedene phänologische Typen herausstellen (Abb. 15):

1. Arten mit einer Hauptblühzeit pro Jahr und kontinuierlichem schwachem Nachblühen.

Dazu gehört *J. montana*, die auf der Paßhöhe der Serra do Mar Mitte Februar voll blüht (mehr als 5000 Blüten pro Baum) und zumindest bis Ende November stets einige (20–100) Blüten trägt (Abb. 15 A). *J. mimosifolia* hat ihre Hauptblüte (mehr als 4000 Blüten pro Baum) bei kultivierten Individuen in Botucatu etwa Mitte Oktober (Abb. 15 B); den Rest des Jahres sind unterschiedlich viel, meist aber weniger als 100 Blüten am Baum. Die z. T. verwilderten Exemplare im Itatiaia hingegen zeigen kein Nachblühen. Eine Übergangsform von diesem zum nächsten Typus ist *J. brasiliana*, die im Cerrado bei Mogi-Guaçú (kult.?) Ende Juli zu blühen beginnt, ihr Maximum im September erreicht und ihre Blüte am Ende des Jahres abschließt (Abb. 15 H).

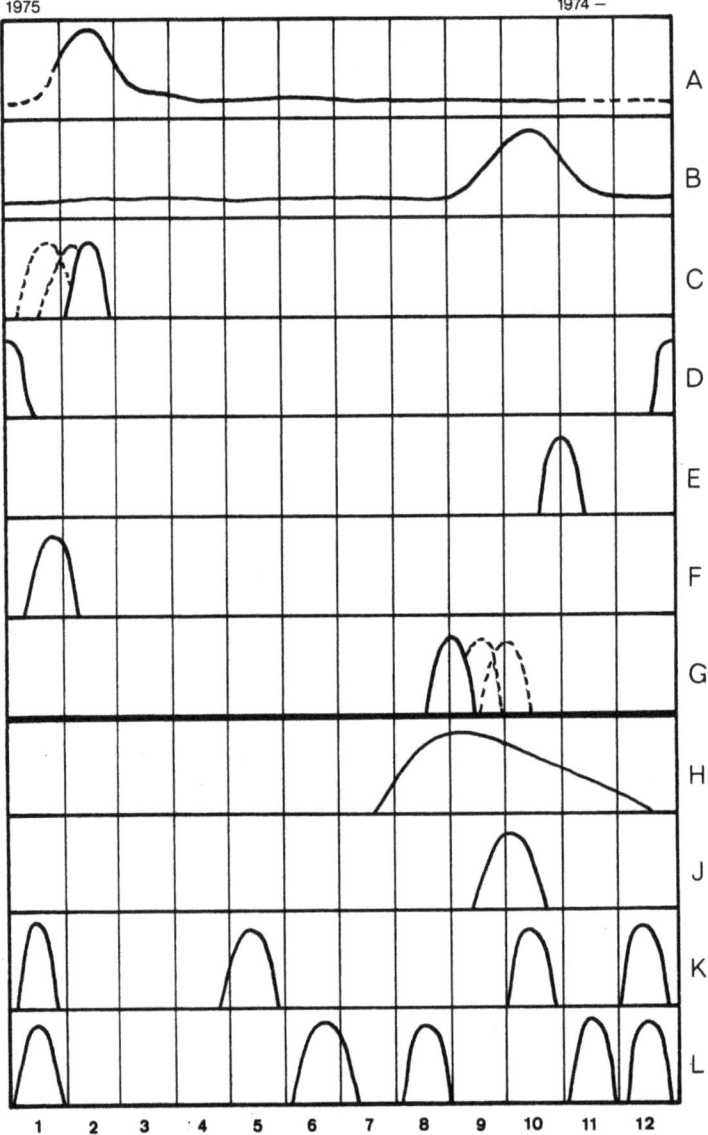

Abb. 15. Blühzeiten einiger *Jacaranda*-Arten der Wälder (A–G) und Cerrados (H–L), jeweils in einem eng begrenzten Gebiet beobachtet; vgl. S. 35–37. Die strichlierten Linien deuten bei A den nicht beobachteten Zeitraum an, bei C die Variation der Blühzeit in einem größeren Gebiet (Extrempunkte ca. 50 km voneinander entfernt, bei G die Variation der Blühzeit von Populationen offener Vegetationstypen entlang eines N-S-Transektes von Ubatuba (8) bis Jacupiranga und Cananéia (10); vgl. dagegen Abb. 16. A: *J. montana;* B: *J. mimosifolia;* C: *J. macrantha;* D: *J. micrantha;* E: *J. pulcherrima;* F: *J. subalpina;* G: *J. puberula* agg.; H: *J. brasiliana;* J: *J. decurrens;* K: *J. rufa;* L: *J. oxyphylla*.

2. Arten mit einer Hauptblühzeit pro Jahr und keinerlei Nachblüte.

J. macrantha, ein charakteristischer Vertreter dieses Typus, hat ihre Blüte im Itatiaia (vgl. S. 117) je nach Höhenlage und Standort von Mitte Jänner bis Ende Februar (Abb. 15 C). Die kleinen Bäumchen tragen in einem Zeitraum von etwa 3 Wochen 150—300 Blüten; andere im Wald stehende größere Individuen waren zu dieser Zeit immer steril. *J. micrantha* entfaltet ihre Hauptblüte sowohl in der Serra do Mar als auch in Botucatu Mitte Dezember bis Mitte Jänner (Abb. 15 D) und bildet in 3—4 Wochen je nach Größe des Baumes eine sehr unterschiedliche Menge an Blüten (3000—10 000 ?). Nur wenig später blüht die in den Nebelwäldern des Itatiaia heimische *J. subalpina* (Abb. 15 F). *J. pulcherrima*, die nur ein einziges Mal beobachtet wurde, steht Anfang November in Blüte und hat wahrscheinlich ebenfalls keine Nachblüte (Abb. 15 E). Die zwergstrauchige *J. decurrens* steht mit ihrer Phänologie ganz im Gegensatz zu den anderen niedrigen *Jacaranda*-Arten der Cerrados, die meist dem Typus 3 angehören. Von September bis Oktober kommt *J. decurrens* im Cerrado von Botucatu gruppenweise für 2—3 Wochen in Blüte (Abb. 15 J); jedes Stämmchen hat ca. 20—50 Blüten, die „Blütenteppiche" werden bisweilen recht groß. Bei *J. puberula* agg. lassen sich die populationsweise unterschiedlichen Blühzeiten (August bis November, je 2—3 Wochen) in der Serra do Mar deutlich mit den jeweiligen Standorten korrelieren (Abb. 16).

3. Arten mit mehreren unregelmäßig über das Jahr verteilten Blühzeiten.

Dazu gehören *J. rufa* und *J. oxyphylla*. Jedes Individuum blüht höchstens einmal pro Jahr, jedoch stehen auch bei Populationen in ± homogener Umgebung fast monatlich ein bis mehrere Pflanzen in Blüte (in Abb. 15 K, L sind nur die tatsächlich in Blüte beobachteten Individuen erfaßt; unterschiedlich gereifte Früchte anderer Pflanzen lassen eine größere Blühfrequenz erwarten). Pflanzen von *J. rufa* bilden im Cerrado bei Botucatu innerhalb von 7—14 Tagen (20—) 50—100 Blüten aus, selten blühen mehr als 2 in nächster Nähe gleichzeitig. Hingegen ist bei *J. oxyphylla* meist ein Teil der Population in der Blüte synchronisiert (Abb. 64). Bei gut entwickelten Individuen gehen etwa 14 Tage lang täglich 10—15 Blüten auf. Herbarvergleiche zeigen bei dieser Art eine Tendenz zu 2 Hauptblühzeiten, nämlich Juni bis Juli und Dezember bis Jänner.

GENTRY (1974 c) unterscheidet innerhalb der *Bignoniaceae* 5 phänologische Typen; die Phänologie der in Punkt 1 und 2 aufgezählten Arten von *Jacaranda* stimmt etwa mit dem in der Familie am weitestverbreiteten „Cornucopia"-Typus überein. Dieser zeichnet sich durch folgende Merkmale aus: blüht einmal pro Jahr 3—10 Wochen; ist an trockene oder feuchte Jahreszeiten gebunden; hat große vielblütige Infloreszenzen, die durch die große Menge der Blüten und Knospen (oft viele tausend) die Bestäuber anlocken; die Blüten dauern einen Tag. *J. rufa* und *J. oxyphylla* zeigen Tendenzen zum „Modified steady state"-Typus, der folgende Charakteristika zeigt: blüht 1—2mal pro Jahr 3—8 Wochen; ist saisonunabhängig; hat armblütige Infloreszenzen, die die Bestäuber durch Einzelblüten anlocken; es gehen meist weniger als 10 Blüten auf einmal auf; die Population ist in der Blüte nicht synchronisiert.

Reproduktion

Blütenbiologie

Während der Feldarbeiten hatte ich Gelegenheit, einige Arten von *Jacaranda* in ihrer Blütenbiologie zu beobachten. Die gesammelten Daten reichen nicht aus, um spezifische Differenzen zu beschreiben. Auch verhinderten widrige Umstände (unerwarteter Frosteinbruch, Verlust der gesammelten Besucher) eine eingehende Darstellung. Trotzdem möchte ich versuchen, einige Hinweise zu geben.

Beobachtet wurden Populationen von *J. oxyphylla* und *J. decurrens* in der Nähe von Botucatu und *J. puberula* agg. nahe bei Ubatuba in der Serra do Mar. Weitere Einzelbeobachtungen an kultivierten *J. mimosifolia*-Individuen in Botucatu und *J. macrantha* im Gebirge des Itatiaia ergänzten das Bild.

Die Anthese von *Jacaranda* findet am frühen Morgen statt (GENTRY 1974 b); zu dieser Zeit öffnen sich die Blütenröhren, bleiben 2–3 Tage offen und fallen dann ab. Von 8–16 Uhr wurden Blütenbesucher gesehen, einige von ihnen konnten durch die freundliche Hilfe von Prof. J. M. F. DE CAMARGO (São Luis) bestimmt werden: auf *J. decurrens* (Botucatu) – *Ceratina* sp.; *J. oxyphylla* (Botucatu) – *Ceratina* sp., *Megalopta* sp., *Paratrigona lineata*, *Trigona hyalinata*; *J. rufa* (Botucatu) – *Ceratina* sp., *Euglossa* sp.; *J. puberula* (Ubatuba, sek. Savanne) – *Ceratina* sp., *Paratrigona subnuda*, *Trigona spinipes*.

Die vermutlichen Bestäuber sind mittelgroße bunte und große schwarze Bienen (*Bombus* spp., *Centris* spp., *Euglossa* spp. u. a.). Wenn sie sich durch die enge, im Mittelteil abgeflachte Blütenröhre zum Nektar zwängen, streifen sie zuerst die an die Oberseite gepreßte Narbe und dann erst die ebenso angedrückten Antheren (vgl. Abb. 12). Die runzelige Innenseite der Blütenröhre gibt den eindringenden Bestäubern besseren Halt (VOGEL, mündl. Mitt.). Andere wahrscheinlich nicht bestäubende Besucher sind Schmetterlinge, Fliegen und kleine Pollen sammelnde Bienen *(Meliponidae)*. Häufig sind Nektarräuber zu sehen, die direkt zur Futterquelle vordringen. Kolibris (KNUTH 1895) und große Bienen (z. B. Abb. 18 A) stechen die Blütenröhre knapp über dem Kelch an. Andere große Bienen und kleine grüne sowie stahlblaue Bienen benützen, vermutlich als sekundäre Räuber, die Perforationen. Diese sind auch an den Blüten der meisten gesehenen Herbarbelege zu beobachten.

Die optische Anlockung der Blütenbesucher geschieht durch die auffallenden hellblau bis dunkel purpurn gefärbten Blüten, deren Gesamtheit am meist laublosen Baum weit sichtbare Farbflecken ergibt. Erfolgt die Blüte noch dazu in der Trockenzeit (z. B. bei *J. decurrens*), so wird der Kontrast gegenüber der umliegenden Vegetation wesentlich verstärkt. Die Nahwirkung der Einzelblüte erhöht sich durch die kontrastreichen

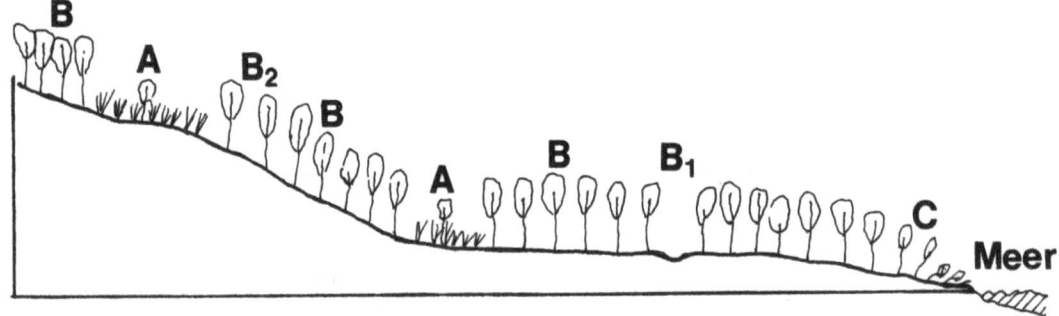

Abb. 16. Phänologische Variation von *J. puberula* agg., abhängig von verschiedenen ökologischen Nischen am Fuße der Serra do Mar (Ubatuba); vgl. auch Abb. 15 G. A: Offene, sekundäre warm sonnige Standorte mit savannenartigem Grasbewuchs. *Jacaranda* wird max. 4 m hoch und hat sehr viele reichblütige, eng zusammenstehende Blütenstände. Die Blüte erfolgt von Mitte August bis Mitte September, das Laub erscheint simultan mit der Blüte. B: Dichter, teilweise sekundärer, gut ausgebildeter Küsten- und Bergregenwald bis 250 m Seehöhe. *Jacaranda* bildet bis zu 12 m hohe Bäume mit mehreren, z. T. weit voneinander entfernten Blütenständen mit nicht allzu vielen Blüten. Hier blüht *Jacaranda* von Mitte September bis Anfang Oktober; das Laub erscheint simultan mit der Blüte. B_1: Sehr bodenfeuchter Standort bei einem Bach; die alten Blätter bleiben bis zur Blüte. B_2: Mäßig bodenfeuchter Standort auf einem Unterhang; *Jacaranda* blüht das ganze Jahr nicht und beginnt die im August abgeworfenen Blätter im November zu erneuern. C: Mittelhoher krüppeliger meeresnaher Restinga-Wald auf Sand. *Jacaranda* erreicht 8–10 m Höhe und bildet nur sehr wenige kleine armblütige Infloreszenzen aus. Die Blüte ist Anfang bis Mitte November, das im August abgeworfene Laub wird in der Abblühphase erneuert.

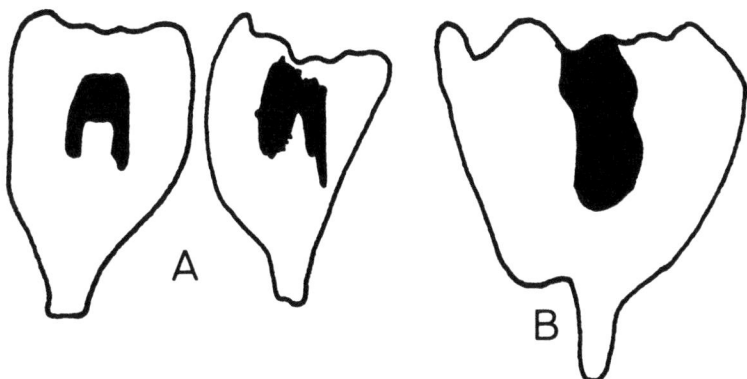

Abb. 17. Zonen der Duftemission auf der Innenseite von ausgebreiteten *Jacaranda*-Blüten (schwarz eingezeichnet). A: *J. macrantha* (Itatiaia); B: *J. mimosifolia* (Botucatu).

weißen Schlundflecken und die Saftmal-ähnliche gelbe Staminodiumspitze. Eine Überprüfung auf UV-Male (KUGLER 1963) verlief negativ.

Eine weitere Anlockung erfolgt durch einen feinen vanilleartigen Geruch. Die Zonen der Duftemission wurden mit der Neutralrotmethode (VOGEL 1962) lokalisiert. Diese liegen innen an der Oberseite der Korolle und decken sich zum größten Teil mit den weißen Schlundflecken (Abb. 17).

Als Verköstigung wird vom Diskus Nektar abgeschieden, der sehr lipidreich sein soll (BAKER & BAKER 1975).

Ob das überlange, auffällig klebrig-drüsig behaarte Staminodium (z. B. 32 G, 35 J) neben der optischen Kontrastwirkung noch andere Funktionen erfüllt, ist ungeklärt. Seine Drüsenhaare enthalten eine gelbe, nicht fette Flüssigkeit, die mit zunehmendem Alter der Blüte braun wird. Zwar sammeln vor allem kleinere Bienen den anklebenden Pollen ein, die Drüsenhaare werden jedoch nie angefressen oder abgegrast. Ob das Staminodium ähnlich wie bei *Pentastemon* durch seine Lage kurzrüsselige Besucher vom Nektar abhält (KNUTH 1905) oder durch seinen Farbwechsel ähnlich wie bei den Schlundflecken von *Aesculus hippocastanum* das Ende der Nektarproduktion signalisiert (KUGLER 1936), bleibt dahingestellt.

Der Fruchtansatz ist meist sehr gering. Normalerweise kommen nur etwa 2–5%, in günstigen Fällen bis zu 15% aller Blüten zur Fruchtreife. Dabei konnte ich keine wesentlichen Unterschiede zwischen reich- und armblütigen Arten feststellen (*J. decurrens:* 22–52 Blüten/1–2 Früchte; *J. oxyphylla:* 100–200 Blüten/5–20 Früchte; *J. macrantha:* 150–300 Blüten/3–20 Früchte).

Generative und vegetative Vermehrung

Die Gattung *Jacaranda* hat 2 Wege der Vermehrung und Ausbreitung entwickelt: Die generative Reproduktion mittels flugfähiger Samen findet sich einheitlich in der ganzen Gattung; variabel sind dabei nur Menge, Größe, Gewicht und Auswurfshöhe der produzierten Samen. Die vegetative Reproduktion durch Wurzeltriebe und Ausläufer ist auf wenige Arten beschränkt; sie sind meist niedrigwüchsig und häufig in Savannen zu Hause.

Generative Ausbreitung

Etwa 7–9 Monate nach der Blüte erreichen die Früchte ihre volle Reife. Der Fruchtstand stirbt ab und trocknet aus. Bei den meisten Arten öffnen sich die Kapseln durch Xerochasie. Die noch an der Samenleiste angehefteten Samen fallen allerdings nicht selbständig aus der Kapsel heraus, sondern werden erst durch kräftige Windstöße weggewirbelt. Die Sinkgeschwindigkeit variiert innerhalb der Gattung nicht wesentlich und liegt zwischen 0,4 und 0,8 m/s (vgl. Tab. 3). Der Großteil der Samen fällt in der Nähe des Mutterbaumes zu Boden; nur selten wurden Jungpflanzen entfernter als 50 m vom nächsten erwachsenen Baum gefunden. Gelegentlich können aber die

Abb. 18. A: Blüte von *J. oxyphylla* mit Nektarräuber *(Oxaea flavescens)*; B: Natürlicher Standort von *J. crassifolia* (Pfeil) im Gebirge des Itatiaia auf ca. 1000 m Höhe.

Tabelle 4. Menge der *Jacaranda*-Individuen/100 m² in gleichen benachbarten Vegetationstypen verschiedener Sukzessionsstufe

Art	Umtriebslücke, Waldrand, hell, offen		Primärwald, dicht, geschlossen	
J. macrantha (Itatiaia, 600–1000 m)	5–18		1–2	
J. montana (Serra do Mar bei Ubatuba, 800–900 m)	10–25		1–3	
J. puberula agg. (Serra do Mar bei Ubatuba, 200 m; bei Jacupiranga, 50 m)	5–10		1–3	
J. subalpina (Itatiaia, 1700–1800 m)	5–8		1–2	
	Campo sujo; niedrig, offen	Campo Cerrado;	Cerrado; ⟶	Cerradão hoch, geschlossen
J. oxyphylla (bei Botucatu und bei Itapeva)	30–45	20–30	5–12	0
J. rufa (bei Botucatu)	10–15	–	1–5	–

Anmerkung: Die Zählungen erfolgten nur an solchen Stellen, wo relativ dichte *Jacaranda*-Populationen standen. Da die Vorkommen über weite Strecken unterbrochen sein können, läßt sich die hier angegebene *Jacaranda*-Frequenz nicht auf größere Flächen extrapolieren.

Samen auch über größere Entfernungen transportiert werden, so z. B. bei *J. copaia*: Die mitten in einer baumlosen Grassavanne (bei Humaitá) stehenden Jungpflanzen waren vom nächsten potentiellen Mutterbaum zumindest 5 km weit entfernt.

Manche Arten (z. B. *J. macrantha*, *J. montana*) neigen dazu, die reifen, aber noch geschlossenen Kapseln abzuwerfen. Die Bodenfeuchtigkeit verhindert das Aufspringen der Früchte, und die Keimlinge wurzeln dann in und durch die schnell modernden Kapseln.

J. decurrens entwickelt ihre Früchte nur knapp über dem Grund; hier wurden bisweilen aktiv in den trocken-sandigen Boden versenkte Kapseln beobachtet.

Einige Meßdaten von *Jacaranda*-Samen sind in Tabelle 3 zusammengefaßt.

Die Samenproduktion kann je nach Art sehr stark variieren. Die unterschiedlichen Samenmengen lassen sich mit der Wuchshöhe, dem Lebensraum, der Effektivität der Windverbreitung und der Möglichkeit vegetativer Ausbreitung deutlich korrelieren, wie in Abb. 19 dargestellt ist. Dabei zeigt sich die etwa lineare Abnahme der Samenproduktion/Fläche von den hochstämmigen Arten des Waldes zu den Zwergsträuchern der Savannen.

Am meisten Samen haben *J. micrantha*, *J. montana*, *J. mimosifolia* und die hier nicht zahlenmäßig erfaßte *J. copaia*. Als Vertreter der obersten Kronenschicht bilden sie im Laufe der Ontogenie und der Entwicklung der Begleitvegetation immer größere Kronen aus und erhöhen dadurch die Zahl der Blüten und Früchte. Die große Auswurfshöhe ermöglicht den vielen Flugsamen die ± gleichmäßige Bedeckung einer im Vergleich zu den Verhältnissen bei den Cerradoarten größeren Fläche und auch gelegentliche Fernverbreitung. Die fehlende vegetative Ausbreitung läßt auf eine gut funktionierende Vermehrung durch Samen schließen.

Hingegen bilden die niedrigen Savannenarten *J. decurrens*, *J. rufa* und *J. oxyphylla* sehr wenig Samen. Da die oberirdischen Teile regelmäßig absterben, ergibt sich ein geringfügiger jährlicher Zuwachs der Samenproduktion, im Laufe der Sukzession (vgl.

Besiedelung) sogar eine Abnahme. Ihre Flugsamen werden nahe dem Boden ausgeworfen, haben die gleiche Sinkgeschwindigkeit wie die der Bäume und erfassen dadurch nur relativ kleine Flächen in der nächsten Nähe der Mutterpflanze. Als Kompensation für die wenigen Samen und deren geringfügige Flugweite können sich manche dieser Savannenarten erfolgreich vegetativ ausbreiten.

Vegetative Ausbreitung

Bei *J. decurrens* und *J. oxyphylla* fällt auf, daß die oberirdischen Stämmchen häufig in Gruppen zusammenstehen. Bei beiden Arten konnten durch Nachgraben unterirdische, Wurzelausläufern ähnliche Verbindungen festgestellt werden. *J. oxyphylla* hat außerdem noch die Möglichkeit, niederliegende Zweige zu bewurzeln, und vermag sich solcherart vegetativ auszubreiten. Während die Ausläufer dieser beiden Arten auf einen kleinen Radius (etwa bis zu 1 m) beschränkt sind (Abb. 4 B–C), zeigt *J. pulcherrima* diese Tendenz viel stärker: Im Umkreis von bis zu 5 m um erwachsene Exemplare wurden zahlreiche kleine, aber bereits fertile Tochterpflanzen beobachtet, die noch alle mit den großen Pflanzen unterirdisch verbunden waren (Abb. 4 E).

Besiedelung

Unabhängig von Art und Wuchsform zeigt die gesamte Gattung eine einheitliche Besiedelungsstrategie: *Jacaranda* entwickelt sich am besten und fast ausschließlich an hellen oder offenen Standorten, wie z. B. Umtriebslücken, Waldrändern und häufig gebrannten und degradierten Cerrados. Die Jungpflanzen haben unter dicht geschlossenem Pflanzenwuchs nur wenig Chancen zu gedeihen, sind aber in den erwähnten offenen Vegetationstypen äußerst konkurrenzfähig und vital. So wächst z. B. *J. copaia* zusammen mit *Cecropia, Vismia* u. a. typischen Sekundärwuchs entlang der Straßen Amazoniens (Abb. 57). *J. oxyphylla* breitet sich am besten im mehrmals abgeholzten und abgebrannten Cerrado zusammen mit *Solanum* und einigen unkrautartigen Kompositen aus (Abb. 59 B, 64). In der Serra do Mar kommen neben Graswuchs auf gerodeten Stellen und an Straßenrändern dichte Populationen von *J. puberula* agg. auf. Auf einem sehr steilen Abhang auf einer Paßhöhe der Serra do Mar wurden nach einem Erdrutsch hunderte Pflänzchen von *J. montana* als Erstbesiedler gefunden.

Wenn auch die Besiedelungsstrategie innerhalb der ganzen Gattung gleich ist, so ergeben sich doch im Laufe der Vegetationsentwicklung Unterschiede zwischen den hochwüchsigen Waldarten und den niedrigwüchsigen Savannenarten. Erstere bilden dichte Populationen von Jungpflanzen, von denen dann zumindest einige wenige in den später entstehenden dichten und hochstämmigen Wald eingegliedert werden. Diese hochstämmigen Taxa sind legale Waldbewohner, die allerdings nur an Umtriebslücken und offenen Standorten in größerer Zahl aufkommen können.

Die Cerradoarten hingegen besiedeln zwar lichte Zweitwuchsbestände ebenso dicht wie Waldarten, sobald die Vegetation aber höher wird, verlieren sie an Konkurrenzkraft und werden häufig verdrängt. Ihre Populationsdichte wird daher in einer Sukzession vom niedrigen offenen Campo sujo zum hochstämmig dicht geschlossenen Cerradão stark abnehmen. Der legale Lebensraum dieser strauchigen und zwergstrauchigen Arten sind offene und gestörte Flächen, die nicht nur ihre Reproduktion, sondern auch ihren Bestand als erwachsene Pflanzen sichern. Alle diese Beobachtungen lassen sich durch Zählungen unterstützen (Tab. 4).

Modifikationsexperimente

Die Kultur tropischer Holzpflanzen ist zeitraubend und aufwendig. Deswegen war es nur in 2 Fällen möglich, die Ausbildung von Merkmalen im Versuch zu überprüfen, meist wurden Modifikationsphänomene am natürlichen Standort beobachtet.

Im ersten Fall wurde getestet, inwieweit die Ausbildung des Xylopodiums von den Feuchtigkeitsverhältnissen abhängig ist, im zweiten Fall wurden der Blühzeitpunkt von *J. subalpina* sowie die Abhängigkeit der ersten Blüte von der Baumgröße in einer anderen Umgebung überprüft.

1. *J. oxyphylla* keimt am natürlichen Standort in der obersten und trockensten Bodenschichte. In der Folge treibt die Keimpflanze eine unverhältnismäßig tief reichende Pfahlwurzel bis in die feuchteren Bodenschichten. Der oberirdische Teil wächst im Verhältnis zur Wurzel sehr langsam und entwickelt sich erst nach der vollständigen Ausbildung der Wurzel (Xylopodium, vgl. S. 21) kräftiger.

Samen von *J. oxyphylla* wurden in einer Petrischale zum Keimen gebracht und in einer käuflichen Nährlösung („Hydrokultur") weitergezogen. Zum Vergleich wurden unter gleichen Bedingungen Keimlinge von *J. subalpina* großgezogen, die am natürlichen Standort schwach entwickelte Pfahlwurzeln oder sich ausbreitende Wurzelsysteme zeigt.

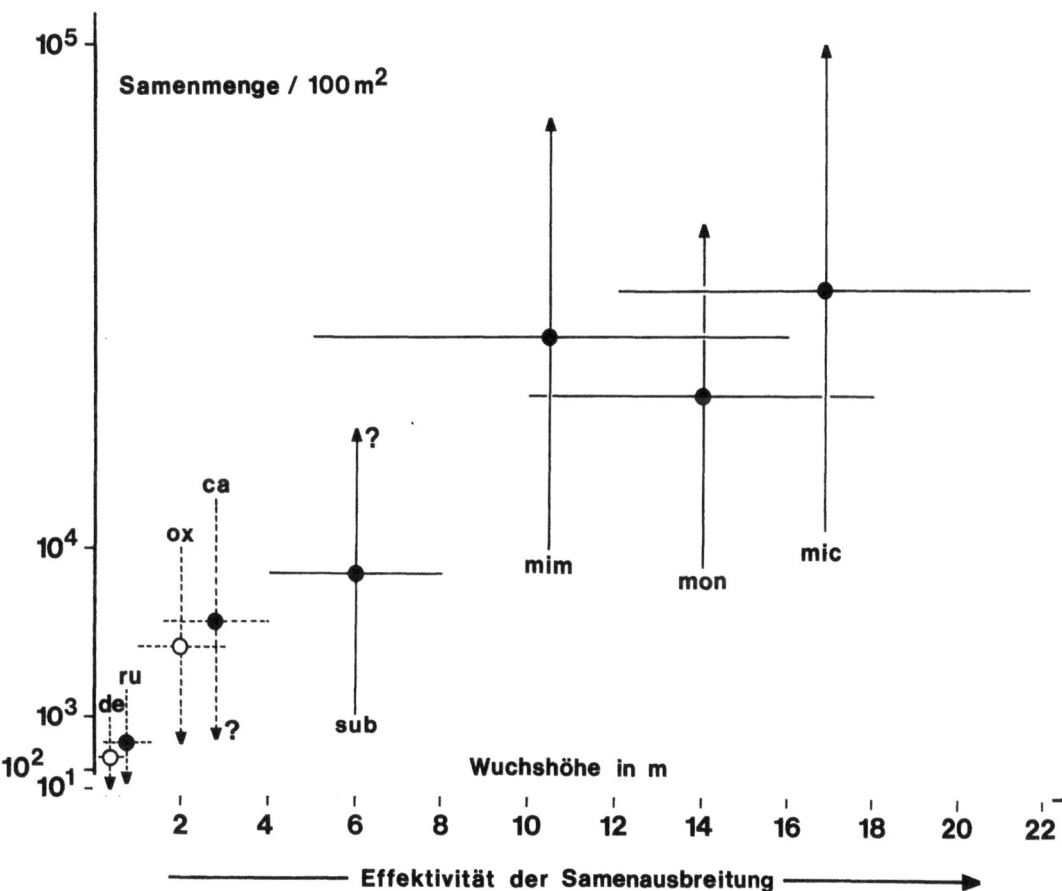

Abb. 19. Vergleich der Wuchshöhe mit Samenmenge und Standort bei erwachsenen Individuen einiger Jacaranda-Arten. de: *J. decurrens;* ru: *J. rufa;* ox: *J. oxyphylla;* ca: *J. caroba;* sub: *J. subalpina;* mim: *J. mimosifolia;* mon: *J. montana;* mic: *J. micrantha;* ------ Arten der Savannen (Cerrado, Campo rupestre); ——— Arten der Wälder; ● ausschließlich mit Samenausbreitung; ○ mit zusätzlicher vegetativer Ausbreitung. Die Pfeile deuten die Zu- oder Abnahme der Samenproduktion bei fortschreitender Sukzession der Begleitvegetation an. Die erhobenen Daten (vgl. S. 13) beziehen sich auf durchschnittliche bis maximal dichte Populationen unterschiedlicher Standorte (vgl. Tab. 4).

In dem Diagramm wird die Abnahme der Samenproduktion von hochwüchsigen (Wald-)Arten zu niedrigwüchsigen (Savannen-)Arten deutlich. Vegetative Ausbreitung kommt nur bei Sippen mit sehr geringer Samenproduktion vor (so z. B. auch bei der hier zahlenmäßig nicht erfaßten *J. pulcherrima*, die im Diagramm eine Position in der Nähe von *J. caroba* einnehmen würde). Bei *J. caroba* und *J. subalpina* dürfte sich die Samenproduktion im Laufe der Sukzession nicht wesentlich verändern.

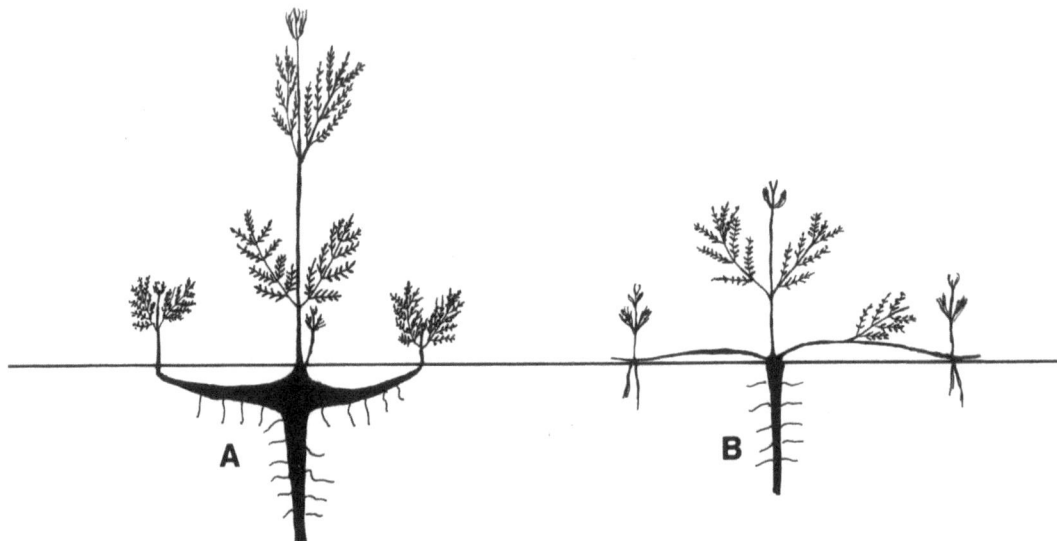

Abb. 20. Vegetative Ausbreitung bei *J. oxyphylla*. A: Seitenteile des Xylopodiums bilden Tochterpflanzen; B: Niedergelegte Zweige wurzeln und treiben aus.

J. oxyphylla begann bereits bald nach der Keimung, trotz der guten Feuchtigkeitsverhältnisse eine sehr kräftige und lange Pfahlwurzel auszubilden. Diese erreichte nach 6 Monaten bereits eine Länge von 20—25 cm, während der oberirdische Teil mit 3—5 cm Größe im Wachstum stark zurückblieb.

Die unter gleichen Bedingungen gezogene *J. subalpina* bildete im gleichen Zeitraum nur 3—5 cm lange, vielfältig verzweigte Wurzeln, während der oberirdische Teil die Wurzellänge bereits nach wenigen Wochen übertraf (Abb. 1 D—E).

Bei *J. oxyphylla* besteht anscheinend eine feuchtigkeitsunabhängige Dominanz des Wurzelwachstums.

2. *J. subalpina* blüht an ihrem natürlichen Standort Anfang bis Mitte Jänner, sobald sie eine Höhe von etwa 4—6 m erreicht hat. Die Jungpflanzen kommen in einer,

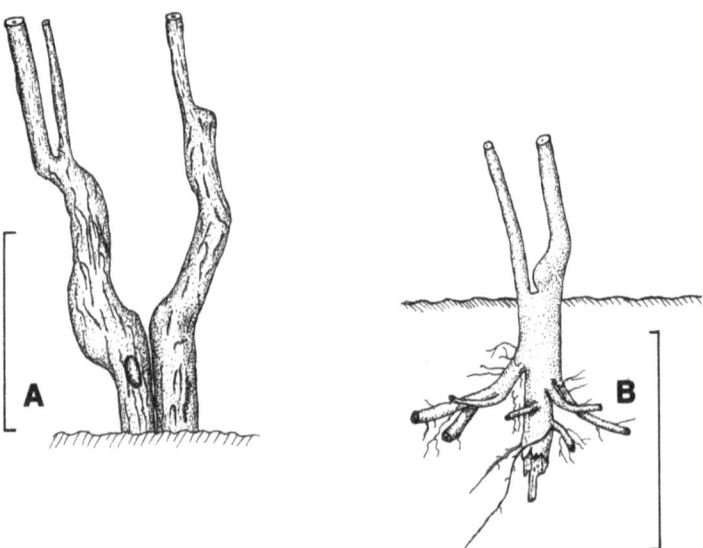

Abb. 21. *J. puberula* agg., Regeneration und Wurzelausbildung bei kleinen fertilen, mehrmals abgeschlagenen Individuen in einer sekundären Savanne, Serra do Mar, ca. 200 m. A: Ca. 4 m hohes Exemplar, jede Biegung der beiden Stämme entspricht dem jeweils neuen Austrieb; B: Ca. 2,5 m hoch, die oberirdischen Triebe sind viel dünner als der mächtige, viel ältere Wurzelstock. Länge der Meßstriche jeweils 50 cm.

im Vergleich zu Savannen, geschlossenen und lichtarmen Umgebung auf. Die Versuchspopulation wächst im Gebirge des Itatiaia auf etwa 1800 m Höhe (Abb. 52), der jährliche Niederschlag liegt bei etwa 2200 mm, die Durchschnittstemperatur bei ca. 13 °C. Aus dieser wurde eine Jungpflanze von ca. 20 cm Höhe ins Landesinnere (Botucatu, 850 m, 1350 mm, 19,4 °C) verpflanzt und unter guten Kulturbedingungen gezogen. Die an einem offenen sonnenbeschienenen Platz wachsende Pflanze begann bereits nach 2 Jahren in einer Höhe von 1 m Mitte November voll zu blühen und hatte bereits im Jänner ausgereifte Früchte mit fertilen Samen. Der Blühzeitpunkt von *J. subalpina* ist anscheinend sowohl in der Ontogenie als auch in der Jahreszeit umweltsabhängig. Andere für diese Art charakteristische Merkmale (Achselknospenlänge, Blattform, Blütenausbildung, Fruchtgröße) wurden jedoch in der unterschiedlichen Umgebung weitgehend unverändert ausgebildet.

Die Chromosomen

Bei allen untersuchten *Jacaranda*-Arten wurde einheitlich die Chromosomenzahl 2n = 36 festgestellt (Tab. 5). Die Zählung 2n = 66 (PATHAK et al. 1949) beruht vermutlich auf einem Irrtum.

Eingehendere cytologische Untersuchungen bei *Jacaranda* sind noch nicht abgeschlossen, einige vorläufige Ergebnisse sollen hier nur kurz referiert werden. Auffallend ist, daß bei 3 verwandtschaftlich weit auseinander stehenden Arten (*J. macrantha, J. subalpina* und *J. mimosifolia*, vgl. Abb. 70) sowohl die Struktur der Metaphase-Chromosomen (Größe, Armlängen, Satellitenmenge, C-Bandmuster) als auch die Ausbildung der Interphasekerne sehr ähnlich ist.

Bei *J. macrantha* sind die Metaphase-Chromosomen ca. 1,5–3 µm lang und meta- bis submetazentrisch (mit Feulegenfärbung). Ausnahmslos alle Chromosomen enthalten konstitutives Heterochromatin (C-Bänder), das etwa folgendermaßen innerhalb des Karyotyps verteilt ist (Abb. 22): Das größte Chromosomenpaar (1) hat deutlich ausgebildete C-Band-positive Satelliten und distal gelegenes als auch proximales Heterochromatin, bisweilen kommen auch bei diesem Paar, von Zelle zu Zelle variierend, 1–2 interkalare, schwächer ausgebildete C-Bänder vor. Weiters treten bei 12 Paaren (2–7, 9–11, 14–15, 18) ausschließlich proximale C-Bänder auf, die entweder

Tabelle 5. Chromosomenzahlen der Gattung *Jacaranda*

Art	n	2 n	Herkunft Belegexemplar	Autor
J. cf. brasiliana	18		31-291075	MORAWETZ 1980
J. caerulea		36	–	SIMMONDS 1954
J. decurrens	18		12-9975	MORAWETZ 1980
J. hesperia		36	–	GENTRY, pers. Mitt.
J. macrantha	18		11-9175	MORAWETZ 1980
J. macrantha		36	21-12878	MORAWETZ 1980
J. micrantha	18		31-11175	MORAWETZ 1980
J. mimosifolia		36	Indien, kult.	VENKATASUBBAN 1944
J. mimosifolia		66	Indien, kult.	PATHAK et al. 1949
J. mimosifolia		36	Indien, kult.	KEDHARNATH 1950
(als *J. ovalifolia*)		36	Indien, kult.	NANDA 1962
J. mimosifolia		36	11-81075	MORAWETZ 1980
J. puberula agg.		36	41-26875	MORAWETZ 1980
J. pulcherrima		36	11-1175	MORAWETZ 1980
J. rufa		36	11-231075	MORAWETZ 1980
J. subalpina		36	GOTTSBERGER s.n. 15.11.1975	MORAWETZ 1980

Abb. 22. Karyotyp von *J. macrantha* mit C-Bändern. Die Chromosomen sind der Größe nach geordnet. Beim ersten Chromosom von Paar Nr. 16 war die Position des Heterochromatins nicht eindeutig zu erkennen. Länge des Meßstriches: 5 µm.

dick blockartig oder sehr schmal sind. 3 Paare (8, 12, 13) zeigen sowohl proximale als auch terminale Bänder (inkl. Satelliten), 4 der kleinsten Chromosomen (16, 17) bilden ausschließlich terminales Heterochromatin aus. Der Interphasekern zeigt eine Anzahl von C-Band-positiven, dunkel gefärbten unterschiedlich großen Punkten, die ungefähr der Menge der C-Bänder in der Metaphase entsprechen. Das dazwischen liegende Euchromatin ist gleichmäßig ± körnig bis kurz fadenförmig strukturiert.

Bei *J. subalpina* und *J. mimosifolia* (Abb. 23) treten im wesentlichen die gleichen C-Bandmuster („banding-style") und Interphasekernstrukturen auf. *J. mimosifolia* fällt lediglich durch ein Chromosomenpaar mit beidseitigen terminalen Heterochromatinblöcken und fehlenden oder bisweilen sehr blaß ausgebildeten proximalen Bändern auf (Abb. 23, Pfeile). Ein solches Chromosomenpaar ist bei den beiden anderen Taxa nicht vorhanden.

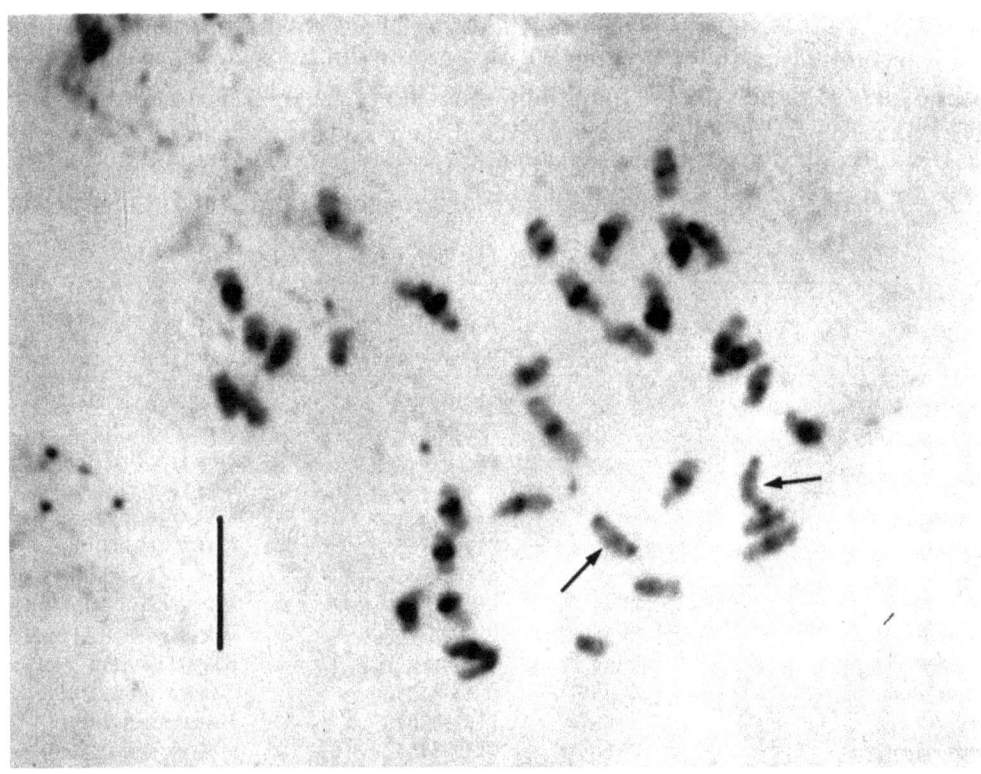

Abb. 23. C-Bänder bei somatischen Metaphase-Chromosomen von *J. mimosifolia*. Die Pfeile bezeichnen das Chromosomenpaar mit beidseitig terminalem Heterochromatin. Länge des Meßstriches: 5 µm.

Inhaltsstoffe

Über den Chemismus von *Jacaranda* liegen bisher nur wenige Arbeiten vor; sie beschäftigen sich z. T. mit Mineralstoffen und z. T. mit sekundären Inhaltsstoffen.

Das Vorkommen von Aluminium in Laubblättern wurde bei 13 Arten der Gattung quantitativ überprüft (MORAWETZ et al. 1978). Während bei manchen Angiospermen-Gattungen die Menge des gespeicherten Aluminiums systematische Aussagen ermöglicht und auch mit der Bodenzusammensetzung in Wechselwirkung steht (GOODLAND 1971, Übersichtsreferat), konnten solche Zusammenhänge bei *Jacaranda* nicht gefunden werden. Es wurde lediglich festgestellt, daß Aluminium in den Blättern dieser Gattung nicht akkumuliert wird (nie mehr als 250 ppm/Trockengewicht). Dies trifft auch dann zu, wenn die Pflanzen auf einem Substrat mit großen Mengen freien Aluminiums wachsen.

In einer vorläufigen Übersicht wurden die Laubblattextrakte einiger *Jacaranda*-Arten auf Flavonoide untersucht*. Dabei ergaben sich Hinweise auf das Vorliegen von Flavon-7-0-Glycosiden und Flavonol-3-0-Glycosiden. Aus *J. crassifolia* wurden 3 Glycoside isoliert und an Hand ihrer UV-Spektraldaten und relativen Laufwerte identifiziert. Es handelt sich dabei um Luteolin-7-Glucuronid, 6-Hydroxyluteolin-7-Glucosid und Quercetin-3-Glucosid. Die Akkumulation dieser Glycoside ist für mehrere Arten der Gattung kennzeichnend. Insbesondere 6-hydroxylierte Verbindungen sind innerhalb der *Bignoniaceae* häufig anzutreffen (HARBORNE 1967). Quercetin wurde schon früher an hydrolisierten Blattextrakten von *J. ovalifolia (= J. mimosifolia)* nachgewiesen (BATE-SMITH 1962). In der gleichen Art wurde auch Scutellarein-7-Glucuronid festgestellt (SANKARA et al. 1972).

Die erste Übersicht über die Flavonoide der Blätter von *Jacaranda* erlaubt noch keine systematischen Aussagen zur Gliederung der Gattung. So treten keine deutlichen Unterschiede zwischen den Vertretern der sonst so markant getrennten Sektionen (Tab. 7, S. 51) auf, und innerhalb einiger Arten (z. B. *J. puberula* agg.) zeigt sich eine beachtliche Variationsbreite der chromatographischen Fleckenmuster. Bei einigen niedrigen Savannenarten (z. B. *J. decurrens, J. oxyphylla*) scheint eine Tendenz zur Reduktion der Flavonoidausstattung vorzuliegen.

Weiters wurden Anthocyane aus Blüten von *J. mimosifolia* (Delphinidin-3-5-Diglucosid) und *J. semiserrata* (= *J. puberula* agg.) (Delphinidin-3-Glucosid) isoliert (TIMBERLAKE & BRIDLE 1975). Ebenfalls bei *J. mimosifolia* wurde Hydrochinon festgestellt (SANKARA SUBRAMANIAN et al. 1973).

* In Zusammenarbeit mit Univ.-Doz. Dr. H. GREGER und cand. phil. K. VALANT, denen ich für die Hilfe herzlich danke.

Systematischer Teil

In der vorliegenden Revision der Gattung *Jacaranda* habe ich versucht, die Systematik dieser Pflanzengruppe mit Hilfe des neuen und zahlreichen Herbarmaterials (vgl. S. 14) und der mir zugänglichen Literatur darzustellen und — wenn es notwendig schien — auch neu zu gestalten. Jedoch kommen hier nicht nur meine eigenen Vorstellungen zum Ausdruck, sondern auch die von A. H. GENTRY, der in dankenswerter Weise zur Lösung einiger kritischer Fragen beigetragen hat. Auch die unveröffentlichten Herbaranmerkungen und die in Kew (K) aufliegenden Briefe von N. Y. SANDWITH waren wichtige Anhaltspunkte für diese Arbeit.

Zwar sind die technischen Hinweise für diesen Teil im Kapitel „Material und Methoden" (S. 13) enthalten, trotzdem möchte ich hier auf die beiden unterschiedlichen Ausführungen der Diagnosen aufmerksam machen. So werden Taxa, denen genügend Material zugrunde liegt, ausführlich beschrieben; solche, die nur spärlich belegt sind oder für die anderweitig ausreichende Diagnosen vorliegen, werden lediglich durch Kurzbeschreibungen charakterisiert.

Jacaranda JUSS., Gen. Pl. 138 (1789)
    Typus: *J. caerulea* (L.) ST. HILAIRE
= *Iacaranda* PERSOON, Syn. Mant. 2: 173 (1805), sphalma.
= *Rafinesquia* RAF., Sylva Tell. 79 (1838), non NUTT. Typus: *R. caerulea* (L.) RAF., *J. caerulea* (L.) ST. HILAIRE
= *Etoroloba* RAF., Sylva Tell. 79 (1838), nom. alt. für *Rafinesquia*
= *Kordelestris* ARRUDA in KOSTER Trav. Braz. 1: 500 (1816)
= *Pteropodium* DC. ex MEISSN. Gen. 300; Comm. 209 (1840). Lectotypus: *P. glabrum* DC. = *J. glabra* (DC.) BUR. & K. SCHUM.

Hohe Bäume bis niedrige Sträucher; B l ä t t e r gegenständig, meist doppelt, aber auch einfach gefiedert oder ungeteilt und ganzrandig. B l ü t e n s t a n d meist ein viel- bis wenigblütiger Thyrsus, endständig oder achselständig, bisweilen am alten Holz. K e l c h klein, röhren-, trichter- oder krugförmig, seicht bis tief gezähnt oder gelappt. B l ü t e n r ö h r e schmal bis breit trichterig glockig, hellblau, violett oder dunkel purpurn, selten weiß, außen oft einfach und drüsig behaart. S t a m i n a am Grunde drüsig behaart, bei einem großen Teil der Gattung nur mit einer Theke. S t a m i n o d i u m immer länger und viel dicker als die Filamente der Staubblätter, dicht drüsig behaart, apikal ganz oder schwach zweigeteilt. G y n o e c e u m flachgedrückt, kahl oder behaart, vom Diskus deutlich abgesetzt oder in diesen übergehend. F r u c h t eine lokulizide septifrage, meist flachgedrückte Kapsel mit häutigen flachen Flugsamen.

Ca. 43 Arten von Süd-Mexiko und den Westindischen Inseln bis Argentinien und Paraguay. Die meisten Arten sind schon steril durch die gegenständigen doppelt gefiederten Blätter und die serialen Beiknospen leicht zu erkennen.

Die Stellung und Abgrenzung der Gattung

Jacaranda gehört den *Tecomeae* an und bildet eine natürliche in sich geschlossene Gruppe. Zusammen mit der nahe verwandten Gattung *Digomphia* BENTH. unterscheidet sie sich deutlich von allen anderen Gattungen der Tribus durch folgende Kennzei-

Tabelle 6. Gattungsunterschiede zwischen *Jacaranda* und *Digomphia*

	Jacaranda	*Digomphia*
Blätter:	Meist doppelt, selten einfach oder nicht gefiedert	Einfach oder nicht gefiedert
Kelch:	Eher klein, ± gleichmäßig geteilt, dicht der Korolle anliegend oder abstehend	Viel größer, sehr ungleichmäßig geteilt, locker bis aufgeblasen
Staminodium:	Apikal ungeteilt bis kurz T-förmig	Apikal immer tief zweigelappt
Kapsel:	Apikal stumpf bis kurz breit bespitzt	Apikal oft geschnäbelt
Areal:	Tropisches bis subtropisches Mittel- und Südamerika	Guayana
Artenzahl:	ca. 43	3

chen: 1. ein bis auf die Länge der Blütenröhre verlängertes Staminodium; 2. eine Kapsel mit sehr schmaler Scheidewand, die beim Aufspringen zweigeteilt wird und so als Vorsprung auf je einer Kapselhälfte sitzen bleibt.

Trotz dieser hervorstechenden Gemeinsamkeiten lassen sich die beiden Gattungen eindeutig trennen (Tab. 6).

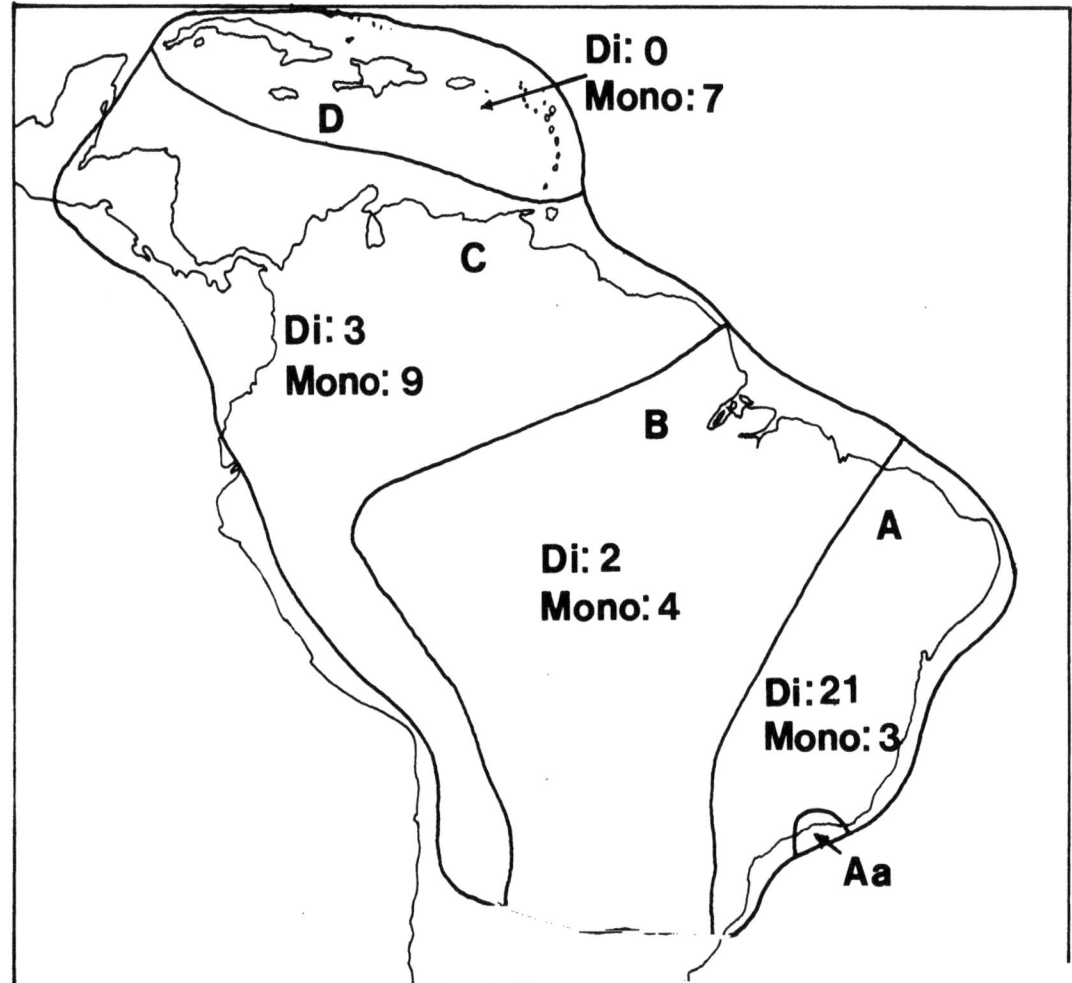

Abb. 24. Gesamtareal der Gattung *Jacaranda* und die Verteilung der beiden Sektionen auf 4 Teilareale. Di: Sect. *Dilobos*, Mono: Sect. *Monolobos;* die dahinter stehenden Zahlen zeigen die Menge der jeweils bekannten Arten an. Von den 24 Arten, die im Teilareal A vorkommen, sind etwa 11 innerhalb von Aa zu finden. Etwa 3 Arten sind den Teilarealen A und B gemeinsam, 2 Arten sind in B und C häufig vertreten. Von den Inselarten des Gebietes D kommt keine einzige am Festland vor.

Das Gattungsareal und die Sektionen

Jacaranda kommt ausschließlich in den Neotropen vor. Sie ist in Südamerika mit Ausnahme der chilenischen und peruanischen Küste bis 30° südlicher Breite vertreten, dringt in Mittelamerika bis Süd-Mexiko vor und hat ihre nördlichsten Ausläufer auf den Kleinen und Großen Antillen (Abb. 24).

Die Gattung läßt sich in 2 Sektionen gliedern, was einer natürlichen und auf vielen Merkmalen begründeten Gruppierung entspricht (Tab. 7). Unterschiede bestehen nicht nur im Hinblick auf die Morphologie, sondern auch auf die geographische Verteilung. Während die Sektion *Dilobos* ENDL. mit etwa 4/5 ihrer Arten auf einen Streifen entlang des ostbrasilianischen Küstenraumes konzentriert ist, kann man etwa 4/5 aller Arten der Sektion *Monolobos* DC. im Gebiete der Anden, des nördlichen Südamerikas und der Antillen finden (Abb. 24).

Tabelle 7. Unterschiede zwischen den Sektionen *Dilobos* und *Monolobos*. Die Merkmale sind nach ihrer systematischen Aussagekraft geordnet

	Sektion *Dilobos*	Sektion *Monolobos*
Antheren:	mit 2 Theken	mit 1 Theke
Blütenröhre:	basal verlaufend	basal blasig aufgetrieben
Kelch:	immer seicht gezähnt	meist sehr tief gezähnt
Blütenfarbe:	lila-violett bis dunkel purpurrot	hellblau
Blattbehaarung:	immer einzellig	häufig mehrzellig
Blättchenrand:	häufig gesägt-gezähnt	immer ganz
Gynoeceum:	immer unbehaart	häufig behaart
Früchte:	meist braun bis schwarz	häufig hellgelb bis hellbraun

Conspectus specierum

A. Sectio *Dilobos* ENDL.   Seite
 1. *J. macrocarpa* BUR. & K. SCHUM. 55
 2. *J. crassifolia* MORAW. 57
 3. *J. obovata* CHAM. 59
 4. *J. caroba* (VELL.) DC. 60
 5. *J. bracteata* BUR. & K. SCHUM. 63
 6. *J. mutabilis* HASSL. 63
 7. *J. oxyphylla* CHAM. 63
 8. *J. racemosa* CHAM. 65
 9. *J. egleri* SANDW. 65
10. *J. irwinii* A. GENTRY 67
11. *J. paucifoliolata* MART. ex DC. 67
12. *J. simplicifolia* K. SCHUM. 68
13. *J. macrantha* CHAM. 68
14. *J. heteroptila* BUR. & K. SCHUM. 70
15. *J. glabra* (DC) BUR. & K. SCHUM. 70
16. *J. rufa* MANSO. 72
17. *J. jasminoides* (THUNB.) SANDW. 73
18. *J. ulei* BUR. & K. SCHUM. 74
19. *J. bullata* A. GENTRY 75
20. *J. micrantha* CHAM. 75
21. *J. puberula* CHAM. 76

22. *J. montana* Moraw... 80
23. *J. subalpina* Moraw.. 82
24. *J. pulcherrima* Moraw... 84

B. Sectio *Monolobos* DC.
    25. *J. copaia* (Aubl.) D. Don...................................... 86
       – subsp. *copaia*.. 86
       – subsp. *spectabilis* (Mart. ex DC.) A. Gentry................. 86
    26. *J. obtusifolia* Humb. & Bonpl................................. 88
       – subsp. *obtusifolia*... 88
       – subsp. *rhombifolia* (G. F. W. Meyer) A. Gentry............... 88
    27. *J. caucana* Pittier... 89
       – subsp. *caucana*... 89
       – subsp. *sandwithiana* A. Gentry............................... 90
       – subsp. *glabrata* A. Gentry................................... 90
    28. *J. hesperia* Dugand.. 90
    29. *J. orinocensis* Sandw.. 90
    30. *J. sparrei* A. Gentry.. 91
    31. *J. mimosifolia* D. Don....................................... 91
    32. *J. acutifolia* Humb. & Bonpl................................. 91
    33. *J. caerulea* (L.) St. Hilaire................................ 92
    34. *J. arborea* Urb.. 93
    35. *J. cowellii* Britt. & Wils................................... 93
    36. *J. poitaei* Urb.. 94
    37. *J. abottii* Urb.. 94
    38. *J. ekmanii* Alain.. 94
    39. *J. selleana* Urb... 94
    40. *J. brasiliana* (Lam.) Pers................................... 95
    41. *J. praetermissa* Sandw....................................... 96
    42. *J. decurrens* Cham... 96
    43. *J. cuspidifolia* Mart. ex DC................................. 97

C. Unsichere oder mir unbekannte Taxa
    Sectio *Dilobos*
    J. atrolilacina C. T. White....................................... 98
    J. hebephora Manso... 99
    J. mendonçaei Bur. & K. Schum.................................... 99
    J. paulistana Manso.. 99
    Sectio *Monolobos*
    J. chapadensis Barb. Rodr.. 99

Schlüssel für die Gattung *Jacaranda*

A. Antheren mit zwei vollständig ausgebildeten Theken; weitere Merkmale
    vgl. Tab. 7... Sect. *Dilobos*
B. Antheren nur mit einer vollständig ausgebildeten Theke; weitere Merkmale
    vgl. Tab. 7... Sect. *Monolobos*

A. Sectio Dilobos

1 a Blätter doppelt, selten dreifach gefiedert 2
1 b Blätter einfach oder nicht gefiedert 17

2 a Blattrachis zumindest teilweise breit abgesetzt geflügelt 3
2 b Blattrachis rinnenförmig oder nur sehr schmal geflügelt 4
3 a Kleiner Strauch mit terminaler Infloreszenz in den brasilianischen
   Campos Cerrados... 16. *J. rufa*
3 b Baum oder Bäumchen mit lateralen Infloreszenzen (cauliflor) im
   amazonischen Regenwald..................................... 15. *J. glabra*
4 a Blättchen rauh oder behaart; wenn kahl, zumindest der Blütenstand
   behaart.. 5
4 b Blättchen und Blütenstand unbehaart 13
5 a Blättchen zumindest unterseits dicht lang wollig oder kurz filzig samtig
   behaart; im Alter bisweilen verkahlend........................... 6
5 b Blättchen nur kurz schütter entlang der Nervatur oder in den Nervaturachseln behaart 8
6 a Kleiner Strauch mit harten bullaten Rollblättchen; Kapsel breit elliptisch
   bis rund... 18. *J. ulei*
6 b Bäumchen bis zu 4 m; weichblättrig; Kapsel schmäler elliptisch bis
   oblong 7
7 a 2–4 Fiederpaare/Blatt; Blättchen breit ovat .... 17. *J. jasminoides*
7 b 6–10 Fiederpaare/Blatt; Blättchen schmal elliptisch bis obovat, Rand
   häufig eingerollt... 24. *J. pulcherrima*
8 a Blättchen meist ganzrandig und stark asymmetrisch; halb ovat, halb
   obovat 9
8 b Blättchen meist gesägt und symmetrisch, rhomboid bis elliptisch; wenn
   nicht so, dann lanceolat.. 11
9 a Blättchen im Alter derb ledrig, nur entlang des Mittelnervs spärlich
   behaart; Blütenstände in einem sparrigen Aggregat zusammengefaßt;
   Kronlappen ausgerandet..................................... 2. *J. crassifolia*
9 b Blättchen papierdünn, auch entlang der Sekundärnerven behaart; Blütenstände einzeln; Kronlappen ganzrandig............................ 10
10 a Blättchen bullat und oberseits rauh; Blüten purpurn; Kapselrand meist
    eben.. 13. *J. macrantha*
    (vgl. auch 14. *J. heteroptila*)
10 b Blättchen eben, oberseits glatt; Blüten violett; Kapselrand meist stark
    undulat .... 20. *J. micrantha*
11 a Strauch; Blättchen derb ledrig, lanzettlich; Blütenstände häufig dicht
    kugelig; nur in Campos Cerrados........................... 6. *J. mutabilis*
11 b Baum oder Bäumchen; Blättchen weich, elliptisch bis rhomboid; Blüten-
    stände ausgebreitet; nie in Campos Cerrados..................... 12
12 a Blätter mit 5–11 Fiederpaaren; Blättchen schmal elliptisch, apikal obtus;
    Achselknospen bis 8 mm ausgewachsen; Krone dicht behaart 23. *J. subalpina*
12 b Blätter mit 4–6 Fiederpaaren; Blättchen breit elliptisch bis rhomboid;
    Achselknospen klein; Krone wenig behaart bis kahl..... 21. *J. puberula* agg.
13 a Blättchen breit elliptisch bis obovat, apikal obtus und bisweilen
    ausgerandet 14
13 b Blättchen rhomboid bis schmal elliptisch, apikal meist lang zugespitzt... 16
14 a Hoher Baum; Blüten max. 2 cm lang; Kapsel bis zu 16 cm lang;
    Amazonasbecken .... 1. *J. macrocarpa*
14 b Kleine Bäume oder Sträucher; Blüten länger als 3,5 cm; Kapseln
    max. 8 cm lang... 15
15 a Baum; Blättchen gestielt, obovat, apikal ausgerandet; Blütenstand
    terminal; ostbrasilianische Küstenwälder....................... 3. *J. obovata*

15 b Bäumchen oder Strauch; Blättchen sitzend, elliptisch; Blütenstand meist lateral (aus dem alten Holz) .... 4. *J. caroba*
(vgl. auch 5. *J. bracteata*)
16 a Hoher Baum; Blättchen gezähnt; Blüten max. 4,5 cm lang ... 22. *J. montana*
16 b Kleiner Strauch; Blättchen ganzrandig; Blüten länger als 4,5 cm .... 7. *J. oxyphylla*
17 a Blätter einfach gefiedert 18
17 b Blätter ungeteilt .... 12. *J. simplicifolia*
18 a Blattrachis breit geflügelt .... 9. *J. egleri*
18 b Blattrachis ungeflügelt 19
19 a Blätter in einer grundständigen Rosette angeordnet; Blättchen schmal elliptisch; Blütenstand traubig .... 8. *J. racemosa*
19 b Blätter anders angeordnet; Blättchen elliptisch bis breit elliptisch; Blütenstand ein Thyrsus 20
20 a Blättchen derb, meist dicht behaart 21
20 b Blättchen dünn papierartig, schwach bis gar nicht behaart ..... 19. *J. bullata*
21 a 2–7 Blättchenpaare/Blatt; Kelch suborbiculat gelappt, bisweilen auch deutlich gekielt .... 10. *J. irwinii*
21 b 2–3 Blättchenpaare/Blatt; Kelch gezähnt .... 11. *J. paucifoliolata*

B. Sectio Monolobos

22 a Kontinentales Amerika 23
22 b Westindische Inseln 34
23 a Zwergsträucher mit Xylopodium; Stämmchen max. 15 cm hoch; Blättchen meist in die Fiederrachis verlaufend .... 42. *J. decurrens*
23 b Mittlere bis große Bäume ohne Xylopodium; Blättchen nicht in die Fiederrachis verlaufend 24
24 a Hochstämmige Bäume; Blättchen groß asymmetrisch, elliptisch bis obovat; Achsen der Teilblütenstände kandelaberartig aufsteigend .... 25. *J. copaia*
24 b Häufig kurzstämmige Bäume; Blättchen meist sehr klein, wenn größer, dann rhomboid; Blütenstände anders 25
25 a Blätter mit mimosenartigem Blattschnitt; Blättchen weitgehend unbehaart, nie hart und bullat, nie Haarfilz-Domatien an der Blättchenbasis; Blütenstände immer terminal 26
25 b Blätter mit gröberem Blattschnitt; Blättchen meist behaart, manchmal auch hart und bullat; Blütenstände auch lateral 28
26 a Blättchen ovat, schmal lang auslaufend, 1,2–3 cm lang; Kelchzähne zurückgeschlagen, nur am Grunde verwachsen .... 43. *J. cuspidifolia*
26 b Blättchen elliptisch, max. 1,2 cm lang, meist viel kleiner; Kelch deutlich zu einer Röhre verwachsen 27
27 a Blatt mit mehr als 12 Fiederpaaren; Blättchen mit oberseits deutlich eingesenkter Nervatur; Kapsel breiter als 4,5 cm .... 31. *J. mimosifolia*
27 b Blatt mit 6–12 Fiederpaaren; Blättchen eben; Kapsel max. 4 cm breit .... 32. *J. acutifolia*
28 a Blatt mit harten bullaten Rollblättchen, häufig dicht behaart 29
28 b Blatt mit ebenen weichen, meist nicht gänzlich behaarten Blättchen 30
29 a Strauch bis kleiner Baum; Blätter mit 4–8 Fiedern; Kapsel max. 4 cm lang .... 41. *J. praetermissa*
29 b Kleiner bis mittelgroßer Baum; Blätter mit 8–14 Fiedern; Früchte länger als 4 cm .... 40. *J. brasiliana*

30 a Blättchen oblong, asymmetrisch, 1–2 cm lang, nur entlang des
    Hauptnervs behaart; Staminodium aus der Blütenröhre
    hervorstehend.. 30. *J. sparrei*
30 b Blättchen kleiner, wenn nicht, dann breit rhomboid, häufig nur an der
    Blättchenbasis behaart.. 31
31 a Blättchen meist kürzer als 1 cm; Früchte oblong und max. 8 cm
    lang... 26. *J. obtusifolia*
31 b Blättchen meist länger als 1 cm; Früchte länger als 8 cm, wenn nicht,
    dann elliptisch oder kreisförmig... 32
32 a Ovar kahl.. 27. *J. orinocensis*
32 b Ovar behaart... 33
33 a Blätter mit mehr als 12 Fiederpaaren; Früchte breit elliptisch und
    max. 8 cm lang... 29. *J. caucana*
33 b Blätter mit weniger als 12 Fiederpaaren; Früchte länger als
    12 cm.. 28 *J. hesperia*
34 a Blättchen meist länger als 1 cm... 35
34 b Blättchen meist kürzer als 1 cm... 36
35 a Blättchen rhomboid-elliptisch, Rand eben................................ 33. *J. caerulea*
35 b Blättchen obovat, Rand eingerollt...................................... 34. *J. arborea*
36 a Blüten kürzer als 4 cm.. 37
36 b Blüten länger als 4,5 cm.. 39
37 a Blätter einfach gefiedert, nur Stockausschläge doppelt; Rollblättchen
    winzig, hart und unbehaart... 35. *J. cowellii*
37 b Blätter immer doppelt gefiedert; Blättchen behaart oder unbehaart,
    nie hart und eingerollt.. 38
38 a Blättchen schmal obovat, unterseits häufig dicht mit langen Haaren
    bedeckt.. 36. *J. poitaei*
38 b Blättchen breit obovat, unterseits kahl................................ 37. *J. abottii*
39 a Blättchen breit elliptisch bis orbiculat, basal keilig.................. 38. *J. ekmanii*
39 b Blättchen elliptisch bis ovat, basal cordat............................ 39. *J. selleana*

A. Sectio *Dilobos*

1. ***J. macrocarpa*** BUR. & K. SCHUM. in MARTIUS Flora bras. 8, pars 2: 372 (1897).
   Typus: Alto Amazonas prope Panuré ad Uaupés, SPRUCE 2571 (lectotypus: G!;
   isotypi: K!, NY!, W!).
   Abb.: 25

Hoher Regenwaldbaum; Blätter länger als 50 cm; Blättchen derb, obovat,
unbehaart, ca. 4 × 1,5 cm, ganzrandig und apikal ausgerandet, Blüten max. 2 cm
lang und dicht behaart, Früchte oblong, eben, bis 16 × 7 cm groß.

Von den noch vorhandenen Isotypen ist das Material aus Genf (G) besonders
reichhaltig und trägt handschriftliche Vermerke von K. SCHUMANN; deswegen wurde
dieser Beleg als Lectotypus gewählt.

J. macrocarpa sticht durch die genannte Merkmalskombination sehr deutlich von
allen anderen Arten ab und ist leicht zu erkennen. Lange Zeit war die Aufsammlung
von SPRUCE das einzige bekannte Material dieser Art. Neuerdings hat GENTRY (pers.
Mitt.) *J. macrocarpa* als einen der häufigsten Bäume rund um Iquitos (Peru) gefunden.

Nahe verwandte Arten sind unbekannt, die wahrscheinlich sympatrische *J. copaia*
zeigt lediglich ähnliche Blütenstände und Früchte.

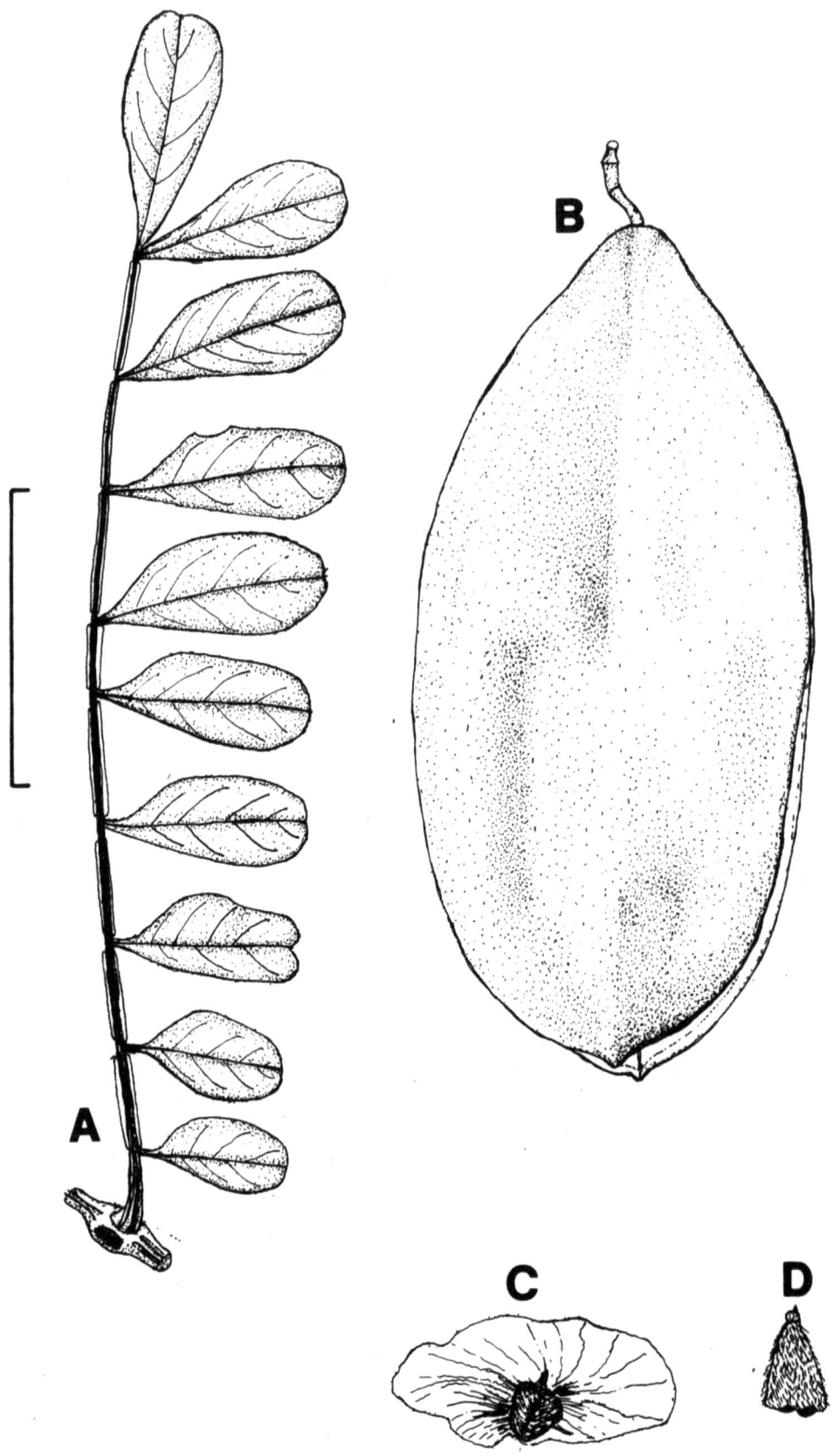

Abb. 25. *J. macrocarpa* (SPRUCE 2571). A: Mittlere Blattfieder, Teilansicht; B: Geschlossene Kapsel; C: Mittelgroßer geflügelter Same; D: Seitenansicht einer gepreßten Blüte. Länge des Meßstriches: 5 cm.

2. *J. crassifolia* MORAWETZ, Pl. Syst. Evol. 132: 339 (1979).
Typus: Brazil, State of Rio de Janeiro, Mun. de Rezende, about 4 km NW of the city of Itatiaia, 500 m, 15. VIII. 1978, GOTTSBERGER & MORAWETZ 31-15878 (holotypus RB!, isotypi K!, M!, MO!, WU!).
Abb. 9 A, 26

Baum, 8–12 m hoch. Junger Stamm grob vierkantig mit vielen Lentizellen. Blattnarben bis zu 2 cm lang und 1 cm breit, Achselknospen 1–6, winzig und weitgehend versenkt.

Blätter doppelt gefiedert, nur selten und spärlich behaart, 45–90 (110) cm lang, an sterilen Ästen manchmal länger, mit 6–7 Fiederpaaren, je Fieder 9–32 cm lang. Blattrachis rund und an den Fiederansatzstellen knotig verdickt. Blättchen lateral kurz (1–5 mm), terminal lang (–50 mm) gestielt, asymmetrisch ovat-elliptisch bis obovat, basal keilig bis verschmälert, apikal kurz zugespitzt, ganzrandig (1,5–) 4–6 (–10) × (0,8–) 1,5–2,5 (–4,3) cm. Konsistenz dünn papierartig, im Alter hart ledrig. Oberfläche eben, olivgrün, lackartig glänzend, punktiert.

Blütenstände in einem sparrigen Aggregat zusammengefaßt, dieses bis zu 35 cm lang, die Achsen bis zu den Kelchen dicht fein behaart. Brakteen winzig und abfallend. Kelch schmal röhren- bis trichterförmig, 6–10 mm lang, Saum flach gezähnt. Blütenröhre hell bis dunkel violett mit einem weißen Schlundfleck, breit glockig-röhrig hängend mit 5 großen, häufig ausgerandeten Kronlappen. Außen basal dicht, sonst locker einfach bis drüsig behaart, innen nur die Kronlappen und Stameninserationen, (3,5–) 4–4,5 (–5) cm lang. Staminodium schmal keulenförmig, apikal ausgerandet bis zweigeteilt. Früchte im Jugendzustand flach birnenförmig, später elliptisch-ovat bis oblong, dick holzig, dunkelbraun bis schwarz, Rand eben, Oberfläche warzig, bisweilen deutlich gekielt, 5,7–9 × 3,2–5 cm, L:B = 1,8–2,3.

Blühzeit: VIII.

Standort: Bodenfeuchte und eher niederschlagsarme Bergwälder des Itatiaia-Massivs, 500–1000 m (Abb. 18 B, 51, vgl. S. 117).

Verbreitung: Brasilien – Rio de Janeiro (Serra da Mantiqueira).

Brasilien: Rio de Janeiro: Município de Rezende, on the way from the city of Itatiaia to the Camping of Itatiaia, ±1000 m, GOTTSBERGER & MORAWETZ 11-8175 (BOTU, K, MO, WU); GOTTSBERGER & MORAWETZ 11-12878 (BOTU, G, K, MO, RB, WU); Eng. Passos, along the highway „Via Dutra", MORAWETZ 92-20275 (RB, WU); Mountains of Itatiaia, Parque Nacional de Itatiaia, GOTTSBERGER & MORAWETZ 16-13878 (K, MO, WU).

Diese Art ist durch die großen olivgrünen weitgehend unbehaarten Blätter, die ausgerandeten Kronlappen, die flach birnenförmigen behaarten jungen Früchte und die sparrigen Blütenstandsaggregate deutlich zu erkennen und gegenüber anderen Arten abzugrenzen.

Nahe verwandte Taxa sind unbekannt, jedoch weist *J. obovata* einige Gemeinsamkeiten auf: Sie hat einen ähnlichen derb vierkantigen Sproß, ebenso winzige Achselknospen und große hervortretende Blattnarben und ähnliche kahle olivgrüne glänzende Blättchen, unterscheidet sich aber schon durch die Blattgröße deutlich.

Zusammen mit *J. crassifolia* kommt streng sympatrisch die im Habitus deutlich unterschiedliche *J. macrantha* vor. Trotzdem schien es interessant, einige Merkmale der beiden Arten zu vergleichen, um eine eventuelle Hybridisierung auszuschließen. Zum Vergleich wurde Material herangezogen, das sowohl aus der gemischten als auch aus einigen reinen Populationen je einer Art stammt. Von jedem untersuchten Herbarexemplar wurde ein mittleres Blättchen einer mittleren Fieder ausgemessen und die Werte (vgl. S. 15) in das Streudiagramm, Abb. 31, eingetragen. Es zeigte sich, daß die Blättchen beider Taxa unterschiedliche und konstante Merkmale aufweisen, die die

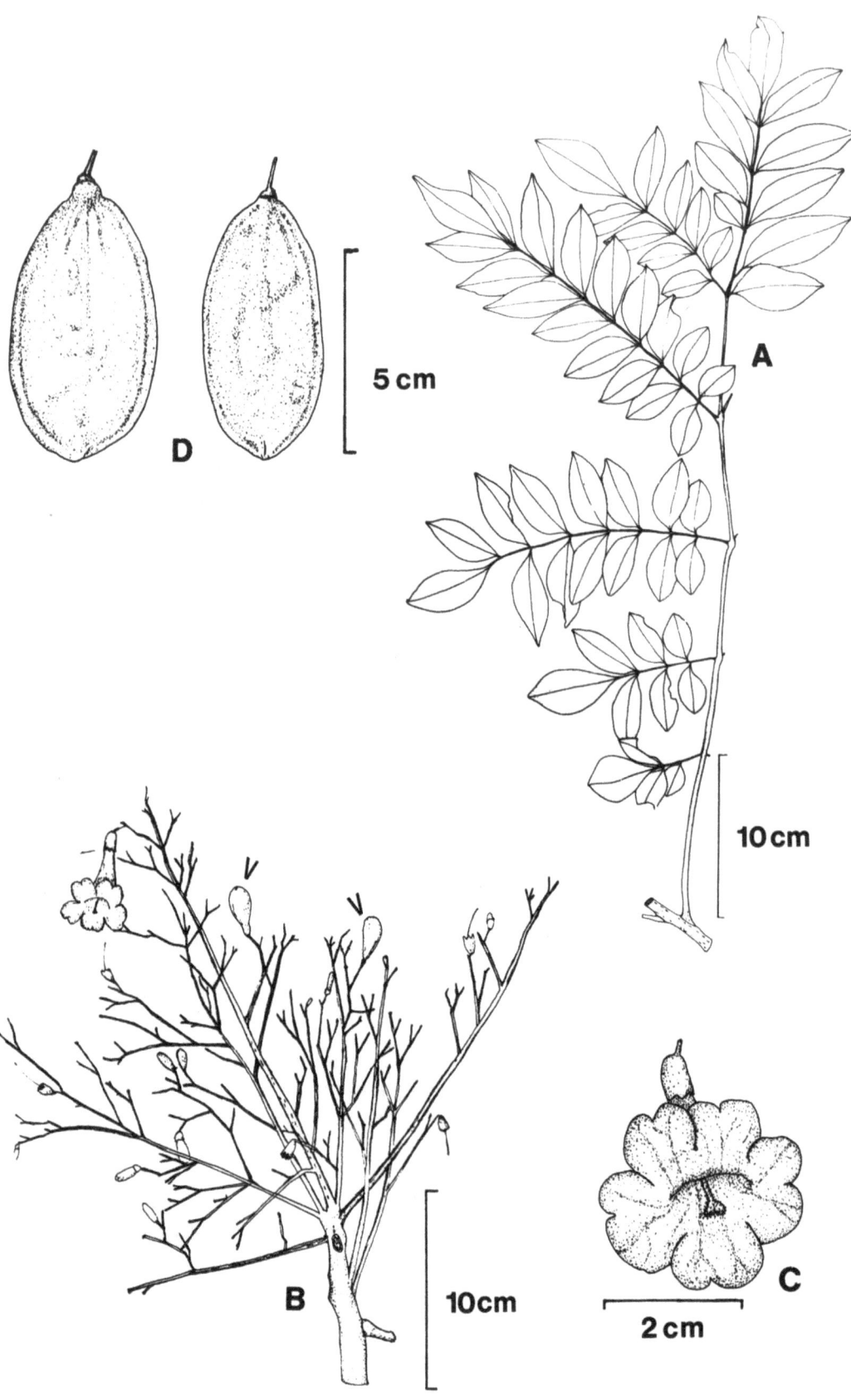

Abb. 26. *J. crassifolia*. A: Mittleres Blatt, Teilansicht; B: Blütenstandsaggregat mit Knospen, Bl jungen Früchten (Pfeile); C: Blüte, Frontalansicht; D: Geschlossene Kapseln.

beiden Arten eindeutig trennen und Hybridisierung ausschließen. Lediglich in bezug auf die Blättchenform zeigt sich im Streudiagramm eine kleine Überlappungszone, die jedoch im Rahmen der sonst häufig vorkommenden großen Variationsbreite bedeutungslos erscheint.

3. *J. obovata* CHAM., Linnaea 7: 549 (1832); BUR. & K. SCHUM. in MARTIUS Flora bras. 8, pars 2: 366 (1897).
Typus: Brasilia, Bahia omnium Sanctorum, LHOTZKY 18470 (Photo NY!)*.
= *J. nitida* DC. Prodr. 9: 230 (1845); BUR. & K. SCHUM. in MARTIUS Flora bras. 8, pars 2: 366 (1897). = *Bignonia bipinnata* SALZM. ex DC. Prodr. 9: 230 (1845), pro syn. Typus: Brasilia, Bahia in collibus aridis, 1830, SALZMANN 347 (G!, HAL!, K!, Photo NY!).
Abb. 7 D

Baum oder Bäumchen, 3–10 m hoch. Junge Triebe kahl, rund bis vierkantig, mit meist sehr großen hervortretenden Blattnarben. Achselknospen 4–5, versenkt, winzig, kahl und oft nur die oberste deutlich sichtbar.

Blätter doppelt gefiedert, gänzlich kahl, 25–46 cm lang mit 3–4 Fiederpaaren, jede Fieder mit (1–) 4–5 (–6) Blättchenpaaren; Blatt- und Fiederrachis deutlich rinnenförmig, an den Ansatzstellen knotig verdickt und abgesetzt. Blättchen 3–15 mm lang gestielt, elliptisch bis obovat, basal keilig bis verschmälert, apikal abgerundet bis zugespitzt und immer (bisweilen nur andeutungsweise) ausgerandet, ganzrandig, 3,5–13 × 1,5–6 cm. Konsistenz ledrig, Oberfläche eben, oberseits lackartig glänzend, unterseits matt mit hervorstehender Nervatur, beidseitig mit zahlreichen Drüsenpunkten.

Blütenstand ein endständiger schmaler bis ausgebreiteter Thyrsus, 20–30 cm lang, die Achsen und die Kelche bis auf vereinzelte Drüsenköpfchen kahl; Brakteen doppelt bzw. einfach gefiedert bzw. einfach blattartig bis klein lanzettlich und abfallend. Kelch röhren- bis trichterartig, 3–6 mm lang, Saum ganzrandig bis unregelmäßig grob gezähnt. Blütenröhre dunkel weinrot bis purpurn, schmal röhren- bis glockenförmig hängend, fünffach klein gelappt, außen einfach und drüsig behaart, innen bis auf die Kronlappen und Stameninserationen kahl, 3,5–4,5 cm lang. Staminodium schmal keulenförmig, apikal ganz bzw. ausgerandet bis breit T-förmig. Früchte dünn bis etwas dicker holzig, dunkelbraun, oblong bzw. elliptisch bis obovat, basal abgerundet, apikal abgerundet bis breit bespitzt, Rand eben, Oberfläche glatt mit 2 deutlichen Längswülsten, 7–7,5 × 3–5 cm, L:B = 1,4–2,5.

Blühzeit: I; II; III; V; VII; XI.
Standort: Meist in Restinga-Wäldern auf sandigem Boden (vgl. S. 116).
Verbreitung: Brasilien – Rio de Janeiro, Espirito Santo, Bahia (Abb. 38).
Brasilien: Rio de Janeiro: Cabo Frio, POLAND 6605 (RB). Espirito Santo: Linhares, Lagoa do Juparaná, Rio doce, KUHLMANN 115 (RB); S. Matheus para Nova Venecia, DUARTE 8987 (RB); Norte do Esp. Santo, DUARTE 4020 (RB); Linhares, Reserva Florestal, SPADA 62 (RB). Bahia: Salvador, Itapoá, LABOURIAU 875 (RB); – Restinga, GOMES 887 (RB); Santa Cruz Cabrália, BELÉM & PINHEIRO 2849 (UB, WU); 11 km S of –, HARLEY et al. 17089 (K); Maraú, BELÉM & PINHEIRO 3167 (NY, UB, WU); 5 km SE of –, HARLEY et al. 18487 (K, WU); 65 km NE of Itabuna, at the mouth of the Rio de Contos, HARLEY et al. 18411 (K); 5 km N of Comandatuba, SE of Una, HARLEY et al. 18257 (K, WU); Escola Agricola da Bahia, TORRENS 24 (RB); Porto Seguro, km 5 da BR-5, DUARTE 6789 (RB); Ilha de Cal, CURRAN 101 (NY).

* Der photographierte Holotypus aus Berlin (B) existiert nicht mehr; da nicht alle Herbarien, in denen möglicherweise ein Isotypus liegt, eingesehen wurden, wird hier einstweilen auf eine Typisierung verzichtet.

Diese Art läßt sich durch die wenigfiedrigen unbehaarten Blätter, die apikal ausgerandeten Blättchen und die schmalen kurzen Blüten erkennen und von anderen Arten abgrenzen. Die große Variationsbreite in der Blättchenform und der Brakteenausbildung bedingt ein recht uneinheitliches Bild dieser Sippe. Möglicherweise ist hier auch die wenig bekannte *J. bracteata* mit eingeschlossen, deren spezifische Unterschiedlichkeit zu *J. obovata* auf Grund der wenigen Belege und fehlenden ökologischen Untersuchungen nicht eindeutig gezeigt werden kann (vgl. S. 63).

Andere nahe verwandte Arten sind unbekannt; in den weiteren Bereich dieser Verwandtschaftsgruppe gehören *J. crassifolia* und die einfach gefiederte *J. irwinii*, deren Blättchen ebenso apikal ausgerandet sind.

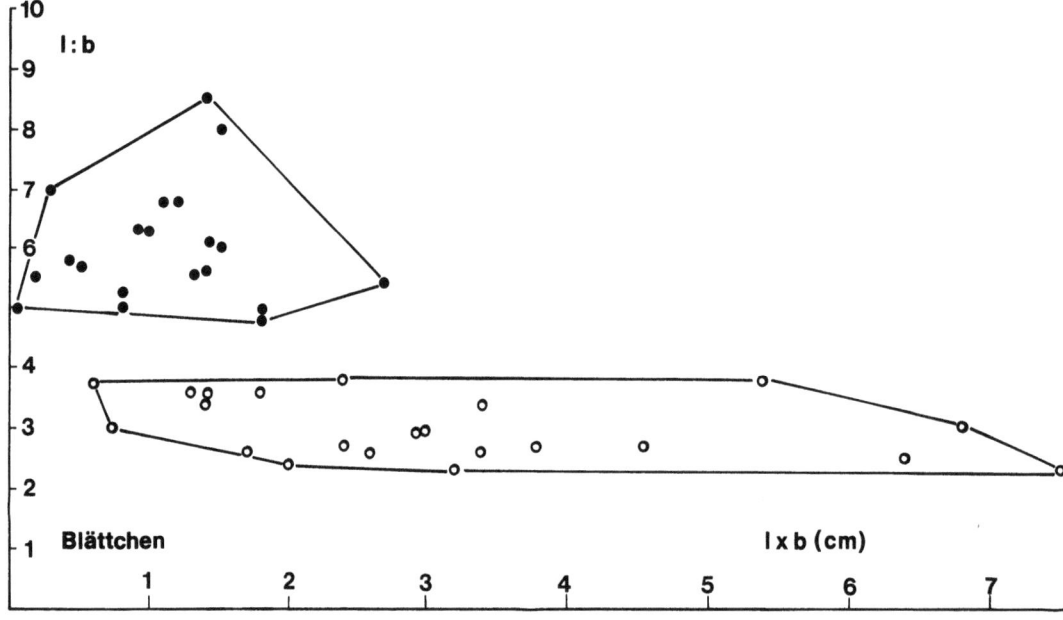

Abb. 27. Streudiagramm *J. caroba* (Kreise) und *J. oxyphylla* (Punkte). Die beiden Arten unterscheiden sich deutlich durch die Blättchenform (Länge : Breite), aber überlappen sich in bezug auf die Blättchengröße (Länge × Breite) (vgl. Material und Methoden, S. 61 und S. 65).

4. ***J. caroba*** (VELL.) DC. Prodr. 9: 232 (1845); BUR. & K. SCHUM. in MARTIUS Flora bras. 8, pars 2: 380 (1897); = *Bignonia caroba* VELL. Fl. Flum. 6: t 43 (1827). Lectotypus: Tabula „*Bignonia caroba*" in VELL. Fl. Flum. 6 (1827). Specimen normale („standard specimen"): Brasilia, Barbaçena, POHL 223, (W!, F!).
= *J. clausseniana* CASAR. Nov. stirp. bras. dec. 6: 53 (1843); BUR. & K. SCHUM. in MARTIUS Flora bras. 8, pars 2: 380 (1897). Typus: Minas Gerais, CLAUSSEN 26190 (G, Photo K!).
Abb. 28 C, 61

Niedriger Strauch bis etwa 5 m hohes Bäumchen, mit Xylopodium, junger Stamm oft vierkantig oder zumindest an den Nodien abgeplattet, hellbraun bis weiß, bis auf vereinzelte Haare kahl; Achselknospen 2–3, locker behaart, oft dicht zusammen stehend.

Blätter doppelt gefiedert, unbehaart, (11–) 20–30 (–39) cm lang mit 4–5 (–6) Fiederpaaren, je Fieder mit (1–) 4–6 (–8) Blättchenpaaren. Blatt- und Fiederrachis rinnenförmig, an den Ansatzstellen knotig verdickt. Blättchen sitzend oder kurz gestielt, elliptisch bis obovat bzw. rhomboid-elliptisch, basal keilig, apikal stumpf bis breit zugespitzt, Rand ganz (selten gezähnt), (1,2–) 2–5 (–7) × (0,5–) 0,8–1,5 (–3) cm. Oberfläche eben, oberseits (adult) lackartig glänzend, unterseits mit teilweise hervorragender, dicht vernetzter Nervatur und Drüsenpunkten, Konsistenz meist derb ledrig.

Blütenstand meist aus dem alten Holz kommend, dicht kugelig bis langgestreckt, 10—35 cm, Blütenstandsachsen kahl, glänzend; Brakteen doppelt bis einfach gefiedert bzw. klein lanzettlich abfallend. Kelch breit bis schmal röhren-, trichter- oder glockenförmig, 4—11 mm lang, Saum ganz oder regelmäßig bis unregelmäßig gezähnt, meist kahl oder spärlich einfach behaart. Blütenröhre hell- bis dunkelviolett (14/E 5—15/5 D), breit glocken- bis trichterförmig hängend mit 5 großen abstehenden Kronlappen, außen basal und apikal dichter, sonst locker einfach und drüsig behaart, innen nur die Kronlappen und die Stameninserationen behaart, sonst bis auf vereinzelte lange Haare kahl, (4—) 4,5—6 (—7) cm lang. Staminodium schmal keulenförmig, apikal ganz bis wenig ausgerandet. Früchte schmal bis breit elliptisch, basal abgerundet mit hervortretendem abgesetztem Ringwulst, apikal abgerundet bzw. breit bespitzt, dünn bis dicker holzig, Rand eben, Oberfläche glatt bis warzig, 4—6,5 × 2,5—4 cm, L:B = 1,3—2,4.

Blühzeit: I; II; III; IV; VI; VII; VIII; IX; X; XI; XII.

Standort: Campos Cerrados s. l., Trockenwälder, Savannen, Campos rupestres (Abb. 60; vgl. S. 128).

Verbreitung: Brasilien — São Paulo, Minas Gerais, Mato Grosso, Goiás, Brasília D. F., Bahia (?); (Abb. 39).

Brasilien: São Paulo: Capital, Ipiranga, LUEDERWALDT 513 (SP); Itirapina, MATTOS 145 (SP); São José dos Campos, LÖFGREN 247 (RB); — 344 (RB); — HOEHNE & GEHRT 41847 (SP); — MIMURA 550 (NY, UB); Estrada Itirapina — Rio Claro, FELIPPE 42 (RB, SP); Mogi Guaçú, Faz. Campininha, MORAWETZ 11-, 12-, 21-, 291075 (WU); São Carlos, KUHLMANN 3033, 3036 (SP). Minas Gerais: Belo Horizonte, LABOURIAU 1014 (SP, RB); — Jardim Botânico, BARRETO 473-474, 1864 (RB); — Serra do Curral, ROTH 1740 (RB); Serra do Cipó, 153 km N of Belo Horizonte, 1300 m, IRWIN et al. 20227 (UB); — 1200 m, IRWIN et al. 20449 (NY); — HERINGER 7312 (UB); Serra do Itabirito, 45 km SE of Belo Horizonte, 1600 m, IRWIN et al. 19935 (UB); Serra do Espinhaço, 25 km SW of Diamantina, IRWIN et al. 22079 (NY); Morro das Pedras, 25 km NE of Patrocinio, 1050 m, IRWIN et al. 25524 (F, NY, UB); — 30 km NE of —, 1000 m, IRWIN et al. 25665 (NY, UB); Poços de Caldas, HOEHNE 2742 (SP); Carandai, Brejão, DUARTE 775 (RB); Horto Florestal de Paraopeba, HERINGER 3565 (RB, UB); Estrada Belo Horizonte — Ouro Preto km 15, GOTTSBERGER 11-19877 (MO, WU); Ouro Preto, Falcão, MORAWETZ & BADINI 11-18878 (WU). Mato Grosso: Xavantina, IRWIN et al. 16936 (NY, UB). Goiás: Formosa, IRWIN et al. 14284 (F); Rio Paraná, Brasilândia, MACEDO 38 (NY, RB, UB). Brasília D. F.: HERINGER 8596 (SP, UB); — 12882 (UB); PIRES et al. 9599 (SP, UB); 10 km N of —, IRWIN et al. 18087 (NY, UB); 25 km NE of —, Chapada da Contagem, IRWIN et al. 12157 (NY, UB); —, 20 km E of —, IRWIN et al. 5137 (NY, UB).

J. caroba ist in ihrer, den meisten Aufsammlungen entsprechenden, typischen Ausbildung an den wenigfiedrigen Blättern, den relativ kleinen unbehaarten, ganzrandigen glänzenden elliptischen Blättchen und den aus dem alten Holz kommenden Blütenständen zu erkennen. Einige Aufsammlungen weichen jedoch durch mehr Fiedern, gesägte schmälere Blättchen und bisweilen durch terminale Blütenstände ab [z. B. der Beleg: Minas Gerais, Mun. Ituiutaba, Fundas, MACEDO 783 (K)]. Es ist wahrscheinlich, daß sich diese weitverbreitete Art in mehrere ökologische bzw. geographische Rassen aufsplittert, die in manchen Fällen auch morphologisch unterschiedlich ausgebildet sind. So steht auch *J. mutabilis* dieser Verwandtschaftsgruppe sehr nahe und stellt vielleicht lediglich eine südliche Rasse von *J. caroba* dar.

Nächstverwandt ist *J. oxyphylla,* die bisweilen sympatrisch mit *J. caroba* vor-

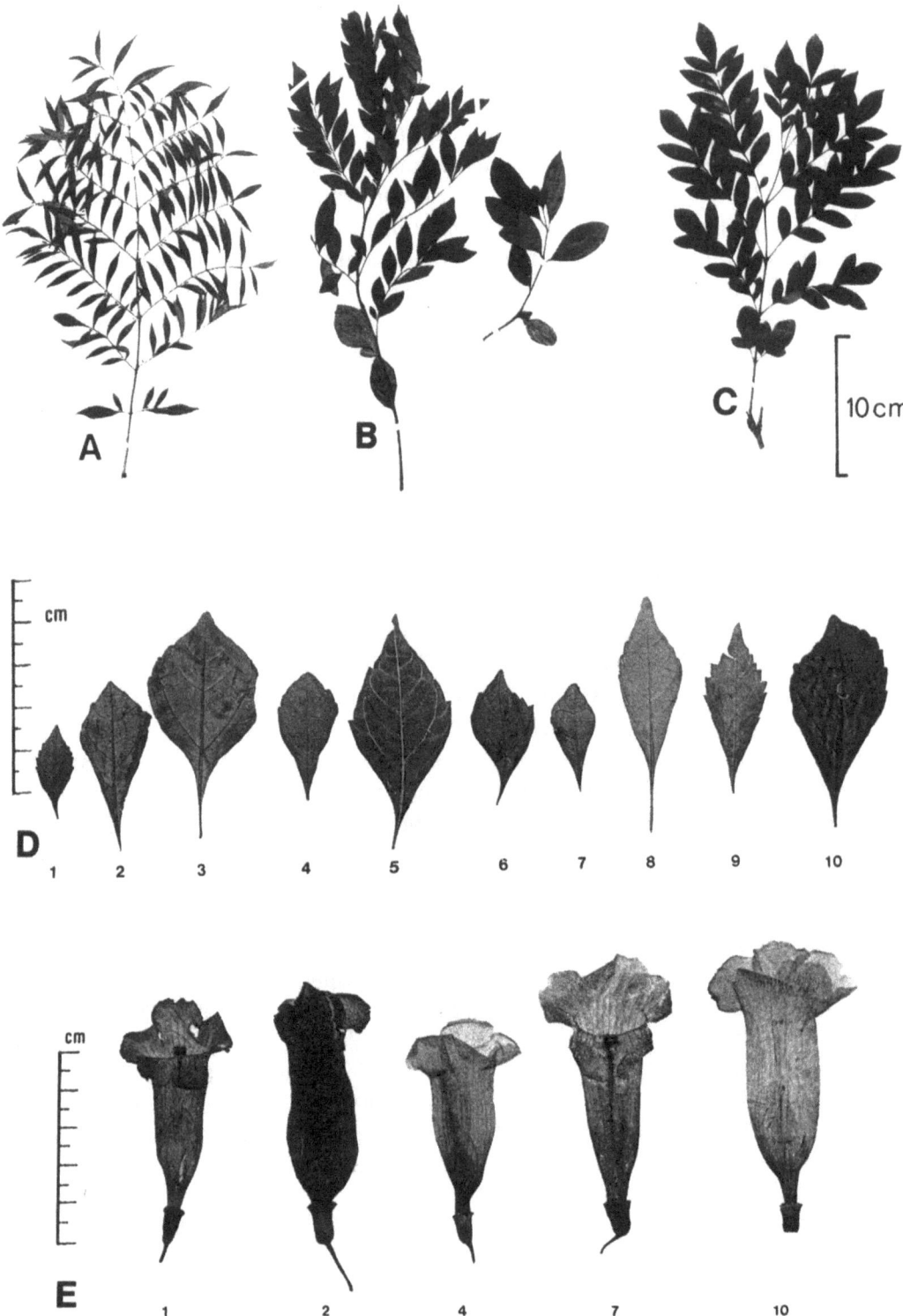

Abb. 28. A–B: *J. oxyphylla* aus einer Population in der Nähe von Botucatu. A. Charakteristisches erwachsenes Blatt; B: Stockausschlag eines abgeschnittenen Individuums, beachte die Ähnlichkeit mit C. C: *J. caroba* bei Mogi Guaçu; charakteristisches erwachsenes Blatt; D: Variation der Endblättchen mittelgroßer Fiedern innerhalb von *J. puberula* agg. Sammlernummern: 1: MORAWETZ 11-25975 (WU); 2: GOTTSBERGER 14-171275 (WU); 3: HOEHNE 24299 (SP); 4: MORAWETZ 41-26875 (WU); 5: MORAWETZ 31-8275 (WU); 6: MATTOS 9216 (SP); 7: KOSCINSKI 31256 (SP); 8: KUHLMANN s.n. 27.9.928 (SP); 9: JOLY 1152 (SP); 10: MORAWETZ 11-13975 (WU). E: Variation der Blüten innerhalb von *J. puberula* agg. Die Referenznummern entsprechen denen von D.

kommt und sich aber deutlich durch die unterschiedliche Blättchenform (vgl. Streudigramm Abb. 27), den meist kleineren Wuchs und die immer terminalen Blütenstände unterscheidet. Möglicherweise nahe verwandt ist die wenig bekannte *J. bracteata*.

Besonders groß gewachsene Blätter von *J. caroba* sehen bisweilen denen von *J. obovata* täuschend ähnlich und lassen eine weitere Verwandtschaft der beiden Taxa vermuten.

5. *J. bracteata* BUR. & K. SCHUM. in MARTIUS Flora bras. 8, pars 2: 369 (1897).
   Typus: Brasilia, probaliter in provincia Rio de Janeiro, SELLOW.

Die Umschreibung dieser nach einem unvollständigen, wahrscheinlich in Berlin (B) verlorengegangenen Exemplar beschriebenen Art ist äußerst unklar. Das von SANDWITH als *J. bracteata* bestimmte Material [Brasilia, RIEDEL s. n. (LE)], in dem er einen authentischen Beleg vermutet, sieht *J. caroba* täuschend ähnlich; die von GENTRY als *J. bracteata* eingeordneten Exemplare [z. B. Brazil, Espirito Santo, Linhares, BENSON 39 (MO)] hingegen zeigen große Ähnlichkeiten mit *J. obovata*. Das für dieses Taxon entscheidende Differentialmerkmal (foliose Brakteen) scheint außerdem nicht unbedingt brauchbar zu sein, da es auch in anderen Sippen (z. B. *J. rufa*, *J. obovata*) nur sporadisch auftritt. Einstweilen wird diese Art bis zu einer endgültigen Klärung (Auffinden eines Isotypus?) beibehalten.

6. *J. mutabilis* HASSLER in FEDDE Repert. 9: 60 (1910). = *J. mutabilis* var. *genuina* HASSL. ibid.
   Typus: Paraguay, in campis „Serrados" pr. Esperanza, flor. et fruct. mens Jul., HASSLER 10535, leg. ROJAS.
   = *J. mutabilis* var. *parvifolia* HASSL. ibid. Typus: locus classicus, flor. mens Jul., fruct. mens Sept., HASSLER 10535 a (G!).
   = *J. mutabilis* var. *parvifolia* forma *integra* HASSL. ibid. Typus: locus classicus, flor. mens Sept., HASSLER 10535 b (G!).
   = *J. mutabilis* var. *parvifolia* forma *subcoaetanea* HASSL. ibid. Typus: Paraguay, in campis Punta Pora, flor. mens Jun., HASSLER 10878, leg. ROJAS (G!, NY!, W!).
   = *J. mutabilis* var. *angustiflora* HASSL. ibid. Typus: Paraguay, in campis Punta Pora, flor. mens Jun., fruct. mens Sept., HASSLER 10904 und 10904 a (beide Nummern bezeichnen einen einzigen Bogen), leg. ROJAS (G!).

Strauch bis zu 2 m; Blätter bis zu 60 cm lang, mit 6—8 Fiederpaaren; Blättchen lanzeolat, meist gezähnt, mit oberseits eingesenkter Nervatur und einem Haaranflug; Blütenstand behaart, aus dem alten Holz kommend; Kelch behaart.

Diese bisher ausschließlich von HASSLER gesammelte Art zeigt sowohl Ähnlichkeiten mit *J. puberula* agg. (gesägt-gezähnte Blättchen, Tendenz zur Behaarung, am Grunde röhrenartig verengte Korolle) als auch mit *J. caroba* (Cerradostandort, Wuchsform, glänzende Blattoberfläche, ähnliche Blütenstände). Morphologisch intermediäre Belege zwischen *J. caroba* und *J. mutabilis* [Mato Grosso, Xavantina, IRWIN et al. 16936 (UB)]; Minas Gerais, 50 km S de Itumbiará, PIRES 57908 [(NY, U, UB) u. a.] lassen vermuten, daß *J. mutabilis* lediglich eine südliche Rasse von *J. caroba* darstellt.

7. *J. oxyphylla* CHAM., Linnaea 7: 546 (1832); DC. Prodr. 9: 230 (1845); BUR. & K. SCHUM. in MARTIUS Flora bras. 8, pars 2: 381 (1897).
   Typus: Brasilia aequinoctalis, SELLOW s. n. (HAL!, Isotypus W!).
   = *J. elegans* MART. ex DC. Prodr. 9: 230 (1845), pro syn.; Typus: Brasilia, MARTIUS 1527 (M!).

= *J. caroba* var. *oxyphylla* BUR. Vidensk Meddels. naturhist. Foren 1893: 118 (fide BUR. & K. SCHUM. 1897).

Abb. 1 A, 4 D, 7 F, 11 B, 13 C, 18, 20, 28 A—B, 59 B.

Kleiner Strauch bis 2,5 m hohes dünnstämmiges Bäumchen, stets mit pfahlwurzelartigem, tief in die Erde gehendem Xylopodium. Stamm meist rund, junge Triebe rötlich, glatt und kahl; Achselknospen zu 2, winzig, kahl oder mit einzelnen Haaren bedeckt.

Blätter doppelt gefiedert, unbehaart, (7—) 15—25 (—33) cm lang mit (4—) 5—6 (—7) Fiederpaaren; Blatt- und Fiederrachis rinnenförmig oder schmal geflügelt, an den Ansatzstellen knotig verdickt. Blättchen in (1—) 4—7 (—9) Paaren pro Fieder, sitzend, lanzeolat bzw. schmal rhomboid bis elliptisch, basal meist schmal keilig, apikal meist lang zugespitzt auslaufend, ganzrandig. Oberfläche eben, oberseits matt mit eingesenktem Hauptnerv, unterseits mit hervorstehender Nervatur, mit zahlreichen Drüsenpunkten, (0,4—) 2—4 (—5,5) × (0,1—) 0,4—0,7 (—1,1) cm; Blättchen von Stockausschlägen oder Jungexemplaren oft breit elliptisch.

Blütenstand ein endständiger Thyrsus (15—) 20—30 (—60) cm lang; Brakteen doppelt bis einfach gefiedert bzw. klein lanzettlich; Achsen bis zu den Kelchen kahl oder bisweilen mit vereinzelten Haaren bedeckt. Kelch schmal röhren- bis trichterförmig, 5—11 mm lang, Saum ganz bzw. seicht gewellt bzw. regelmäßig bis unregelmäßig fünffach grob gezähnt bis gelappt. Blütenröhre hell- bis dunkelviolett (z. B. 14/F 6), selten weiß, breit trichter- bis glockenförmig hängend mit 5 großen abstehenden Kronlappen; außen basal und an den Kronlappen dichter, sonst vereinzelt mit einfachen und drüsigen Haaren bedeckt, innen bis auf die Stameninserationen und Kronlappen kahl, (3,8—) 4,5—5,2 cm lang. Staminodium breit keulenförmig, apikal bisweilen ausgerandet. Früchte elliptisch bis oblong, bisweilen auch ovat bzw. obovat, dünnholzig, rötlich bis dunkelbraun; Rand eben, selten undulat, häufig in der Mitte längsgekielt, Oberfläche oft warzig. 3—6 × 2,5—3,2 cm, L:B = 1,2—2. Samen häutig geflügelt, elliptisch, typischerweise rötlich, ca. 1,5 × 0,8 cm groß.

Blühzeit: I; II; IV; V; VI; VII; VIII; X; XI; XII (vgl. Abb. 15 L).

Standort: Campos Cerrados s. l., am häufigsten in stark degenerierten und offenen Campos sujos; savannenartige Vegetationstypen NO-Brasiliens (?) (Abb. 59 B, 63, 64; vgl. S. 131).

Verbreitung: Paraná, São Paulo, Minas Gerais (Goiás, Bahia, Pernambuco ?) (Abb. 39).

Brasilien: Paraná: Mun. Ponta Grossa, Vila Velha, HATSCHBACH 22957 (F, NY); — JOLY 1168 (SP); — PEREIRA 5214 (RB); — RIEGER 1022 (SP); — SMITH & KLEIN 14884 (NY); Desvio Ribas in campo, DUSÉN 7600 (NY); — 10872 (LE). São Paulo: Capital, Moóca, BRADE 6290 (SP); Itapetininga, LIMA 4-4-47 (RB); Itirapina, PAULA 119 (SP); Botucatu, EHRENDORFER & GOTTSBERGER 73824-10-1 (WU); — MORAWETZ 11-, 12-, 14-, 15-61274, 11-91274, 11-101274, 11-, 12-, 13-, 14-22675 (WU); Itapeva to Itararé km 301, MORAWETZ 21-, 22-, 23-, 26-, 27-, 28-, 31-, 32-, 33-11275 (WU). Minas Gerais: Serra do Espinhaço, 3 km N of São João da Chapada, IRWIN et al. 28484 (NY, UB); —, 12 km W of Diamantina, ANDERSON 8406 (NY, UB); Diamantina, BRADE 13490 (RB); Mun. Alpinópolis, EMYGDIO 3591 (NY); Serra do Cipó, HERINGER 7291 (UB).

J. oxyphylla ist die einzige Art der Gattung, die doppelt gefiederte Blätter und schmal lanzettliche, spitz auslaufende Blättchen zeigt. Sie ist außerdem noch an ihrem meist niedrigen Wuchs, den terminalen Blütenständen, den kleinen dünnholzigen Früchten und den rötlichen Samen zu erkennen.

Von der nahe verwandten *J. caroba* unterscheidet sie sich zusätzlich durch die oberseits matten Blättchen, ein Merkmal, das im Herbar bisweilen nicht zu erkennen ist. Auch die Blättchenform der beiden Arten kann, durch Variation bedingt, bisweilen ähnlich sein. In den meisten Fällen lassen sich jedoch die Blättchen der beiden Arten an Hand des Verhältnisses von Länge zu Breite (vgl. Streudiagramm Abb. 27) deutlich unterscheiden (außer Jugendblätter und Stockausschläge, Abb. 28).

In die weitere Verwandtschaft ist die einfach gefiederte *J. racemosa* zu setzen, die ähnliche Blättchen und Früchte hat. Möglicherweise besteht auch ein Zusammenhang mit *J. montana*, die ähnlich kahl ist und deren schmal rhomboid auslaufende Endblättchen an *J. oxyphylla* erinnern.

8. *J. racemosa* CHAM., Linnaea 7: 547 (1832); BUR. & K. SCHUM. in MARTIUS Flora bras. 8, pars 2: 378.
   Lectotypus: Brasilia, SELLOW s. n. (HBG!).
   Abb. 4 A, 7 J, 11 C.
   Max. 70 cm hohe Pflanze mit Xylopodium; Blätter einfach gefiedert, am Grunde rosettenartig angeordnet, kahl, ca. 10 cm lang; Blättchen schmal elliptisch-obovat bis oblong; Blütenstand eine terminale wenigblütige Traube; Früchte eben, ca. 4 × 2 cm groß.
   Blühzeit: I; II; IX; X; XI.
   Standort: Wiesenartige Campos Rupestres.
   Verbreitung: Brasilien — Minas Gerais (Abb. 39).
   Brasilien: Minas Gerais: In arenosis humidis S. de Lapa, RIEDEL 997 (LE); Serra do Espinhaço, 28 km SW of Diamantina, 1300 m, IRWIN et al. 22023 (F, NY); — 8 km N of Gouveia, ANDERSON et al. 35390 (NY, UB); Serra do Cipó, ANDERSON et al. 36260 (NY, UB); — BARRETO 5126 (F); — DUARTE 1970 (RB); HERINGER 7356 (SP, UB); — Mun. Sta. Luzia, DUARTE 6442 (RB).

J. racemosa ist durch die oben genannten Merkmale leicht zu erkennen und von anderen Arten zu unterscheiden. Sie nimmt innerhalb der Gattung eine sehr isolierte Position ein, zeigt aber eine gewisse Ähnlichkeit mit der doppelt gefiederten *J. oxyphylla*. Diese Art ist ein edaphischer Spezialist (leicht verschlemmter Sandboden) und in den angeführten Gebirgen von Minas Gerais endemisch.

9. *J. egleri* SANDW., Kew Bull. 15: 463 (1962).
   Typus: Alto Tapajós, Rio Cururú, Missão Velha, campo alagável, 19. VII. 1959; subshrub 50 cm high, Fls. violet (holtypus MG, isotypus K!).
   Kleiner Strauch, Blätter einfach gefiedert, Rachis breit abgesetzt geflügelt, Blättchen elliptisch bis ovat, weitgehend unbehaart, Frucht eben und etwa 3,5 × 1,8 cm groß.
   Das einzig bekannte cospezifische Exemplar ist: Brazil, Região of Missão Velha, a Munduruků village ca. 2 km N of the Rio Cururú, 200 m elev. 7° 45' S, 57° 20' W. Sandy flood plain between the river and the village with scattered shrubs and small trees; partly inundated with runoff water at this season; ANDERSON 10933.
   SANDWITH beschreibt *J. egleri,* die durch die Rachisflügelung und die wenigen breit eiförmigen Blättchen leicht zu erkennen ist, als ähnlich zu *J. racemosa.* Von dieser sticht *J. egleri* jedoch durch eine ganze Reihe von Merkmalen deutlich ab und nimmt sicherlich eine verwandtschaftlich sehr isolierte Stellung innerhalb der Gattung ein.
   Sehr ähnlich und nur durch die größeren Blätter und Früchte unterschiedlich ist folgender, nur in Frucht gesammelter Herbarbeleg: Brasil, Mato Grosso, upper Machado River region, Tabajaya, Nov.–Dec. 1931, KRUKOFF 1482 (BM, G, U); Abb. 29.

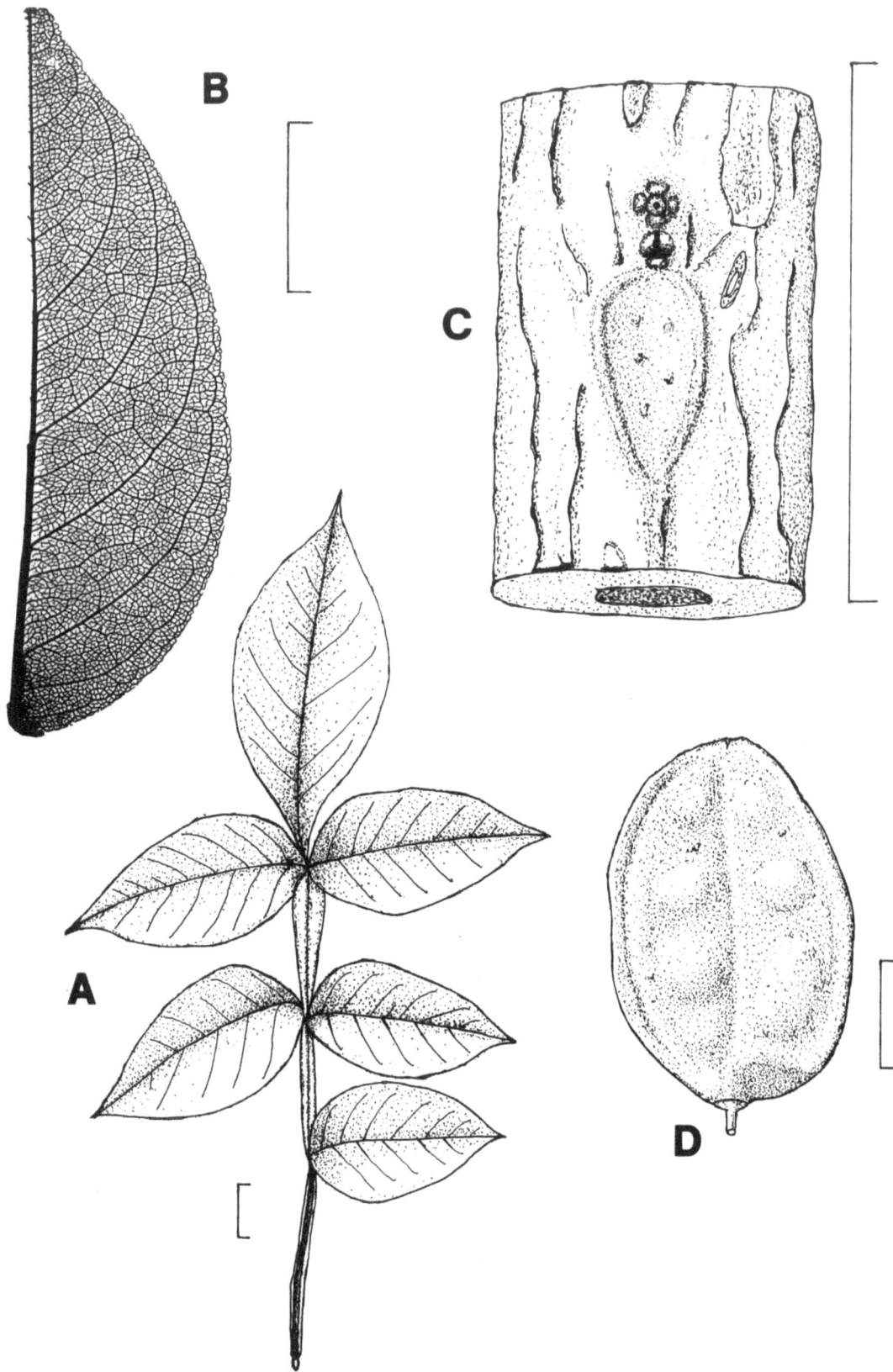

Abb. 29. *J. cf. egleri* (KRUKOFF 1482). A: Blatt, Gesamtansicht; B: Nervatur eines Blättchens, Teilansicht, sämtliche Nerven dargestellt; C: Teil eines Stämmchens mit Blattnarbe und Achselknospen; D: Geschlossene Kapsel. Länge der Meßstriche jeweils 1 cm.

10. *J. irwinii* A. GENTRY, Ann. Missouri Bot. Gard. 61: 880 (1974).
Typus: Brazil, Bahia, Serra do Tombador, ca. 18 km E of Morro do Chapeu, ca. 1100 m, thin sandy soil on sandstone near margin of riacho; 16. II. 1971, IRWIN, HARLEY & SMITH 32250 (holotypus UB; isotypi MO, NY).

Strauch bis zu 3 m; Blätter einfach gefiedert, bis 20 cm lang mit 5–15 Blättchen, diese etwa 1–7 × 0,5–3,4 cm groß, unterseits spärlich bis filzig behaart, derb ledrig. Blütenstand schmal länglich mit foliosen Brakteen; Kelch mit suborbiculaten Kelchlappen.
Blühzeit: I; III; IX.
Standort: Offene xerische Vegetationstypen, auf weißem Sand, zwischen Felsen und in Flußbetten, 400–1500 m.
Verbreitung: Brasilien – Bahia.
Brasilien: Bahia: Rio do Ferro Doido, 19,5 km SE of Morro do Chapeu, HARLEY et al. 19183 (K, WU); Serra do Tombador, 18 km E of –, IRWIN et al. 32250 (K); Serra das Almas, 25 km WNW of the Vila do Rio de Contas, HARLEY et al. 19762 (K); Serra do Sincorá, 2–3 km SW of Muçugé on the road to Cascavel, HARLEY et al. 18784 (K, WU); –, 8 km S of Andaraí on road to Muçugé, HARLEY et al. 18617 (K, WU); –, by Rio Cumbuca, 3 km S of Muçugé, HARLEY et al. 15899 (K); Serra do Rio de Contas, 1 km S of small town of Mato Grosso on the road to Vila do Rio de Contas, HARLEY et al. 19931 (K, WU); Serra do Curral Feio, 16 km N of Lagoinha, HARLEY et al. 16647 (K).

Entsprechend der Originaldiagnose kann diese Art schon auf Grund der charakteristischen suborbiculaten Kelchlappen erkannt werden. Die neuen und reicheren Aufsammlungen zeigen jedoch, daß dieses Merkmal recht unregelmäßig auftritt. So hat z. B. der Beleg HARLEY et al. 18784 einen spitz gezähnten Kelchsaum, HARLEY et al. 18617 zeigt diesen nur seicht gelappt, und das Herbarexemplar PEREIRA 2170 [Bahia, Seabra, 950 m (RB)] hat gänzlich andere, deutlich gekielte Kelche mit stark einwärts gebogenen hakenförmigen Kelchzähnen, etwa ähnlich wie HARLEY et al. 19931. Sicherlich in die allernächste Verwandtschaft gehörig sind die Belege von RIZZO [Goiás, Serra Dourada, Nr. 4438, 4502, 4569 (RB)], die jedoch durch die dünn papierartigen, spitzen Blättchen mit deutlich eingesenkter Nervatur und die nur wenig geteilten Kelche auffallen. Die taxonomischen Rangstufen dieser unterschiedlichen Sippen können jedoch nur mit mehr Material und Feldstudien beurteilt werden.

Der gesamte Komplex rund um *J. irwinii* unterscheidet sich jedoch deutlich von der nahe verwandten *J. paucifoliolata*: Diese hat viel weniger Blättchen/Blatt, meist ebene Blättchenränder (nicht eingerollt) und behält den Kelch bis zur Fruchtreife.

11. *J. paucifoliolata* MART. ex DC. Prodr. 9: 230 (1845); BUR. & K. SCHUM. in MARTIUS Flora bras. 8, pars 2: 379 (1897).
Typus: Brasilia, Minas Gerais, Chapada do Paranán, habitat in campis fruticetis, Sept. 1818, MARTIUS 1370 (M!).
Abb. 7 K.

Strauch bis zu 1,5 m; Blätter einfach gefiedert mit 7–11 Blättchen; diese breit elliptisch bis obovat, beidseitig dicht behaart und rauh, ganzrandig bis grob gezähnt. Blütenstand ein einfacher länglicher Thyrsus mit foliosen Brakteen. Kelch 5fach spitz gezähnt, bis zur Fruchtreife bleibend. Staminodium apikal breit geteilt bis deutlich T-förmig. Frucht etwa 5 × 3 cm groß.
Blühzeit: I; II; III; IV; V; VII; XII.
Standort: Campos Cerrados s. l. und andere Campos.
Verbreitung: Brasilien – Minas Gerais (Abb. 38).
Brasilien: POHL 2527 (W); CLAUSSEN 428 (W). Minas Gerais: Belo Horizonte,

Barreto 798, 803, 806 (F); —, Serra do Curral, Ducke 22685 (RB); Diamantina, Brade 13491 (RB); Serra do Cipó, Anderson et al. 36150 (F, UB); — Brade 14885 (RB); — Duarte 2527, 8094 (RB); — Heringer 2711 (RB); — Joly 1019 (SP); — Pereira 8821 (RB); Lagoa Santa, Warming 1. 12. 63 (F); Caeté, Hoehne 5098 (SP); Serra do Espinhaço, Irwin et al. 22790, 23842 (NY, F); — 22957 (NY); — 27482 (NY, UB); Serra do Cabral, Irwin et al. 27225 (NY, UB).

Diese auf Grund der vorher genannten Merkmale leicht erkennbare Art ist *J. irwinii* nächstverwandt, zeigt aber auch große Ähnlichkeit mit der ganzblättrigen *J. simplicifolia* (Blatt bzw. Blättchen sehr ähnlich, beide mit persistierendem Kelch, Kapseln fast identisch).

12. *J. simplicifolia* K. Schum. in Martius Flora bras. 8, pars 2: 414 (1897).
    Typus: Brèsil, Goyás, Fazenda do Palmital dans le campo, Glaziou 21848 (lectotypus G!).
    Abb. 7 L

Kleiner Strauch bis 1,5 m Höhe; Blätter ungeteilt, oberseits rauh, unterseits dicht kurz behaart, 6—15 × 3—8 cm, Blütenstand behaart mit foliosen Brakteen; Kelch breit trichterförmig, Saum spitz gezähnt, bis zur Fruchtreife bleibend; Staminodium apikal deutlich ausgerandet bis breit T-förmig; Blütenröhre weißrosa bis purpurn, bisweilen mit auffälligen dunkelroten Punkten, Frucht elliptisch, ca. 4 × 3 cm groß.

Blühzeit: I; II; III; IV; V.

Standort: Campos Cerrados s. l. und andere Savannen, Trockenwälder.

Verbreitung: Brasilien — Goiás, Brasília D. F., Bahia, Maranhão, Abb. 38.

Brasilien: Goiás: Chapada dos Veadeiros, Cavalcante, Irwin et al. 24020 (NY); Serra dos Veadeiros, 35 km N of Veadeiros, Irwin et al. 24421 (NY); Mun. de Zomora, Rio Preto, Gomes 1045 (RB). Brasília D. F.: Handro 126 (SP). Bahia: 225 km SW of Barreiras, Drainage of the Rio Corrente, Irwin et al. 14597 (UB); 22 km W of —, Anderson et al. 36479 (NY, UB); 100 km WSW of —, Espigão Mestre, Anderson et al. 36641 (NY, UB). Maranhão: Mun. de Lorêto between Rio Balsas and Paraiba, Eiten & Eiten 4678 (NY).

Diese Art sticht durch die ungeteilten Blätter sehr deutlich von allen anderen Arten ab und ist dadurch leicht zu erkennen. Eine nahe verwandte Art ist *J. paucifoliolata*, die, abgesehen von der Blattausbildung, weitgehend ähnlich ist.

13. *J. macrantha* Cham., Linnaea 7: 552 (1832); DC. Prodr. 9: 230 (1845); Bur. & K. Schum. in Martius Flora bras. 8, pars 2: 367 (1897).
    Typus: Brasilia, Sellow s. n. (HBG!).
    — *J. elliptica* Mart. ex DC. Prodr. 9: 232 (1845) non Steudel (1841).
    = *Bignonia elliptica* Vell. Fl. Flum. 6, t. 44 (1881); Gentry Taxon 24: 340 (1975).
    Abb. 2 E, 9 D, 10 B, 11 A, 13 E, 30.

Baum bis zu 10 m, jedoch schon sehr klein blühend. Junge Triebe vierkantig, mit vielen Lentizellen, kurz drüsig behaart; Achselknospen 2—3.

Blätter doppelt gefiedert, an den fertilen Trieben 30—60 cm lang, an den sterilen viel länger, mit (6—) 7—10 (—15) Fiederpaaren. Blattrachis rinnenförmig, an den Fiederansatzstellen knotig verdickt, spärlich bis dicht kurz einfach- und drüsenhaarig. Blättchen in (6—) 7—10 (—12) Paaren pro Fieder, sitzend bis kurz gestielt, asymmetrisch halb ovat, halb obovat, basal keilig, apikal zugespitzt, ganzrandig (nur in Jugendstadien gesägt), (2,5—) 5—8 (—15) × (0,9—) 1,5—2,5 (—4,5) cm. Oberfläche ausgeprägt bullat, oberseits rauhhaarig, unterseits entlang der hervorstehenden Nervatur weich behaart; papierdünn.

Blütenstand ein endständiger pyramidaler, sehr reichblütiger Thyrsus, 14—25 cm lang und bis zu doppelt so breit, Brakteen doppelt oder einfach gefiedert bzw. klein lanzettlich, Achsen kurz einfach und drüsig behaart. Kelch röhren- bis schwach glockenförmig, 6—8 mm lang, Saum breit gezähnt bis flach gelappt, bisweilen bewimpert, weitgehend kahl.

Blütenröhre dunkel purpurn (12/E 7—12/F 7), innen bisweilen mit weißen Längsstreifen, schmal trichterig-glockig hängend mit 5 kleinen abstehenden Kronlappen, außen einfach und kurz drüsig behaart, innen bis auf die Kronlappen und Stameninserationen kahl, (4,5—) 5—6 (—6,5) cm lang. Staminodium schmal keulenförmig, apikal ganz. Früchte breit oblong bis obovat, basal keilig, apikal abgerundet oder breit bespitzt, dünnholzig, dunkelbraun bis schwarz. Rand eben (selten undulat), Oberfläche glatt oder grob runzelig mit zwei breiten Längswülsten, 6,5—10 × 4,5—5 cm, L:B = 1,3—2. Samen häufig geflügelt, trapezförmig, ca. 2,5 × 1,5 cm.

Blühzeit: I; II; III; IV; VII; XI (Abb. 15 C, vgl. S. 37).

Standort: Lichte Bergregenwälder, etwa zwischen 500 und 1000 m (Itatiaia); Halbtrockenwälder; vorzugsweise auf Lichtungen (vgl. S. 117).

Verbreitung: Brasilien — São Paulo, Rio de Janeiro, Minas Gerais (Abb. 41).

Brasilien: São Paulo: São José dos Campos, Caraguatatuba, 750—820 m, SUCRE et al. 6936 (RB); Raiz da Serra da Mantiqueira, KUHLMANN et al. 40028 (SP); Mogi das Cruzes, KUHLMANN 2363 (SP). Rio de Janeiro: GLAZIOU 9530 (K); Sta. Maria Madalena, Tambaril, PEREIRA 1279 (RB); Fazenda do Paraiso, CAVALCANTE 65346 (RB); Petropolis, GLAZIOU 11248 (NY); Itatiaia, Parque Nacional, ca. 1000 m, GOTTSBERGER & MORAWETZ 11-, 12-, 13-, 14-, 15-, 16-, 26-9175 (WU); Mun. de Rezende, along the way from Eng. Passos to Pouso Alto, ca. 1000 m, MORAWETZ 51-, 71-20275. Minas Gerais: Viçosa, 660 m, MEXIA 4874 (F, NY); — MEXIA 4579 (F,

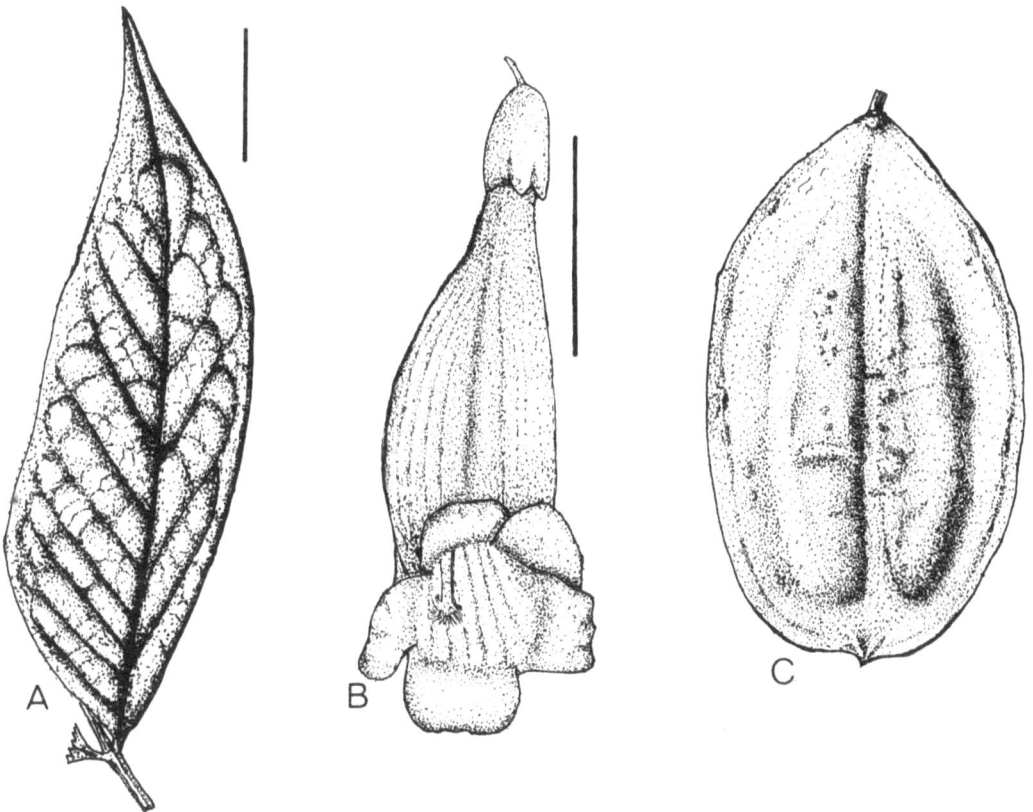

Abb. 30. *J. macrantha* (verschiedene Herkünfte aus dem Gebirge des Itatiaia). A: Größeres Fiederblättchen; B: Blüte; C: Geschlossene Kapsel. Länge der Meßstriche jeweils 2 cm.

NY, U); Mun. Tombos, Fazenda da Cachoeira, BARRETO 1672 (F); Cel. Pacheco, HERINGER 986 (RB); Piau, HERINGER 1820 (RB).

J. macrantha ist vor allem durch die deutlich bullaten Blättchen (im Herbar bisweilen flachgepreßt!), deren rauhe Oberfläche (sonst nur bei *J. jasminoides*), die relativ kleinen truncaten dunkelroten Blüten und die dünnholzigen, meist ebenen Früchte zu erkennen. Die meisten Aufsammlungen stammen jedoch aus den küstennahen Gebirgen von Rio de Janeiro und São Paulo, und die wenigen Belege aus dem zentralbrasilianischen Hochland weichen z. T. von dem typischen Aussehen ab. So zeigt z. B. das Exemplar Minas Gerais, PAULINO FILHO s. n. (MO, WU) stärker behaarte und derb ledrige Blättchen sowie kleinere und dickere Kapseln; 20 km E of Brasília D. F., IRWIN et al. 5306 (UB) zeichnet sich durch viel kleinere Blätter und elliptische symmetrische weichhaarige Blättchen aus und ist *J. macrantha* nur im weiteren Sinne zuzuordnen; ebenso ist der Beleg MEXIA 4874 (s. vorher) in der Blättchenform und Nervatur abweichend. Weitere Aufsammlungen und Feldbeobachtungen sind zur Abklärung dieses Formenkreises notwendig.

Die nächst verwandte Art ist *J. heteroptila*, auch *J. glabra* weist eine große Ähnlichkeit mit *J. macrantha* auf. Im Herbar kann diese Art mit der nur entfernt verwandten *J. micrantha* verwechselt werden, die jedoch durch die oberseits unbehaarten ebenen Blättchen und die im Umriß runden, immer stark undulaten Kapseln absticht.

14. *J. heteroptila* BUR. & K. SCHUM. in MARTIUS Flora bras. 8, pars 2: 378 (1897).
    Typus: Brasilia, GLAZIOU 11239.

Diese mir unbekannte Art sollte, so teilte mir GENTRY mit, beibehalten werden. Sie ist in die nächste Verwandtschaft mit *J. macrantha* zu setzen. *J. heteroptila* ist auf Grund der Originalbeschreibung durch die unten einfach und oben doppelt gefiederten Blätter zu erkennen. Dieser Fiederungsdimorphismus innerhalb eines Blattes kommt aber bisweilen auch bei anderen Arten, so z. B. bei *J. jasminoides*, vor.

15. *J. glabra* (DC.) BUR. & K. SCHUM. in MARTIUS Flora bras. 8, pars 2: 394 (1897); SANDWITH, Kew Bull. 13: 434 (1959). ≡ *Pteropodium glabrum* DC., Prodr. 9: 239 (1845).
    Typus: In montis Americae australis secus viam inter San Carlos et Buena Vista, D'ORBIGNY (P).
 = *J. rachidoptera* BUR. & K. SCHUM. in MARTIUS Flora bras. 8, pars 2: 374 (1897).
    Typus: Prope Tarapoto Peruviae orientalis, SPRUCE 4893, 1855–6 (K!, NY!, W!).
 = *J. cauliflora* BUR. & K. SCHUM. in MARTIUS Flora bras. 8, pars 2: 373 (1897).
    Typus: Habitat Peruviae orientalis prope Pozuzo, POEPPIG 1987 (W!).
 = *J. longiflora* BRITTON ex RUSBY, Bull. Torrey Bot. Club 27: 73 (1900). Typus: Junction of Rivers Beni and Madre de Dios, Aug. 1886, no. 1151 (NY).
 = *J. atropurpurea* RUSBY Mem. N. Y. Bot. Gard. 7: 357 (1927). Typus: Bolivia, Rurrenabaque 1000 ft., 8. X. 1921, WHITE 862 (= 872 ?), (NY, K!).
 − *J. intermedia* HUBER, Bol. Mus. Pará 4: 608 (1906) non SONDER (1849). Typus: Peru oriental, Rio Chipurana, 6. Dez. 1898, HUBER 1551 (RB!).
 − *J. spruceana* D'ORBIGNY (ined.). Typus: D'ORBIGNY 1133 (P, Photo K!).

Baum bis zu 8 m. Blätter doppelt, selten dreifach gefiedert, Blattrachis zumindest im oberen Teil breit geflügelt. Blättchen ganzrandig und deutlich bullat, dicht behaart bis kahl. Blütenstände stammbürtig; Blüten dunkel purpurn, meist sehr schmal röhren- bis glockenförmig, truncat. Kapsel dünnholzig, basal von dem bleibenden Kelch eingehüllt.

Blühzeit: VII; IX; X.

Standort: Regenwald („Terra firme"), häufig an offenen und gestörten Stellen („Capoeiras").

Verbreitung: Das Areal erstreckt sich vermutlich in einem nur schmalen Streifen entlang dem östlichen Fuß der Andenkette und durchzieht die Staaten Bolivien, Kolumbien und Peru (Abb. 41).

Bolivien: Sara: Dept. Sta. Cruz, Bosque de Buena Vista (vulg. Vara de San Roque), STEINBACH 6551 (K).

Kolumbien: Putumayo: Rio Putumayo en Puerto de Ospina, 230 m, CUATRESCAS 10796 (F); Umbria, 325 m, KLUG 1852 (NY).

Peru: Loreto: Masisea, 275 m, KILLIP & SMITH 26850 (NY); Tarapoto, ULE 6487 (K). San Martin: Saposoa, 450 m, WOYTKOWSKI 5413 (F); N. of Uchiza, 450 m, SCHUNKE VIGO 5743 (K).

Diese Art ist durch die oben genannte Merkmalskombination leicht zu erkennen und von anderen Taxa abzugrenzen. Allerdings läßt die große Variation im Blüten- und Blattbereich noch keine endgültige Umschreibung zu. Mehr und vollständig gesammelte Exemplare sowie Feldbeobachtungen wären notwendig, um das Bild dieser offenbar sehr variablen Sippe abzurunden.

Nächstverwandt ist *J. rufa*, ein niedriger Strauch der Campos Cerrados in Zentral- und Ostbrasilien. Das bei *J. glabra* auffallende Merkmal des persistierenden Kelches ist außerdem noch bei *J. jasminoides*, *J. paucifoliata* und *J. simplicifolia* zu finden. Auch *J. macrantha* dürfte wegen ihrer bullaten Blättchen und der in Form und Farbe ähnlichen Blüten und Früchte in diesen Verwandtschaftskreis gehören.

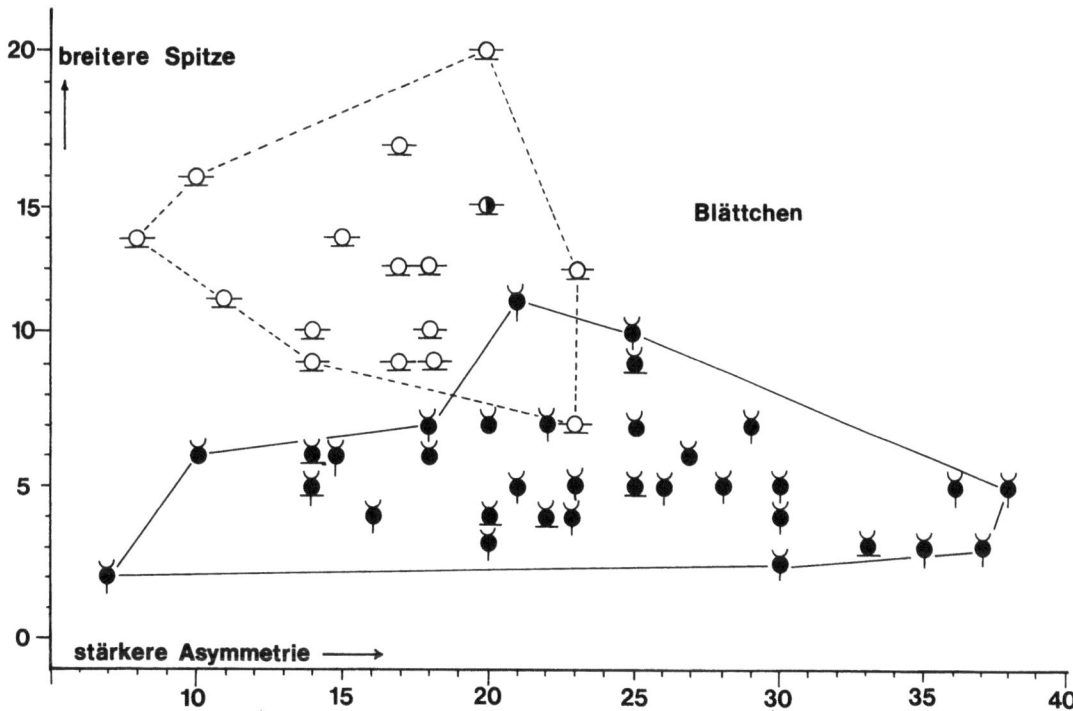

Abb. 31. Streudiagramm *J. macrantha* (unteres Feld, Punkte) — *J. crassifolia* (oberes Feld, Kreise). Erläuterungen im Text, S. 57 (vgl. auch Material und Methoden, S. 15).

● Sekundärnerven behaart
◐ Sekundärnerven teilweise behaart
○ Sekundärnerven unbehaart
⚴ Blättchenoberseite glänzend (nicht matt)

-O- Blättchen derb ledrig (nicht papierdünn)
♀ Sekundärnerven gerade (nicht gebogen)
ඊ Sekundärnerven unterseits hervorstehend (nicht in einer Ebene mit den Intercostalfeldern, vgl. Abb. 9 A, D).

16. *J. rufa* MANSO, Enumeração brazil. 40 (1836), non vidi; DC. Prodr. 9: 232 (1845); BUR. & K. SCHUM. in MARTIUS Flora bras. 8, pars 2: 371 (1897).
Typus: Brasilia, POHL 169 (M!).

= *Pteropodium hirsutum* DC. Prodr. 9: 239 (1845). Typus: Bolivia, locis humidis a St. Rafou ad Chiquitos; D'ORBIGNY 1080 (P, F! fragmentum).
Abb. 6 D, 7 G.

Kleiner Strauch bis 2 m hohes Bäumchen, stets mit schräg in die Erde laufendem Xylopodium. Junge Triebe purpurn, häufig vierkantig und fein dicht behaart. Achselknospen 1–2 (–3), stark abstehend.

Blätter doppelt, selten teilweise dreifach gefiedert, 30–40 (–51) cm lang mit 4–5 Fiederpaaren. Blatt- und Fiederrachis breit abgesetzt geflügelt und dicht bis lokker kurz behaart. Blättchen in 3–8 Paaren pro Fieder, sitzend, breit bis schmal elliptisch-ovat bis obovat, basal cordat bis keilig, apikal zugespitzt, meist beidseitig unregelmäßig grob gesägt, 2–5 (–7,5) × 1–2 (–4) cm, zum Fiederende hin größer werdend. Oberfläche bullat mit deutlich eingesenkter Nervatur, Ober- und Unterseite verschiedenfärbig und schwach seidenhaarig.

Blütenstand ein endständiger Thyrsus, dicht kugelig bis 45 cm langgestreckt, dicht bis locker seidig behaart. Brakteen folios ca. 2,5 cm bis unscheinbar lanzettlich, nur 3 mm lang. Kelch röhren- bis schwach glockenförmig, 8–12 (–14) mm lang, Saum unregelmäßig fünffach gezähnt-gelappt. Blütenröhre dunkel purpurn, innen weiß, schmal glockig hängend mit 5 kleinen abstehenden Kronlappen, außen basal und apikal dicht drüsig behaart, innen bis auf die Stameninserationen kahl, 5–6 (–7) cm lang. Staminodium schmal keulenförmig, apikal ganz und bisweilen noch mit (sterilen) Theken. Früchte elliptisch bis obovat, meist breit bespitzt, dickholzig, dunkelbraun bis schwarz; Rand eben, Oberfläche glatt bis schwach runzelig, bisweilen mit ausgeprägtem längsverlaufendem Mittelwulst, 5–10 × 4–6 cm, L:B = 1,2–1,6. Samen ca. 30 × 15 mm.

Blühzeit: I; II; IV; V; X; XI; XII (Abb. 15 K).

Standort: Campos Cerrados (Abb. 58, 65, 66).

Verbreitung: Brasilien – São Paulo, Minas Gerais, Mato Grosso, Goiás, Bahia, Brasília D. F., Pará. Bolivien – Chiquitos (Abb. 41).

Brasilien: São Paulo: LÖFGREN 1169 (SP); Botucatu, MORAWETZ 4711, 11-4175, 13-121075, 11-, 12-231075 (WU); Mogi Guaçú, HANDRO 830 (SP), KUHLMANN 4172 (SP); Morro Pelado, HANDRO 14899 (SP); São Martinho, HANDRO 14914 (SP). Minas Gerais: Mun. Monte Alegre, 8 km norte da cidade, MAGALHAES 19242 (SP); S. S. Paraiso, Morro Liso, BRADE 17579 (RB). Mato Grosso: Cuiabá, COLENETTE 186 (NY); Xavantina, IRWIN et al. 16722 (NY, UB); 270 km N of Xavantina, RAMOS & SOUSA 61 (NY, RB); Xav.-Cachimbo road km 272, PHILCOX et al. 3072 (NY, RB); Xav.-Garapu, ão longo da estrada, LIMA 58-3110 (RB); Lago Leo, SIDNEY 1390 (UB). Goiás: Niquelândia, IRWIN et al. 11811 (F, NY, U). Brasília D. F.: Serra do Caiapó, Caiapônia on road to Jatai, IRWIN & SODERSTROM 7464 (F, NY, U). Brasília D. F.: HERINGER 8862/1056 (SP, UB); FERREIRA 55 (UB). Pará: Serra do Cachimbo, BOCKERMANN 250 (SP); – PIRES et al. 6227 (NY, UB).

Diese Art ist durch die niedrige Wuchsform, die breit geflügelte Blattrachis und die dickholzigen Früchte leicht zu erkennen und von anderen Taxa abzugrenzen.

Die nächst verwandte Art ist *J. glabra*, die ebenfalls eine breite Rachisflügelung, bullate Blättchen und purpurfarbene Blüten besitzt, sich aber durch den baumförmigen Wuchs, die stammbürtigen Blütenstände, einen persistierenden Kelch und die geographische Verbreitung (Abb. 41) deutlich unterscheidet.

Ein ganz besonders interessantes Herbarexemplar, das wegen seiner viel kleineren ganzrandigen und in der Form unterschiedlichen Blättchen nicht eindeutig *J. rufa* zugeordnet werden kann, ist folgendes: Brasil, Goiás, Serra do Facão, 40 km NE of Catalão, 900 m, IRWIN et al. 25307 (UB). Diese Aufsammlung erinnert auch an *J. ulei* (Hybride?).

17. *J. jasminoides* (THUNB.) SANDWITH, Meded. Bot. Mus. Herb. Univ. Utrecht 40: 232 (1937). = *Bignonia jasminoides* THUNB. Pl. bras., decas tertia, 28: 36 (1821); DC. Prodr. 9: 167 (1845); BUR. & K. SCHUM. in MARTIUS Flora bras. 8, pars 2: 288 (1897).
Typus: THUNBERG.
= *J. tomentosa* R. BR. adnot. sub. Bot. Mag. t. 2327 (1822); DC. Prodr. 9: 231 (1845); BUR. & K. SCHUM. in MARTIUS Flora bras. 8, pars 2: 370. Lectotypus: Brasil, SELLOW 308 (G!).
= *J. curialis* VELL. Fl. Flum. 6, t. 55, text ed. NETTO: 236 (1881); GENTRY Taxon 24: 339 (1975).
— *J. pubescens* GUILL. ex DC. Prodr. 9: 231 (1845) pro syn.
— *J. subvelutina* MART. ex DC. Prodr. 9: 231 (1845) pro syn.

Kleiner Baum, 2–4 m hoch, neue Triebe rund und dicht behaart. Achselknospen (1–) 3 mit etwas abstehenden Knospenschuppen, zur Blattachsel hin kleiner werdend.

Blätter doppelt, selten teilweise oder gänzlich einfach gefiedert, 12–20 (–25) cm lang mit 2–4 Fiederpaaren. Blatt- und Fiederrachis rund, dicht samtig bis filzig behaart. Blättchen in (1–) 2–4 (–5) Paaren pro Fieder, sitzend, ovat bis ovat-elliptisch, häufig asymmetrisch, basal keilig bis abgerundet, apikal spitz bis zugespitzt, meist ganzrandig, selten grob gesägt; laterale Blättchen 1,8–3,4 (–6) × 0,9–1,5 (–3,5) cm, terminale Blättchen 2,5–5,5 (–8,5) × 1,2–2,5 (–5) cm. Oberfläche eben bis schwach bullat, oberseits olivgrün und rauhhaarig, unterseits weiß filzig.

Blütenstand ein endständiger lockerer bis dichter Thyrsus 10–15 (–20) cm lang, Brakteen doppelt oder einfach gefiedert bzw. unscheinbar lanzettlich, Achsen bis zu den Kelchen samtig bis filzig behaart. Kelch röhrenförmig bis leicht trichterig, gleichmäßig fünffach gezähnt, 5–7 mm lang. Blütenröhre dunkel purpurn, schmal glockig trichterig hängend mit 5 kleinen abstehenden Kronlappen, außen basal und apikal locker drüsenhaarig, innen die Kronlappen einfach und die Stameninserationen drüsig behaart, 3,5–4,5 (–5) cm lang. Staminodium schmal keulenförmig, apikal ganz bis leicht zweigeteilt, manchmal breit T-förmig. Früchte elliptisch bis oblong, basal keilig verschmälert und von dem bleibenden Kelch eingehüllt, apikal obtus bis breit bespitzt, dünnholzig, braun bis schwarz, Rand eben (selten undulat), Oberfläche glatt mit 2 breiten Längswülsten, 3,5–7 × 2,9–3,5 cm, L:B = 1,2–2.

Blühzeit: I; II; III; VII; IX; X; XI; XII.

Standort: Auf Felsen im Küstenregenwald; auf Dünen; in Trockenwäldern zwischen Quarzfelsen (Abb. 50, vgl. S. 115).

Verbreitung: Brasilien — Rio de Janeiro, Espirito Santo, Bahia, Ceará (Abb. 41).

Brasilien: GAUDICHAUD 547 (G); Rio de Janeiro: RIEDEL 237 (G); RIEDEL s. n. (NY); SCHOTT 5961 (F); WEDELL 588 (G); Morro de São João, HOEHNE 179 (SP); Guanabara, Mata da encosta, SUCRE 7063 (RB); Pão de Açucar, MORAWETZ & GOTTSBERGER 11-30175 (WU); Ypanema in silvula, DUSÉN s. n. (NY). Espirito Santo: Guarapary, DUARTE 3896 (RB). Bahia: Monte Santo, 610 m, HARLEY 16404 (K); NW of Lagoinha (5,5 km W of Delfino), HARLEY 16906 (K). Ceará: Serra do Araripe, GUEDES 520 (NY).

Diese Art ist durch die breit ovaten samtigen Blättchen, die schmalen purpurfarbenen Blüten und den persistierenden Kelch leicht zu erkennen und gegenüber anderen Taxa abzugrenzen. Jedoch ist der Großteil des gesammelten Materials aus der Umgebung von Rio de Janeiro, und die wenigen Funde aus dem Nordosten Brasiliens lassen eine größere Variationsbreite dieser Art vermuten. So scheint es mir nicht sicher, ob der Beleg DUARTE 3896, der durch die einfach gefiederten Blätter, die spärliche Behaarung und die zierlichen Blütenstände absticht, noch dieser Art zuzuordnen ist oder in Zukunft als neue Art beschrieben werden soll.

Eine nächst verwandte Art ist nicht bekannt, es läßt sich jedoch auf Grund der Blüten, des Kelches und der Früchte eine verwandtschaftliche Position zwischen J. glabra, J. ulei und J. paucifoliolata vermuten.

18. *J. ulei* BUR. & K. SCHUM. in MARTIUS Flora bras. 8, pars 2: 383 (1897). Lectotypus: Brasilia, Minas Gerais, CLAUSSEN 119 (G!).
= *J. crystallana* BUR. & K. SCHUM. in MARTIUS Flora bras. 8, pars 2: 384 (1897). Typus: Serra das Crystaes, POHL 820 (W!).

Kleiner Strauch bis 1 (–1,5) m hohes Bäumchen, stets mit Xylopodium. Junger Stamm längsgerippt, graubraun dicht filzig behaart; Achselknospen 1–2.

Blätter doppelt gefiedert, 6–20 (–30) cm lang mit 4–6 (–8) Fiederpaaren. Blatt- und Fiederrachis rinnenförmig, selten schmal geflügelt, dicht behaart. Blättchen in 3–8 (–10) Paaren pro Fieder, sitzend, schmal ovat bis schmal elliptisch-oblong, basal cordat bis abgerundet, apikal spitz, ganzrandig, 15–20 (–25) × 3–5 (–8) mm. Konsistenz hart zerbrechlich; Oberfläche bullat, Unterseite mit grober, hervorstehender, schwach vernetzter Nervatur, diese dicht filzig bis locker behaart, selten verkahlend.

Blütenstand ein endständiger Thyrsus 10–15 (–22) cm lang, Brakteen doppelt gefiedert bzw. klein lanzettlich, Achsen bis zu den Kelchen filzig oder dicht haarig bedeckt. Kelch breit röhrenförmig bis glockig, unregelmäßig fünffach kurz bis lang gezähnt. Blütenröhre dunkel purpurn, schmal trichterig glockig mit 5 kleinen abstehenden Kronlappen, außen drüsig behaart, innen bis auf die Stameninserationen kahl bis spärlich behaart, 3,5–4 (–4,5) cm lang und apikal max. 2 cm breit. Staminodium schmal keulenförmig, apikal ungeteilt. Früchte breit elliptisch bis kreisförmig, basal mit Ring, apikal breit bespitzt, dick holzig, hellbraun bis schwarz, Rand eben, Oberfläche oft grob warzig, häufig mit 2 breiten Längswülsten, 3,7–5,5 × 3–4 cm, L:B = 1,1–1,6. Samen ca. 20 × 11 mm groß.

Blühzeit: II; III; IV; VII; X.

Standort: Campos Cerrados; in trockenen Flußbetten.

Verbreitung: Brasilien – Minas Gerais, Goiás, Brasília D. F., Bahia (Abb. 38).

Brasilien: Goiás: Anápolis, MACEDO 3560 (SP); Entre Anápolis e Corumbá, LANE 8 (SP); Brasilândia, MACEDO 40 (RB); Chapada dos Veadeiros; – 7 km N of Alto Paraiso, 1500 m, ANDERSON 6253 (NY, UB); – 2 km N of –, 1400 m, ANDERSON 6418 (NY, UB); – 30 km N of –, 1250 m, IRWIN et al. 33033 (F, NY, UB); – 12 km S of –, IRWIN et al. 24877 (NY); – 15 km N of Veadeiros, 1000 m, IRWIN et al. 12353 (NY, UB); Serra Geral do Paraná; – 4 km S of São João da Aliança, 1070 m, ANDERSON 7600 (NY, U, UB); – 3 km S of –, IRWIN et al. 31859 (NY, UB); Serra dos Pirineus; – 20 km NW of Corumbá, 1400 m, IRWIN et al. 19268 (NY); – 20 km E of Pirenópolis, 1000 m, IRWIN et al. 34138 (F, NY, UB); Silvânia, HERINGER 8706 (SP, UB); – 8606, – 900 (RB). Brasília D. F.: BELÈM 1922 (NY, UB); COBRA & OLIVEIRA 224 (UB); HERINGER 6673-7168 (UB, RB); PIRES et al. 9145 (SP, UB); PHILCOX & ONISHI 4861 (NY); PEIREIRA 4674 (RB); RATTER et al. 2526 (U); SUCRE 379 (UB, NY); on road to Anápolis, 700–1000 m, IRWIN & SODERSTROM 5999 (UB); Chapada da Contagem, 1000 m, IRWIN et al. 8260 (NY, UB); Catetinho, VALIDO & MORAES 339 (SP); Taguatinga on road to Brasilândia, 1250 m, IRWIN et al. 10684 (NY, UB). Bahia: Valley of the Rio das Ondas, 25 km W of Barreiras, 600 m, IRWIN et al. 31392 (NY, UB); Chapada do Monte Alegre, ZEHNTNER 472 (RB).

Von den von BUREAU & K. SCHUMANN zitierten Syntypen konnten nur CLAUSSEN 119 und GLAZIOU 8212 (G) gefunden werden. Da der Beleg von GLAZIOU *J. pulcherrima* zuzuordnen ist, bleibt als einziges authentisches, mir bekanntes Exemplar das von CLAUSSEN über. Da dieses weitgehend mit der Originaldiagnose übereinstimmt, schlage ich vor, CLAUSSEN 119 als Lectotypus zu wählen. Sehr charakteristische Belege, die von SCHUMANN bestimmt wurden, sind folgende: In campis Goiás, RIEDEL & LUSCHNATT s. n. (LE); Fazenda dos Macacos, GLAZIOU 21850; – 21851 (G).

J. ulei ist sehr klar gegenüber anderen Arten abgegrenzt und durch die niedrige Wuchsform, die harten bullaten Rollblättchen und die dunkelroten Blüten zu erkennen. Im Herbar kann diese Art eventuell mit *J. pulcherrima* verwechselt werden, von der sie jedoch durch die geringere Fiederzahl/Blatt, die an der Öffnung schmäleren Blüten und die dickeren Kapseln deutlich absticht.

Nahe verwandte Arten sind nicht bekannt, die morphologisch ähnliche *J. pulcherrima* ist wahrscheinlich in die Nähe von *J. puberula* agg. zu stellen.

19. *J. bullata* A. GENTRY, Ann. Missouri Bot. Gard. 65: 729 (1978).
Typus: Brazil, Amazonas, margem do Rio Aracá (Rio Negro drainage north of Barcelos), terra firme alta, 29. X. 1952, FRÓES & ADDISON 29141 [holotypus IAN; isotypi K! (2 Bögen), US, MO fragmentum].

Blätter einfach gefiedert, Blättchen zu 11–17, gezähnt, papierdünn, bullat, nur auf der Unterseite entlang der Nervatur kurz behaart. Blütenstand terminal, schmal thyrsus- bis traubenartig; Kelch fünffach gezähnt, lepidot; Blütenröhre rosa, schmal röhrenförmig mit 5 kleinen abstehenden Kronlappen, trunkat; Früchte elliptisch, basal keilig, apikal spitz.

J. bullata ist durch die genannten Merkmale leicht zu erkennen und von anderen Arten zu unterscheiden. GENTRY vermutet eine Verwandtschaft mit der mir unbekannten *J. heteroptila* oder sogar mit *J. egleri*. Jedoch lassen die gesägten bullaten Blättchen, die kleinen Kronlappen und die charakteristische Fruchtform eher an eine Stellung in der Nähe von *J. rufa* denken.

20. *J. micrantha* CHAM., Linnaea 7: 554 (1832); DC. Prodr. 9: 231 (1845); BUR. & K. SCHUM. in MARTIUS Flora bras. 8, pars 2: 368 (1897); SANDWITH & HUNT in REITZ Flora ilustr. Catarinense (Bign.): 50 (1974).
Typus: Brasilia, SELLOW s. n. (HAL!).
= *J. intermedia* SONDER, Linnaea 22: 563 (1849). Typus non indicatur.
Abb. 2 B, 6 B, 7 B, 32, 48, 59 C.

Baum, 20–25 m hoch, junge Triebe häufig 4kantig, hell graubraun mit vielen Lentizellen. Achselknospen 3 (–6), stark abstehend, derb 4kantig oder unscheinbar und versenkt, spärlich kurz behaart.

Blätter doppelt gefiedert, (40–) 50–70 (–90) cm lang mit 7–9 Fiederpaaren. Blatt- und Fiederrachis rinnenförmig, bei den deutlich abgesetzten Ansatzstellen knotig verdickt, sehr kurz dicht behaart. Blättchen in (2–) 7–9 (–11) Paaren pro Fieder, sitzend bis 10 mm lang gestielt, asymmetrisch halb ovat, halb obovat, bisweilen elliptisch, basal verschmälert, apikal zugespitzt, meist ganzrandig, selten grob gesägt; (1,3–) 3,5–7,5 (–10) × (0,5–) 1–2,5 (–3,5) cm. Oberfläche eben, glänzend mit einem Haaranflug entlang der Nervatur, unterseits matt heller, in den Nervaturachseln dicht, sonst locker kurz behaart.

Blütenstand ein endständiger langgestreckter bis schirmförmiger Thyrsus, 15–30 cm lang. Brakteen doppelt gefiedert bzw. unscheinbar lanzettlich abfallend, Blütenstandsachsen sehr kurz einfach und drüsig behaart. Kelch schmal röhren- bis trichterförmig, unregelmäßig fünffach seicht gezähnt bis gelappt, bis auf den bewimperten Saum kahl, Kelchwand dünn, 4—6 (—8) mm lang. Blütenröhre hellviolett, flach glockig hängend mit 5 gleich großen Kronlappen, außen dicht bis vereinzelt drüsig behaart, innen bis auf die Stameninserationen und die Kronlappen kahl, 3,5—4 (—5) cm lang. Staminodium schmal keulenförmig ungeteilt. Früchte elliptisch bis kreisförmig mit deutlich undulatem Rand, dunkelbraun bis schwarz, dick holzig, Oberfläche rauh bis warzig, 6—9 × 4—7 cm, L:B = 1,2—1,5. Samen häutig geflügelt, unregelmäßig elliptisch, ca. 2,5 × 1,5 cm groß.

Blühzeit: I; XI; XII (Abb. 15 D).

Standort: Küstenregenwälder, ca. 200 m; subtropische Wälder auf alluvialen Böden; Halbtrockenwälder, häufig in Flußnähe (Abb. 49, 59 C, vgl. S. 113).

Verbreitung: Brasilien — Rio Grande do Sul, Sta. Catarina, Paraná, São Paulo, Rio de Janeiro. Argentinien — Misiones, Corrientes. Paraguay — San Pedro (Abb. 37).

Brasilien: SELLOW s. n. (W). Rio Grande do Sul: Serra do Matador, 500 m, REITZ 6079 (NY); Porto Alegre, Morro da Gloria, RAMBO 30782 (F). Sta. Catarina: Itaió, Itaiópolis, 900 m, REITZ & KLEIN 17351 (NY); Ibirama, REITZ & KLEIN 5690 (NY, U); Sanga da Areia, Jacinto Machado, 250 m, REITZ & KLEIN 9356 (NY). Paraná: Jaquariahyua, in silva primaeva, DUSÈN 16243 (F, NY); Rio Iguaçu, Salto Osório, HATSCHBACH 8/69 (NY); in regione fluminis Alto Paraná, FIEBRIG 5601 (HBG); Mun. Ivai, Saltinho, HATSCHBACH 4/971 (NY). São Paulo: MOSÉN 4339 (LE); Serra do Paranapiacaba, way from Iporanga to Apiaí, MORAWETZ 11-10275 (WU); Botucatu, way to Rubião Junior, PAULINO FILHO 11-8277 (WU). Rio de Janeiro: Serra do Mar, way from Paratí to Cunha, ca. 200 m, MORAWETZ 11-, 21-, 31-18275, 31-11175 (WU); Parque Nac. dos Orgãos, Teresópolis, BARROS 1204 (RB).

Argentinien: Misiones: Puerto Aguirre, CURRAN 12 (NY); Puerto Leon, 75—100 m, CURRAN 720 (NY).

Paraguay: Alto Paraguay, San Pedro, WOOLSON 1333 (NY).

Diese Art läßt sich durch die großen Blätter, die ebenen, wenig behaarten Blättchen, die kleinen hellvioletten Blüten und die grobholzigen undulaten Früchte leicht erkennen und kaum mit einer anderen Art verwechseln (vgl. J. macrantha, S. 70).

Nächstverwandt ist J. puberula agg. (Jugendblätter der beiden Arten ähnlich; gleiche Haarfilz-Domatien, vgl. S. 26; bisweilen ähnliche Früchte), die sich jedoch durch die kleineren Blätter mit weniger Fiedern, die meist gezähnten Blättchen und die viel größeren Blüten deutlich unterscheidet.

21. *J. puberula* CHAM., Linnaea 7: 550 (1832); DC. Prodr. 9: 231 (1845); BUR. & K. SCHUM. in MARTIUS Flora bras. 8, pars 2: 376 (1897); SANDWITH & HUNT in REITZ Flora ilustr. Catarinense (Bign.): 53 (1974). = *J. puberula* var. *microphylla* CHAM. ibid.
Typus: Brasilia aequinoctialis, SELLOW s. n. (HAL!)*.

= *J. puberula* var. *macrophylla* CHAM. ibid., Typus: SELLOW.

= *J. semiserrata* CHAM. Linnaea 7: 551 (1832); Typus: Brasilia aequinoctialis, SELLOW, non vidi.

= *J. endotricha* DC. Prodr. 9: 231 (1845); Typus: Brazil, São Paulo, GAUDICHAUD 354 (P, Photo K!).

---

* Der Typus von *J. puberula* soll sich nach SANDWITH & HUNT (1974: 55) in Kew (K) befinden, den ich dort jedoch nicht lokalisieren konnte. Hingegen ist der Beleg aus Halle (HAL) als Typus bezeichnet und wird deswegen hier angeführt.

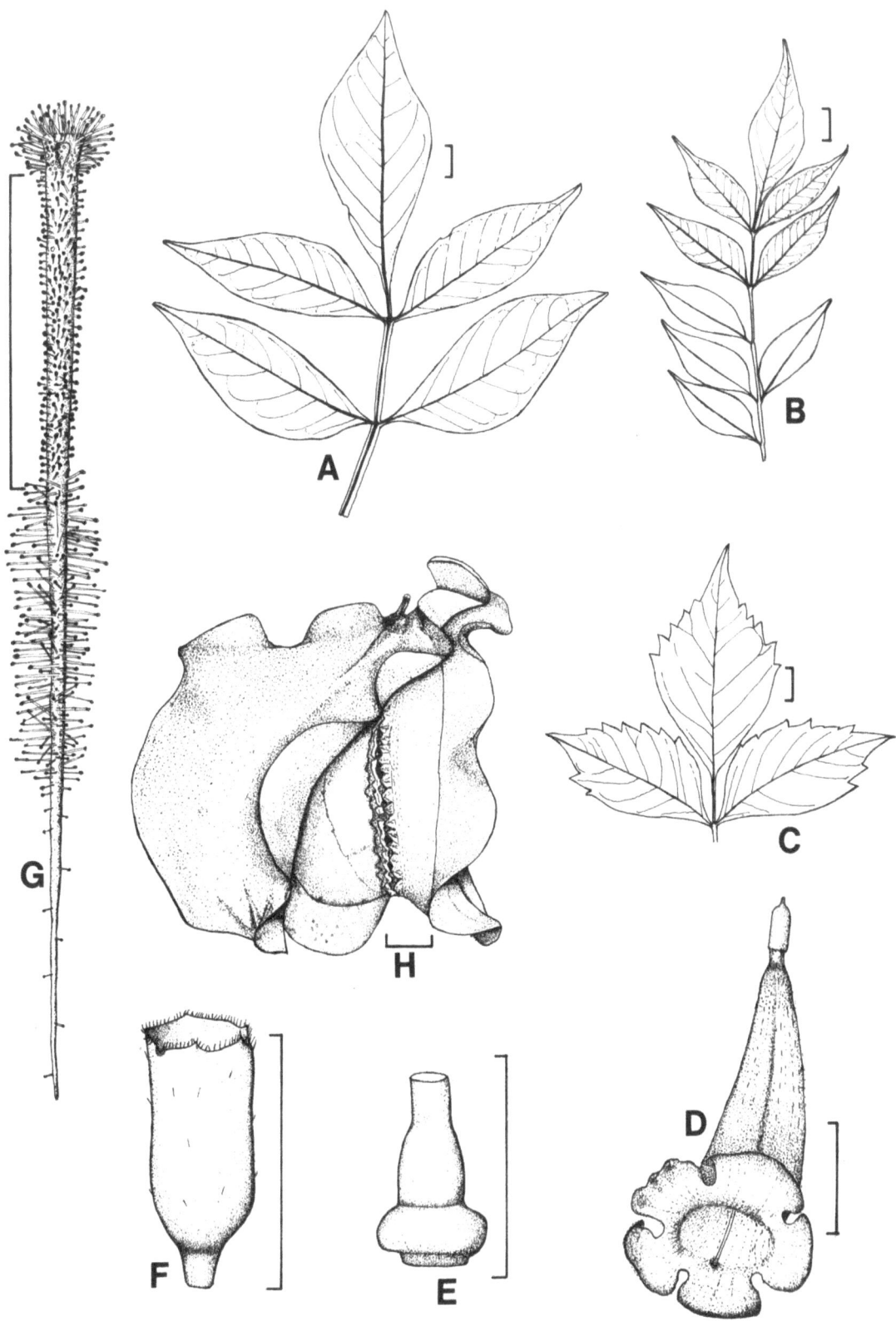

Abb. 32. *J. micrantha.* A: Oberste Blättchen einer mittleren Blattfieder, Regenwald in der Serra do Mar; B: Mittlere Blattfieder, Halbtrockenwald bei Botucatu; C: Oberste Blättchen einer mittleren Blattfieder, 2 m hohes Jugendexemplar; D: Blüte, Gesamtansicht; E: Diskus und Gynoeceum; F: Kelch; G: Staminodium; H: Aufgesprungene Kapsel mit undulatem Rand. Länge der Meßstriche jeweils 1 cm, nur bei E 0,5 cm.

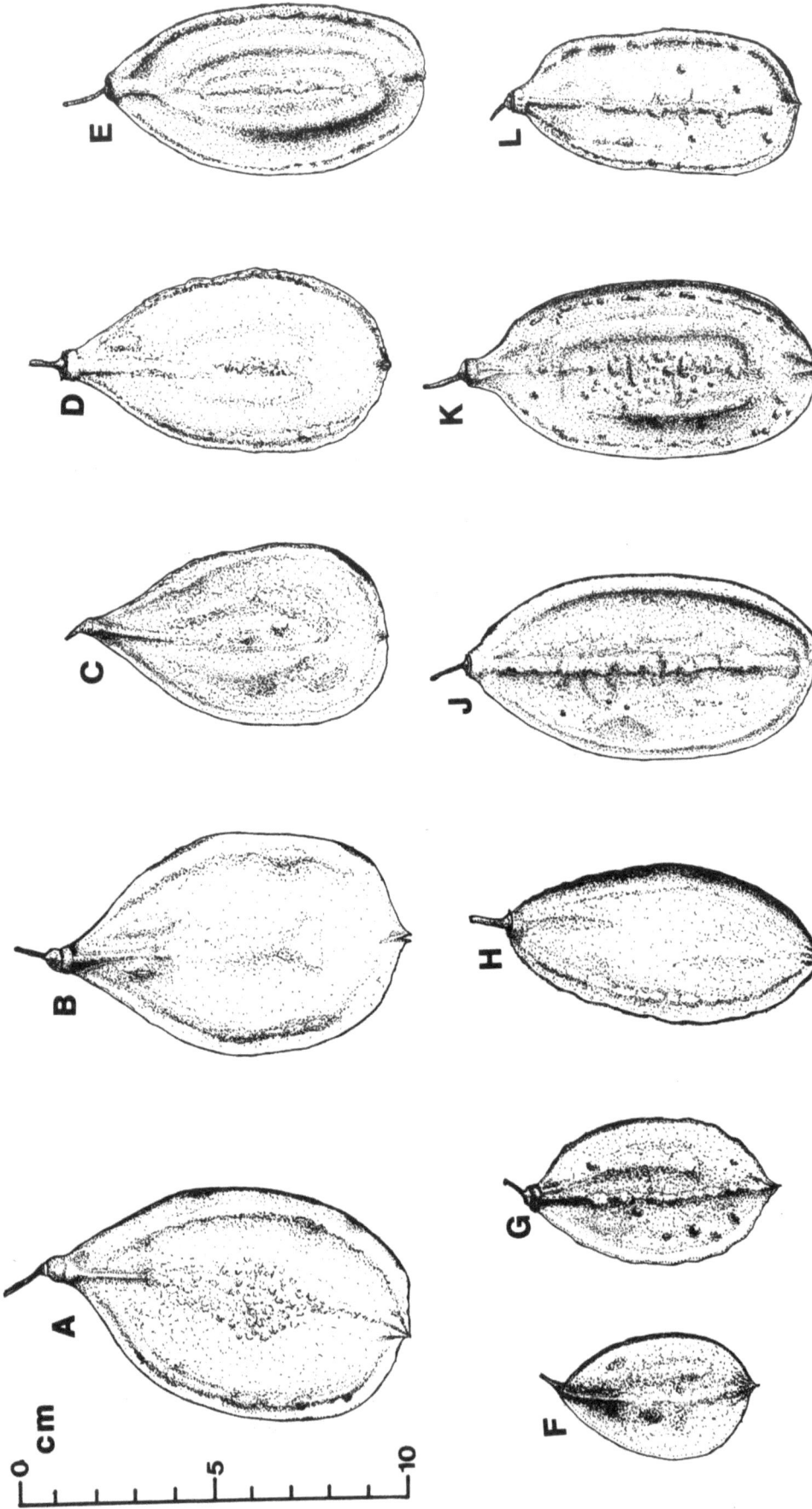

Abb. 33. Variation von Früchten mit ebenem Rand innerhalb von *J. puberula* agg.; F–G möglicherweise unreif. A–C: Serra da Paranapiacaba (MORAWETZ 11-11975); D, K–L: Serra do Mar (MORAWETZ 14-, 15-28875); E, J: Sta. Catarina (REITZ & KLEIN 2505); F–G: São Paulo, Ilha bela (GOTTSBERGER 14-171275); H: São Paulo, Jardim Botânico (MORAWETZ 11-25975).

= *J. subrhombea* DC. Prodr. 9: 230 (1845); Typus: In sepibus et silvis prov. Fluminensis Brasiliae, MARTIUS (M!, Photo K!).
= *J. digitaliflora* LEM. Illustr. hortic. 11: 393 (1864).
− *J. obovata* MART. ex DC. Prodr. 9: 230 (1845) non CHAM. (1832).
− *Bignonia obovata* VELL. Fl. Flum. 6: t 45 (1881); GENTRY, Taxon 24: 340 (1975).
Abb. 5, 21, 28 D, E, 33, 36 D.

Strauch, Bäumchen oder Baum, 1,5—12 m hoch. Junger Stamm gänzlich rund oder mit flachgedrückten Nodien, kahl und graubraun bis sehr kurz wollhaarig. Achselknospen 2—3, kahl bis dicht grau behaart.

Blätter doppelt gefiedert, (20—) 25—35 (—45) cm lang, mit 4—5 (—6) Fiederpaaren. Blattrachis rinnenförmig, Fiederrachis bisweilen sehr schmal geflügelt, beide sehr schütter bis dicht behaart. Fiederansatzstellen bisweilen knotig verdickt, stets stärker behaart. Blättchen in (2—) 5—8 (—9) Paaren pro Fieder, sitzend bis kurz gestielt, breit bis schmal rhombisch, elliptisch bis obovat, häufig asymmetrisch und auf der schmäleren Seite bis zum oberen Drittel in gerader Linie abgeschnitten, apikal obtus bis zugespitzt, basal verschmälert bis abgerundet, Rand meist beidseitig grob gezähnt, bisweilen aber unauffällig gekerbt oder ganz; Oberfläche eben mit meist eingesenkter Nervatur, entlang dieser dicht bis schütter kurz behaart, unterseits zumindest in den Nervaturachseln dichter behaart oder mit Haarfilz-Domatien, beidseitig gleichfärbig, Konsistenz papierdünn bis ledrig, (1,1—) 2,5—4 (—8) × (0,4—) 1,1—1,6 (—3,2) cm.

Blütenstand ein einfacher bis komplexer Thyrsus, meist aus dem alten Holz kommend, 10—50 cm lang, Achsen fein drüsig behaart, Brakteen doppelt gefiedert bzw. unscheinbar lanzettlich. Kelch breit bis schmal röhren- bis trichterförmig, (6—) 7—9 (—13) mm lang, Saum ganz bzw. regelmäßig bis unregelmäßig seicht bis tief gezähnt bis gelappt, dicht kurz behaart bis verkahlend. Blütenröhre hellviolett, selten weiß, mit weißem Schlundfleck, breit trichterig-glockig hängend mit 5 großen abstehenden Kronlappen, außen basal und apikal dichter, sonst locker einfach und drüsig behaart; Kronlappen ebenso, innen entlang der Nervatur mit einzelnen langen Haaren bedeckt, sonst nur die Stameninserationen drüsig behaart, 5,5—7,5 (—8,5) cm lang und an der Öffnung 3—4,5 cm breit. Staminodium apikal ganz oder leicht ausgerandet. Früchte elliptisch bis oblong bis obovat, meist dünnholzig mit sehr variabler Oberflächenausbildung, Rand eben oder deutlich undulat, (5—) 6—9,5 × 3—5,6 cm, L:B = 1,5—2,2.

Blühzeit: II; VI; VIII; IX; X; XI; XII (vgl. Abb. 15 G, 16).

Standort: Unterwuchs in Araukarienwäldern, Halbtrockenwälder im Regenschatten der Küstengebirge, Bergregenwälder in Küstennähe, in Restingas bis in die Nähe der Mangrove; sehr häufig an offenen und gestörten Stellen, Kulturfolger; im nördlichen Teil des Areals von 0—600 m, im südlichen von 0—1300 m (vgl. Abb. 43, 44, 45).

Verbreitung: Brasilien − Rio Grande do Sul, Sta. Catarina, Paraná, São Paulo, Rio de Janeiro (Bahia, Pernambuco?); Argentinien − Misiones; Paraguay; Abb. 37, vgl. SANDWITH & HUNT (1974: 57).

Brasilien: SELLOW 6000 (HBG); SCHOTT 5963 (F). Sta. Catarina: Araquari, Itapocu, REITZ & KLEIN 5026 (HBG, K, NY, SP); Bom Retiro, Lomba alta, 1000 m, SMITH et al. 7956 (HBG, K, NY, RB); Campo alegre, Pinheral, SMITH & KLEIN 7378 (F, HBG, RB); − Morro do Iquererim, 1200 m, REITZ & KLEIN 6386 (HBG, K, NY); Itajaí, Penha, 20 m, REITZ 5714 (F, K, NY); Lauro Müller Uruçanga, Pinhal da Companhia, 300 m (G, HBG, K); Lages, Morro do Pinheiro seco, Pinhal, REITZ & KLEIN 14091 (HBG, K); Serra do Espigão, Papanduva, 1000 m, REITZ & KLEIN 13420 (UB); Garuva, Porto do Palmital, 10 m, REITZ & KLEIN 4062 (HBG, K, NY); Rio do Sul, Alto Matador, 800 m, REITZ & KLEIN 7274 (HBG, K); São José, Serra da Boa Vista, 700 m,

REITZ & KLEIN 10624 (K). Paraná: Jacarehý, in campo graminoso, DUSÉN 6623 (F, G, NY); — DUSÉN 17213 (F, NY); Curitiba, Paranaquá, JOLY 1152 (SP); Morretes, Litoral, KUHLMANN s. n. (SP); Ponta Grossa, Vila Velha, HATSCHBACH 1/66 (F, NY); Monte Alegre, Telemacoborba, MORAWETZ 11-29675 (MO, WU); Jaquarihyva, DUSÉN 13200 (NY); Ypiranga, REISS 114 (F, NY); Curitiba, HOEHNE 23024 (SP); Serrinha, DUSÉN 8593 (G). São Paulo: Capital, BORDO s. n. (SP); Rio Bonito, LOEFGREN 14910 (SP); Santos, BURCHELL 3082 (K); Pilar do Sul, MATTOS 9216 (SP); Bertioga, GOTTSBERGER 13-131275 (WU); Ilha bela, GOTTSBERGER 14-171275 (WU); Iporanga, Serra do Paranapiacaba, MORAWETZ 31-8275 (WU); Jacupiranga, MORAWETZ 11-, 12-11975, 11-, 13-13975 (WU); Jardim Botânico de São Paulo, HOEHNE 28168 (NY); — MORAWETZ 11-, 12-, 13-, 14-25975 (WU). Rio de Janeiro: GLAZIOU 8805 (K); Serra dos Orgãos, GLAZIOU 16268 (G); Estrada Rio—Petropolis, still lowlands, LUTZ 1512 (K); Ubatuba, Praia Grande, GOTTSBERGER & MORAWETZ 11-, 12-1675 (WU); — MORAWETZ 11-31175 (MO, WU); — Estação Experimental de Plantas Tropicaes, MORAWETZ 19-19875, 16-20875, 11-21875 (WU); — Serra do Mar, 200—250 m, MORAWETZ 41-26875, 14-28875 (WU).

J. puberula ist an den 4—6 Fiederpaaren/Blatt, den zumeist gesägten Blättchen, der dichteren Behaarung in den Nervaturachseln, den behaarten, aus dem alten Holz kommenden Blütenständen und den relativ großen Blüten zu erkennen und gegenüber anderen Arten abzugrenzen. Die von BUREAU & K. SCHUMANN (1897) anerkannte Unterteilung dieser äußerst variablen Sippe (vgl. Abb. 5, 28 D, E, 33) in 3 Arten kann einstweilen auf Grund des meist recht unvollständig gesammelten Materials nicht aufrechterhalten werden. Vorläufige Feldbeobachtungen lassen aber vermuten, daß diese hier als *J. puberula*-Aggregat zusammengefaßte Verwandtschaftsgruppe sich zumindest in eine Küsten- bzw. Inlandsform auftrennen läßt. Um auch die taxonomische Rangstufe der vermutlich unterschiedlichen Sippen zu beurteilen, wären vor allem erwachsene Blätter, vollständige Blütenstände und reife Früchte notwendig.

Die nächst verwandte Art ist *J. montana*, die sich durch die Kahlheit der Blätter und Blütenstände, die viel kleineren trunkaten Blüten, die kleineren Früchte und die unterschiedlichen ökologischen Ansprüche und die Phänologie unterscheidet. Auch *J. micrantha* und *J. subalpina* gehören zu diesem Verwandtschaftskreis, sind aber leicht von dem *J. puberula*-Aggregat zu unterscheiden (vgl. S. 76, 84).

22. *J. montana* MORAWETZ, Pl. Syst. Evol. 132: 333 (1979).
   Typus: Brazil, State of Rio de Janeiro, Município de Angra dos Reis, on the way from Parati to Cunha, 970 m, 18. II. 1975, MORAWETZ 51-18275 (holotypus: RB, isotypi: BOTU, K, M, MO, WU).
— *J. corcovadensis* GLAZ. Bull. Soc. Bot. France 68: 529 (1911), nomen nudum.
   Abb. 2 C, 7 C, 10 C, 13 F, 34.

Hoher Baum bis zu 20 m; junge Triebe kreisrund mit länglichen Lentizellen und spärlich verteilten Drüsenhaaren bedeckt. Achselknospen 2, sehr klein und bisweilen einfach oder drüsig behaart.

Blätter doppelt gefiedert, (16—) 25—40 (—45) cm lang, mit 4—5 Fiederpaaren, jede mit 1—7 Blättchenpaaren; Blatt- und Fiederrachis meist kreisrund und nur von vereinzelten Drüsenköpfchen bedeckt. Blättchen unregelmäßig gesägt bzw. gekerbt, die lateralen asymmetrisch elliptisch bis rhomboid, (1,9—) 3—5 (—6) × (0,2—) 1,2—1,8 (—2,2) cm, die terminalen Blättchen größer und häufig gestielt, obovat bis obtrullat, basal schmal keilförmig, apikal lang auslaufend zugespitzt und häufig gebogen, (2,6—) 4,5—7,5 (—8,5) × (1,2—) 1,4—2,4 (—2,8) cm, Oberfläche eben, kahl; Ober- und Unterseite verschiedenfärbig; Blätter von Jugendexemplaren oft größer und mit mehr Fiedern.

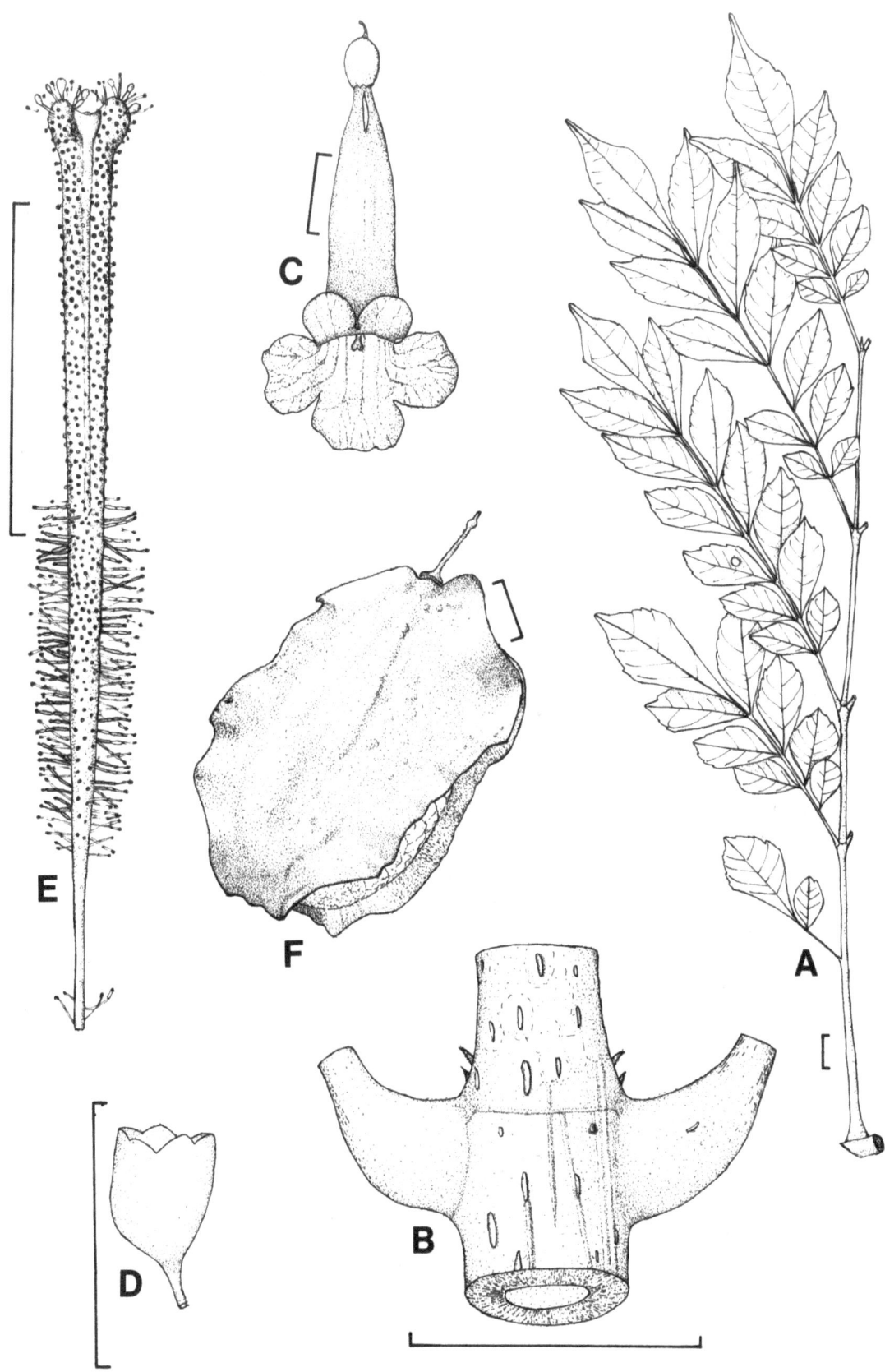

Abb. 34. *J. montana* (Typusexemplar). A: Mittleres Blatt, Teilansicht, Endfieder abgeworfen; B: Nodus eines jungen Triebes mit Blattpolstern und Achselknospen; C: Blüte, Gesamtansicht; D: Kelch; E: Staminodium; F: Sich öffnende Kapsel. Länge der Meßstriche jeweils 1 cm.

Blütenstand ein endständiger pyramidaler Thyrsus, bis zu 25 cm lang, Achsen bis auf einzelne Drüsenköpfchen kahl; Brakteen doppelt gefiedert bzw. klein lanzettlich abfallend. Kelch röhren- bis krugförmig, unregelmäßig 5fach gezähnt, 5—6 mm lang, kahl. Blütenröhre hell- bis dunkelviolett (15/D 6—15/E 6), schmal glockig hängend mit 2 oberen kleineren und 3 unteren größeren Kronlappen, trunkat, außen bis auf einen basalen Ring dicht mit einfachen Haaren bedeckt, innen bis auf die Kronlappen und Stameninserationen kahl, (3,8—) 4,5—5,2 cm lang. Staminodium schmal keulenförmig. Früchte dünn aber sehr stabil holzig, hell- bis dunkelbraun, breit elliptisch, basal abgerundet bis kurz keilförmig mit undeutlicher Ringbildung, apikal obtus; Rand deutlich undulat, bisweilen die ganze Frucht verworfen, Oberfläche glatt, 4,5—6 × 3,3—4 cm, L:B = 1,4—1,6. Samen häutig geflügelt, elliptisch, ca. 20 × 12 mm groß.

Blühzeit: II; VII; VIII (Abb. 15 A, vgl. S. 36).

Standort: Montane Regenwälder (Abb. 46, 47, vgl. S. 110—113).

Verbreitung: Brasilien — São Paulo, Rio de Janeiro.

Brasilien: São Paulo: Alto da Serra, SCHWEBEL 405 (SP); Município de Eldorado, 270 m, MORAWETZ 31-10275 (MO, RB, WU); Mun. de Ubatuba, Serra do Mar, along the road from Ubatuba to Taubaté, 850—900 m, MORAWETZ 11-8875, 21-11875, 12-9875, 211-15875, 12-26875 (MO, RB, WU). Rio de Janeiro: Guanabara Tijuca, LANNA SOBRINHO 1601 (RB); Corcovado, CONSTANTINO & OCCHIONI 2378 (RB, WU).

Diese Art zeichnet sich vor allem durch den hohen Wuchs, die weitgehende Kahlheit der Blätter und Blütenstandsachsen und die kleinen Blüten und Früchte aus. Durch diese Merkmale und die unterschiedlichen ökologischen Ansprüche unterscheidet sie sich auch von der nächst verwandten *J. puberula* agg.

23. *J. subalpina* MORAWETZ, Pl. Syst. Evol. 132: 336 (1979).

Typus: Brazil, State of Rio de Janeiro, Serra da Mantiqueira, on the way from Eng. Passos to Pouso Alto, 1800 m, 10. I. 1975, GOTTSBERGER & MORAWETZ 18-10175 (holotypus RB, isotypi K, MO, WU).

Abb. 1 B, D, 3 C, 35.

Baum 5—12 m hoch, junge Triebe abgeflacht und dicht behaart, mit vielen Lentizellen. Achselknospen 1—2, bis zu 8 mm auswachsend.

Blätter doppelt, nahe beim Blütenstand bisweilen einfach gefiedert, (25—) 30—35 (—45) cm lang, bei Jugendformen größer, mit 5—11 Fiederpaaren; Blattrachis rund, Fiederrachis schmal geflügelt, beide sehr kurz dicht behaart. Blättchen (4—) 8—11 (—13) Paare pro Fieder, sitzend, elliptisch bis oblong, basal keilig bis breit keilig abgerundet, apikal obtus bis spitz, ganzrandig bis wenig gesägt bis gekerbt, (0,8—) 1,5—3 (—4) × (0,4—) 0,7—1,5 (—1,8) cm. Oberfläche eben mit eingesenkter Nervatur, oberseits entlang des Hauptnervs drüsig, sonst vereinzelt behaart, unterseits dicht drüsenartig punktiert und entlang des Hauptnervs behaart.

Blütenstand ein endständiger wenigblütiger Thyrsus, 10—20 cm lang, die Achsen bis zu den Kelchen mit einfachen Haaren filzig-samtig bedeckt. Brakteen doppelt gefiedert bzw. klein lanzettlich abfallend. Kelch breit krug-trichterförmig, 6—11 mm lang und ebenso breit, fleischig dick, Saum 5fach unregelmäßig gezähnt bis gelappt. Blütenröhre violett, innen weiß, breit röhren-glockenförmig hängend, mit 5 großen abstehenden Kronlappen, außen dicht einfach und drüsig behaart, innen bis auf die Kronlappen und die Stameninserationen kahl, (4,5—) 5—6 (—6,5) cm lang und an der Öffnung 3—5 cm breit. Staminodium schmal keulenförmig, apikal ungeteilt. Früchte elliptisch, basal und apikal abgerundet, Oberfläche braun bis schwarz, warzig, beim Stiel schwache Ringbildung, dünn holzig, 4,5—6,5 × 2,6—4 cm, L:B = 1,5—2 (—2,6).

Blühzeit: I; II; XI.

Standort: Bergregenwälder, 1600—1800 m (Abb. 52, 53, vgl. S. 119).

Verbreitung: Brasilien — São Paulo, Rio de Janeiro (Serra da Mantiqueira).

Brasilien: Rio de Janeiro: locus classicus, MORAWETZ 22-, 31-, 32-, 33-19275 (K, MO, WU); — GOTTSBERGER & MORAWETZ 19-14878 (K, MO, WU), 115-14878

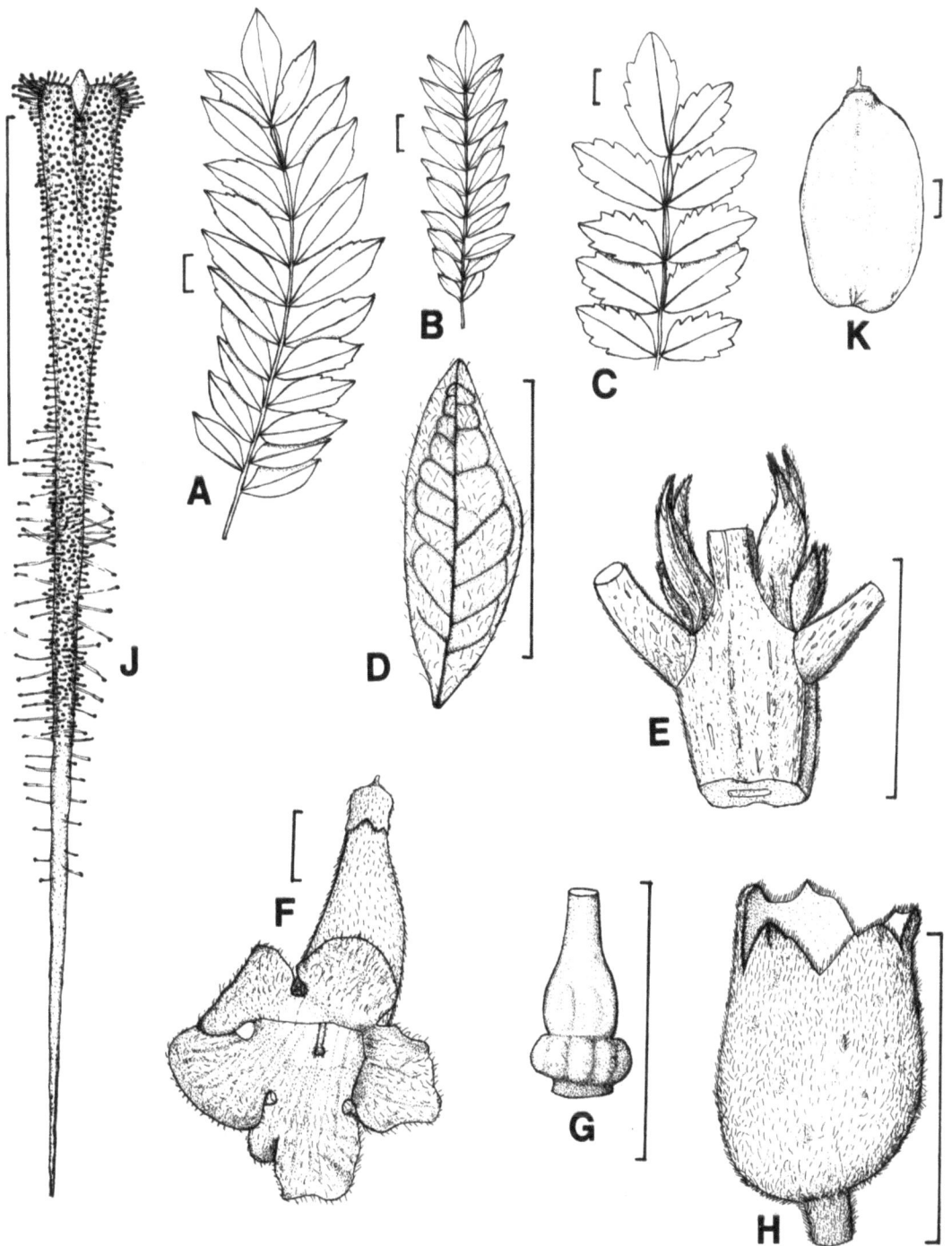

Abb. 35. *J. subalpina* (GOTTSBERGER & MORAWETZ 18-10175; MORAWETZ 32-19275; beide Belege vom gleichen Individuum). A—C: Mittlere Blattfiedern. A: Großes Blatt; B: Kleineres Blatt; C: Blatt von 1,5 m hohem Jugendexemplar. D: Blättchen von B mit sekundärer Nervatur und Behaarung; E: Nodus eines jungen Triebes mit Blattpolstern und Achselknospen; F: Blüte, Gesamtansicht; G: Diskus und Gynoeceum; H: Kelch; J: Staminodium; K: Kapsel. Länge der Meßstriche jeweils 1 cm.

(BOTU, G, K, M, MO, RB, WU). São Paulo: Campos do Jordão, HASHIMOTO 283 (SP); — KUHLMANN 2259 (SP); Serra da Bocaina, 1600 m, MGF. & APP. 10268 (RB, WU).

J. subalpina unterscheidet sich von der verwandten *J. puberula* agg. hauptsächlich durch die langen Achselknospen, die zahlreicheren Fiedern und Blättchen, die breiteren Blüten und kleineren Früchte; auch der Lebensraum der beiden Taxa ist deutlich verschieden (vgl. S. 137).

Eine weitere verwandte Art dürfte *J. pulcherrima* sein. Gemeinsam sind den beiden Arten die auswachsenden Achselknospen, der ähnliche Blattschnitt, die an der Öffnung sehr breiten hellvioletten Blüten und die in Form und Größe identischen Kapseln. Unterschiede zeigen sich in der kleineren Wuchsform von *J. pulcherrima*, den meist kleineren dichter behaarten Rollblättchen und den ökologischen Ansprüchen (vgl. S. 138).

Ein Beleg (ohne Blüten), der Merkmale der beiden letztgenannten Taxa aufweist, ist folgender: São Paulo, Posses, Reserva Florestal da Bocaina, 1300 m, SUCRE et al. 2964 (RB). Die bekannten Fundpunkte von *J. subalpina* und *J. pulcherrima* lassen ein sympatrisches Vorkommen in diesem Landstrich vermuten; eine Hybridisierung in dieser Kontaktzone wäre möglich.

24. *J. pulcherrima* MORAWETZ, Pl. Syst. Evol. 132: 337 (1979).
Typus: Brazil, State of São Paulo, Mun. de Cunha, on the way from Cunha to Paratí, km 66, 700 m, 1. XI. 1975, MORAWETZ 1-1175 (holotypus RB, isotypi BOTU, K, M, MO, WU).
Abb. 36 A.

Bäumchen oder Baum bis zu 4 m hoch, mit einem weit ausgebreiteten Wurzelsystem, aus dem häufig nur 30 cm hohe, bereits blühende Tochterpflanzen entstehen. Junge Triebe rund oder abgeflacht und dicht graubraun behaart. Achselknospen 1—3 (—6), bisweilen bis zu 6 mm auswachsend.

Blätter doppelt gefiedert, 20—45 cm lang; die Fiedern 5—11 cm. Blattrachis rinnenförmig, dicht samtig-filzig behaart. Blättchen in 3—13 Paaren/Fieder, sitzend, elliptisch bis oblong, basal keilförmig bis abgerundet, apikal obtus, ganzrandig oder schwach gezähnt, (7—) 10—20 (—22) × 5—8 mm. Oberseite eben mit deutlich eingesenkter Nervatur und locker behaart, Rand eingerollt, Unterseite dicht filzig grau behaart, bisweilen verkahlend.

Blütenstand ein endständiger Thyrsus, 20—30 cm lang, die Achsen bis zu den Kelchen dicht behaart, Brakteen doppelt gefiedert bzw. klein lanzettlich. Kelch röhren- bis krugförmig oder trichterig, dunkel purpurn, 8—10 mm lang, Saum unregelmäßig stumpf gezähnt bis gelappt. Blütenröhre außen violett (15/E 7—15/C 5), innen an der Oberseite weiß, auf der Unterseite violett-weiß längsgestreift, breit trichterig glockig hängend, mit 5 großen Kronlappen, einfach und drüsig behaart, (4,5—) 5—6 (—7) cm lang, an der Öffnung 3—4 cm breit. Staminodium bis zu 4,5 cm lang, apikal breit und deutlich zweigeteilt. Früchte elliptisch bis breit oblong, dünnholzig, rötlich bis schwarzbraun; Rand eben, Oberfläche eben oder mit 2 Längswülsten, basal mit Ringbildung, 4,2—6,5 × 2,8—3,5 cm, L:B = 1,5—1,8.

Blühzeit: IV; XI; XII.

Standort: Offene, meist trockenere Vegetationstypen in Gebirgen.

Verbreitung: Brasilien — Rio de Janeiro, São Paulo, Minas Gerais (Abb. 38).

Brasilien: SELLOW 220 (NY); SELLOW s. n. (HBG). São Paulo: Bocas de Bocaino, 1876, CLAUSSEN s. n. (HBG). Minas Gerais: 1841, CLAUSSEN 19 (NY); CLAUSSEN s. n. (F); Serra da Caraça, Jan., CLAUSSEN s. n. (G); Município de Santa

Barbara, BARRETO 2025 (F). Rio de Janeiro: Nova Friburgo, CURRAN 628 (F, NY).

Diese Art ist durch ihre Wuchsform, die kleinen behaarten weichen Rollblättchen

Abb. 36. A: *J. pulcherrima,* blühendes, etwa 4 m hohes Bäumchen, locus classicus, Teilansicht; B: *J. oxyphylla* in einem Campo sujo in der Serra de Botucatu, teilweise ausgegrabenes Xylopodium etwa 80 cm lang; C: *J. rufa,* z. T. geöffnete Kapseln einer Population am Fuße der Serra de Botucatu; D: *J. puberula* agg., geöffnete leere Kapseln aus dem vorigen Jahr an einem blühenden Bäumchen in der Serra do Mar bei Ubatuba, 200 m.

und die großen Blüten leicht zu erkennen und auch von der im Herbar manchmal ähnlichen *J. ulei* abzugrenzen.

Wesentliche Merkmale dieses Taxons, wie z. B. der Blattschnitt, die Achselknospen, die Blütenausbildung und die Form der Kapseln, sind bei *J. subalpina* in einer ähnlichen Ausbildung zu finden; daher ist es wahrscheinlich, daß *J. pulcherrima* dieser und auch dem *J. puberula*-Aggregat nahesteht.

B. Sectio *Monolobos*

25. *J. copaia* (AUBL.) D. DON, Edinburg Phil. Jour. 9: 267 (1823); DC. Prodr. 9: 229 (1845); BUR. & K. SCHUM. in MARTIUS Flora bras. 8, pars 2: 386 (1897); GENTRY in WOODSON et al. Flora of Panama, Ann. Missouri Bot. Gard. 60: 862 (1973).
= *Bignonia copaia* AUBL. Hist. Pl. Guianae Fr. 2: 650, tab. 262, fig. 1, tab. 265 (1775). = *J. procera* (WILLD.) R. BR. Bot. Mag. tab. 2327 (1822). = *Bignonia procera* WILLD. Spec. Pl. 3: 307 (1801). Fide GENTRY (1973).
Typus: Französisch-Guayana; AUBLET s. n. (P-AD).
Abb. 2 A.
Hoher Regenwaldbaum, 20–30 m. Blätter doppelt gefiedert mit 5–20 Fiederpaaren, rinnenförmige Blatt- und Fiederrachis, 15–170 cm lang. Blättchen asymmetrisch elliptisch bis obovat, ganzrandig, bis auf den Mittelnerv unbehaart; ca. 1,5–8 × 0,8–2,5 cm groß. Blütenstand ein endständiger, weitgehend kahler zusammengesetzter Thyrsus mit kandelaberartig aufsteigenden Nebenachsen. Kelch becherförmig, Kronröhre hell- bis dunkelblau, außen dicht behaart, Früchte oblong bis elliptisch, bis zu 13 cm lang und 10 cm breit, Rand eben.

25 a. *J. copaia* (AUBL.) D. DON subsp. *copaia*, (Synonyme wie vorher).
Blättchen deutlich gestielt, elliptisch bis oblong-elliptisch, apikal obtus, ledrig pergamentartig, Früchte dickholzig, 7–10 cm breit.
Blühzeit: I; VI; VIII; IX; XI; XII.
Standort: Tiefliegende feuchte bis sumpfige Regenwälder, oft flußbegleitend.
Verbreitung: Brasilien – N-Amazonas, Amapá, Pará. Britisch- und Französisch-Guayana. Surinam. Venezuela – Amacuro (vgl. GENTRY 1977).
Brasilien: Amazonas: Rio Jarí, Monte Dourado, SILVA 1007, 1027 (NY). Amapá: Rio Oiapoque, between 1st and 2nd cachoeiras on Rio Iaue (NY, RB, UB); Rio Araguarí, Porto Platón (NY). Pará: Rodovia Belém–Brasília km 92, EGLER 1169 (SP); –, KUHLMANN & JIMBO 74 (UB).
Britisch-Guayana: Assakatta, DE LA CRUZ 4341 (NY); Pomeron DE LA CRUZ 1236 (NY); Rupununi River, near Dadanawa, DE LA CRUZ 1551 (NY).
Französisch-Guayana: Crique Margot, FOREST SERVICE 7557 (NY).
Surinam: Brownsberg, BUREAU v. h. BOSCHWEZEN 1400 (U), –, – 4527 (U); Land's Bosbeheer, LEMS 5098 (U).
Venezuela: Delta Amacuro: Este do Rio Grande, Este-Noreste de El Palmar, BERTI 113 (NY, U), – 309 (F), – 513, 586 (NY). Bolivar: Ptari-tepuí, along River Karuai, STEYERMARK 60613 (F).

25 b. *J. copaia* subsp. *spectabilis* (MART. ex DC.) A. GENTRY, Rhodora 79: 441 (1977).
= *J. spectabilis* MART. ex DC. Prodr. 9: 229 (1845), = *J. copaia* var. *spectabilis* (MART. ex DC.) BUR. ex BUR. & K. SCHUM. in MARTIUS Flora bras. 8, pars 2: 387 (1897).
Typus: In silvis Japurensibus Brasiliae crescit, 1897, MARTIUS s. n. (M).

= *J. superba* PITTIER, Bol. Soc. Venez. Ci. Nat. 6: 19 (1940). Typus: Venezuela, Bolivar, WILLIAMS 11537 (F, US).

= *J. amazonensis* VATTIMO, Rodriguésia 44: 231 (1978). Typus: Amazonas, PRANCE et al. s. n. (MG).

Blättchen sehr kurz gestielt oder sitzend, rhomboid bis elliptisch, apikal zugespitzt, dünn papierartig; Früchte dünnholzig, 3,3–6 cm breit.

Blühzeit: I; II; III; IV; V; VI; VII; VIII; IX; X; XI; XII.

Standort: Tropischer Tiefland- bis Bergregenwald auf gut durchlüfteten Böden; häufig an gestörten und offenen Stellen aufkommend; bisweilen auch in Trockenwäldern und Savannen (vgl. S. 121).

Verbreitung: Bolivien – La Paz. Brasilien – Mato Grosso, Goiás, Acre, Amazonas, Roraima, Rondônia, Pará, Maranhão. Peru – San Martin, Amazonas, Loreto. Ecuador – Esmeraldas, Napo. Kolumbien – Boyacá, Putumayo, Meta, Bolívar, Santandér, Chocó, Amazonas. Venezuela – Amazonas, Bolívar, Mongas, Amacuro. Panama. Costa Rica. Nicaragua. Honduras. Guatemala. Mexiko – Yucatan (vgl. GENTRY 1977).

Bolivien: La Paz: Larecaja, Tuiri, KRUKOFF 10879 (U), –, SEIBERT 10879 (NY).

Brasilien: Mato Grosso: Upper Machado River region, near Tabajaya, KRUKOFF 1390 (NY); Pacca Nova, affl. do Mamoré, KUHLMANN 512 (RB); Xavantina, Serra do Roncador, ARGENT in RICHARDS 6770 (NY). Acre: Near mouth of Rio Macauhan, KRUKOFF 5313 (F, NY). Amazonas: Basin of Rio Negro, Rio Uaupes, FROES 12471/214 (F, NY); Manaus, MORAWETZ 11-, 21-, 22-10475 (WU); Democracia, Madeira, KUHLMANN 259 (RB); Humaitá, GOTTSBERGER & MORAWETZ 21, 22-14475 (WU). Roraima: Canto Galo, Rio Mucajaí, between Pratinha and Rio Apiaú, PRANCE et al. 3971 (NY). Rondônia: 0–3 km W of Rio Madeira along road Abuna to Rio Branco, PRANCE et al. 5939 (NY). Pará: Vicinity of Cachoeira, road BR-22 km 96, Capanema to Maranhão (NY).

Ecuador: Napo: Sabata near Archidona, MEXIA 7295 (F). Esmeraldas: Panadero, 7 km E of San Lorenzo, LITTLE 21143 (NY).

Peru: Loreto: Calleria, BOUCHON 16 (F, NY), near Iquitos, KLUG 114 (F, NY). San Martin: near Moyobama, KLUG 3732 (F). Huánco: SCHUNKE 2135 (NY); Pachitea, Honoria, JENSSEN 14 (F).

Kolumbien: Boyacá: El Umbo, NW of Bogotá, LAWRENCE 434 (F, NY). Valle: El Placer, Rio Anchicaya, 350 m, CUATRESCAS 15264 (F). Amazonas: Rio Apaporis, Soratama, 250 m, GARCIA–BARRIGA 14083 (NY).

Venezuela: Bolívar: Sierra Ichún, 500–625 m, STEYERMARK 90405 (F). Mongas: La Hormiga Area, E of Maturin, WURDACK 39464 (NY).

Panama: ALLEN 4467 (F, NY); SHATTUCK 781 (F); COOPER 631 (F, NY); Barro Colorado Island, WETMORE et al. 104 (F).

Costa Rica: WESTON W-1 (F).

Nicaragua: Dept. Zelaya, MOLINA 2295 (F); Region of Braggman's Bluff, ENGLESING 54 (F).

Britisch-Honduras: Rio Grande, SCHIPP 1133 (NY).

Guatemala: Dept. Isabal, STEYERMARK 38838 (F).

J. copaia ist eine der häufigsten baumförmigen Arten des nördlichen Südamerika und ist an ihren meist großen kahlen Blättern und Blättchen, den charakteristischen Blütenständen und den großen Früchten leicht zu erkennen. Die Aufteilung in Unterarten entspricht einer natürlichen, durch die Morphologie, Ökologie und die Verbreitung begründeten Gliederung. Nahe verwandte Arten sind unbekannt, *J. copaia* stellt möglicherweise eine Übergangsform zwischen den beiden Sektionen dar (Merkmale der Sect. *Monolobos:* monothecische Stamina, hellblaue Blütenfarbe, Sect. *Dilobos:*

Blütenröhre basal verlaufend, Kelch seicht gezähnt, Blattbehaarung einzellig, Früchte braun bis schwarz, vgl. Tab. 7).

26. *J. obtusifolia* HUMB. & BONPL. Pl. Aequin. 1: 62, t 18 (1805); DC. Prodr. 9: 228 (1845); BUR. & K. SCHUM. in MARTIUS Flora bras. 8, pars 2: 387 (1897); SANDWITH, Lilloa 3: 464 (1938).
Typus: Venezuela, Carichana, BONPLAND 824 (P).

= *J. lasiogyne* BUR. & K. SCHUM. in MARTIUS Flora bras. 8, pars 2: 385 (1897).
Typus: Kolumbien, Llano de San Martin, KARSTEN s. n. (lectotypus W!; isotypus F!, fragmentum).

Baum bis zu 10 m, B l ä t t e r doppelt gefiedert mit bis zu 16 Fiederpaaren, Fiederrachis deutlich abgesetzt geflügelt, B l ä t t c h e n asymmetrisch rhomboid, max. 1,2 cm lang, die Endblättchen bisweilen größer, unterseits gänzlich oder nur an der Basis behaart bzw. kahl. B l ü t e n s t a n d aus dem alten Holz kommend, K e l c h breit trichterförmig, 5fach seicht gezähnt, O v a r kahl oder behaart, F r ü c h t e schmal elliptisch bis oblong, eben bis undulat, 5–7,5 × 2–3,6 cm groß.

26 a. *J. obtusifolia* HUMB. & BONPL. subsp. *obtusifolia* (Synonyme wie vorher).

Unterscheidet sich von der subsp. *rhombifolia* durch das behaarte O v a r, die kleineren F r ü c h t e [3,5–6 (–7) × 2–3 cm] und das unterschiedliche A r e a l (Abb. 42).
B l ü h z e i t : II; IV; VII; VIII; IX; XI.
S t a n d o r t : Regenwälder der „Terra firme", entlang Flüssen, Bergwälder.
V e r b r e i t u n g : Brasilien – Rondônia, Acre, Amazonas. Bolivien – Pando. Peru – Loreto. Kolumbien – Meta, Vichada, Boyacá, Cundinamarca. Venezuela – Amazonas, Bolivar, Guarico, Anzoategui, Barinas, Merida, Trujillo, Lara (Abb. 42).
Brasilien: A c r e : Basin of Rio Purus, near mouth of Rio Macauhan, KRUKOFF 5341 (U).
Bolivien: P a n d o : W-bank of Rio Madeiro, 6 km above Abuna, PRANCE et al. 5866 (NY).
Peru: L o r e t o : Rio Napo at Negro Ulco, CROAT 20334 (NY).
Kolumbien: M e t a : Llano Grande entre Rio Ariari y Meta, CUATRESCAS 7887 (F).
Venezuela: A m a z o n a s : Cano Guaviarito, Rio Manapiare, Rio Ventuari, MAGUIRE et al. 31622 (NY).

26 b. *J. obtusifolia* HUMB. & BONPL. subsp. *rhombifolia* (G. F. W. MEYER) A. GENTRY in MAGUIRE et al., Mem. N. Y. Bot. Gard. 29: 257 (1978). = *J. rhombifolia* G. F. W. MEYER, Fl. Essequ. 213 (1818). = *J. obtusifolia* var. *rhombifolia* (G. F. W. MEYER) SANDWITH, Kew Bull. 1953: 458 (1954).
Typus: non vidi.

= *J. filicifolia* D. DON, Edinb. Phil. Jour. 9: 266 (1823). = *Bignonia filicifolia* ANDERS., Trans. Soc. Arts 25: 200 (1807), nom. nud. Typus: Surinam, ANDERSON s. n. (fide GENTRY ibid.).

= *J. filicifolia* var. *puberula* K. SCHUM. ex BUR. & K. SCHUM. in MARTIUS Flora bras. 8, pars 2: 390 (1897). Typus: Surinam, KAPPLER 1359 (non vidi).

Diese Unterart unterscheidet sich von der subsp. *obtusifolia* durch ihr kahles O v a r, die größeren F r ü c h t e [5,5–6,5 × (2,7–) 3–3,6 cm] und das unterschiedliche A r e a l (Abb. 42).
B l ü h z e i t : I; II; III; IV; VII; IX; X; XI; XII.
S t a n d o r t : Auf Sandbänken entlang der Flüsse, Savannen (Trockenwälder?).

Verbreitung: Brasilien — Amazonas (NO), Pará (NW), Roraima. Niederländisch-Guayana (Surinam). Britisch-Guayana. Venezuela — Amazonas, Bolivar, Delta Amacuro, Mongas, Anzoategui (Abb. 42).

Brasilien: Pará: Rio Mapuera, Affl. Trombetas, DUCKE 9026, 9040 (RB). Roraima: Serra da Lua, PRANCE et al. 9237 (NY, RB).

Niederländisch-Guayana: Sipaliwini Savanna, OLDENBURGER et al. ON 259 (NY); 20 km W of Paramaribo, LINDEMANN 903 (U); Lucie River, IRWIN et al. 55397 (U); Saramacca, Kwakoergron, STAHEL 282 (NY).

Britisch-Guayana: Barama River Drainage, Pipiani Ridge, COWAN 39388 (RB); Basin of Rio Essequibo River, SMITH 2119 (NY, U); NW-District, Waini River, DE LA CRUZ 1246 (F, NY).

Venezuela: Bolivar: Great Rapids of the Orinoco, MAGUIRE 37710 (NY); Alto Caroní, CARDONA 2577 (NY); La Paragua, WILLIAMS 12507 (F). Delta Amacuro: San José, BERTI 537 (F, NY). Mongas: Caicara, SMITH 235 (NY).

J. obtusifolia zeigt eine sehr große Variationsbreite (z. B. Form, Größe, Behaarung und Konsistenz der Blättchen), die frühere Autoren (z. B. BUREAU & K. SCHUMANN 1897) veranlaßte, diese in mehrere Arten aufzuteilen. Noch DUGAND (1954, Briefwechsel mit SANDWITH in K) sah in der Blütenstandsgröße ein wesentliches Differentialmerkmal, um diese Sippe in 2 Arten zu gliedern. Die große Menge des heute vorhandenen Herbarmaterials läßt jedoch die Meinung von SANDWITH (1955, weitere Lit. dort) richtiger erscheinen, der diese Verwandtschaftsgruppe als eine einzige variable Art einstuft. Die Unterarten (GENTRY 1978 c) beruhen auf einer natürlichen, durch morphologische und geographische Unterscheidungsmerkmale untermauerten Gliederung; GENTRY (1978 c) vermutet auch, daß sich in Zukunft eine weitere Unterart (Kolumbien) herausstellen läßt.

Nächstverwandt ist *J. caucana*, die sich jedoch durch den gelappten (nicht gezähnten) Kelchsaum, die drüsig behaarte Kronröhre (nicht spärlich behaart oder verkahlend, bisweilen mit Drüsenköpfchen) und die viel größeren, breit elliptischen (nicht oblongen) Kapseln unterscheidet. In die weitere Verwandtschaft gehören auch *J. hesperia*, die wesentlich größere Blättchen und Früchte hat, sowie möglicherweise die Arten der Antillen.

27. *J. caucana* PITTIER, Contr. U. S. Nat. Herb. 18: 258 (1917); SANDWITH, Kew Bull. 1953: 457 (1954); DUGAND, Mutisia 23: 8 (1954); GENTRY in WOODSON et al. Flora of Panama Ann. Missouri Bot. Gard. 60: 858 (1973).
    Typus: Colombia, Cauca; PITTIER 925 (US).
= *J. trianae* KRÄNZL., in FEDDE Repert. 17: 226 (1921). Typus: Colombia, Cundinamarca; TRIANA s. n. (G).
— *J. filicifolia* D. DON sec. SEEM., Bot. Voy. Herald 181 (1854) non DON (non vidi).
— *J. gualanday* CORTES, Fl. Col. 99 (1897), nom. nud. (non vidi).

Großer Baum (—25 m); Blätter doppelt gefiedert mit 8—11 Fiederpaaren in einem Abstand von 2—3,7 cm; Blättchen asymmetrisch, etwa in der Form eines Parallelogramms, 7—30 × 3—10 mm groß, Endblättchen größer; Blütenstand aus dem alten Holz kommend; Kelch tief bis flach gelappt-gezähnt; Blütenröhre außen drüsig behaart; Ovar behaart; Früchte oblong bis breit elliptisch, 4,6—8,5 × 3,8—6,3 cm, Rand deutlich undulat.

27 a. *J. caucana* PITTIER subsp. *caucana* (Synonyme siehe oben).

Diese Unterart zeichnet sich durch ihre kleineren Blättchen (7—11 × 3—3,5 mm), den deutlich gelappten Kelchsaum und den relativ kurzen Abstand der Fiedern

(2—2,4 cm) aus. Sie kommt hauptsächlich in den Flußtälern des Rio Cauca und Rio Magdalena (Kolumbien) vor.

27 b. *J. caucana* PITTIER subsp. *sandwithiana* A. GENTRY in WOODSON et al. Flora of Panama, Ann. Missouri Bot. Gard. 60: 858 (1973).

Typus: Panama, Canal Zone, cultivated at Summit Gardens; GENTRY 744 (MO).

Diese Sippe hat im Vergleich mit der subsp. *caucana* größere Blättchen (bis zu 30 × 10 mm groß, Endblättchen bis 3,5 × 1,8 cm), der Kelchsaum ist ± ungeteilt bis flach gelappt, und der Abstand der Fiedern ist häufig größer als 2,4 cm. Sie ist in Panama und Costa Rica zu Hause.

27 c. *J. caucana* subsp. *glabrata* A. GENTRY in LASSER Flora de Venezuela (in Druck), non vidi.

In Kolumbien kommen neben *J. caucana* auch die nächst verwandten Arten *J. hesperia* und *J. obtusifolia* vor. *J. hesperia* unterscheidet sich hauptsächlich von dieser durch die größeren Blättchen, die weiter auseinanderstehenden Fiedern und die viel größeren Früchte. Außerdem kommt *J. caucana* in den innerandinen Flußtälern vor, während *J. hesperia* die humiden Tiefländer der kolumbianischen Pazifikküste besiedelt. Eine morphologisch intermediäre Stellung zwischen den beiden Arten nimmt *J. caucana* subsp. *sandwithiana* ein: Ihre Früchte und die Kronröhre gleichen der typischen Ausbildung von *J. caucana*, ihre Blätter ähneln denen von *J. hesperia*.

28. *J. hesperia* DUGAND, Mutisia 23: 1 (1954).

Typus: Colombia, Dep. Valle, Costa del Pazifico, Rio Cajambre, 5—80 m; 5.—15. V. 1944, CUATRESCAS 17661 (COL).

Baum, 20—25 m hoch; Blätter doppelt gefiedert mit 7—11 (—13) Fiederpaaren im Abstand von 2,5—3,7 cm; Blättchen asymmetrisch oblong bis schmal parallelogrammförmig, 1,5—3,7 (—4,5) × 0,5—0,8 cm groß, Kelchsaum 5fach gezähnt; Blütenröhre basal spärlich mit kurzen Drüsenhaaren bedeckt bzw. kahl; Ovar behaart, Kapseln (11—) 12—15,5 (—19,5) cm groß.

Diese Art der tropischen Tieflandregenwälder gehört in den Verwandtschaftskreis *J. caucana*, *J. obtusifolia* und *J. orinocensis*. Sie besiedelt im wesentlichen die pazifische Küste Kolumbiens, dringt aber noch über die Landenge bis zum Golf von Urabá vor. Eine eingehende Analyse der verwandtschaftlichen und geographischen Stellung dieser und der ihr nahestehenden Taxa liegt bei DUGAND (1954) vor.

29. *J. orinocensis* SANDW., Mem. N. Y. Bot. Gard. 1: 139 (1958).

Typus: Venezuela, Est. Bolívar, Rio Pargueni, Rio Orinoco, 1—10 km above mouth, frequent at river edges, 90 m; 10. XII. 1955, WURDACK & MONACHINO 39769 (holotypus NY, isotypus K!).

Kleiner Baum (3 m), Blätter doppelt gefiedert mit 3—9 Fiederpaaren; Blättchen in 3—6 Paaren/Fieder, asymmetrisch rhomboid, 0,5—3,5 × 0,3—1,6 cm groß, unterseits am Blättchengrund behaart; Blütenstand terminal aus den neuen Trieben kommend; Kelchzähne rhomboid oblong; Kronröhre drüsig behaart; Ovar kahl.

Diese Art ist nur von 2 Aufsammlungen (SANDWITH ibid.) bekannt. Nächste Verwandte sind die u. a. in Kolumbien und Panama beheimateten *J. hesperia* und *J. caucana*, die sich beide durch mehr Blättchen/Fieder, aus dem alten Holz kommende Blütenstände und ein behaartes Ovar unterscheiden.

Die ± sympatrische *J. obtusifolia* sticht durch die zahlreicheren Fiedern und Blättchen, die stammbürtigen Blütenstände, die kurz deltoiden Kelchzähne und die weitgehend kahle Blütenröhre ab.

30. *J. sparrei* A. GENTRY, Ann. Missouri Bot. Gard. 64: 138 (1977).
   Typus: Ecuador, Loja: Between Panamerican Highway and Zumbi on road to Machala, km 69, dry quebrada vegetation, 2100 m; 23. IX. 1967, SPARRE 18862 (holotypus MO).

Blätter doppelt gefiedert mit 6 Fiederpaaren, Blättchen sitzend, asymmetrisch oblong, 1–2 cm lang und unterseits zumindest entlang des Hauptnervs mit langen Haaren versehen, Blütenröhre sehr klein gelappt, Staminodium weit herausstehend, Ovar behaart.

Diese Art nimmt eine morphologisch und geographisch intermediäre Stellung zwischen *J. acutifolia-J. mimosifolia* und dem *J. caucana*-Komplex ein (GENTRY ibid.).

31. *J. mimosifolia* D. DON, Bot. Reg. 8: 631 (Jun. 1822), DC. Prodr. 9: 229 (1845); GENTRY in WOODSON et al. Flora of Panama Ann. Missouri Bot. Gard. 60: 863 (1973); SANDWITH & HUNT in REITZ Flora ilustr. Catarinense (Bign.): 59 (1974).
   Lectotypus: Tabula 631 in Bot. Reg. 8 (1822), specimen normale („standard specimen"): Brazil, State of São Paulo, city of Botucatu, cultivated, MORAWETZ 11-81075 (K, M, MO, RB, WU).
= *J. ovalifolia* R. BR., Bot. Mag. 49: 2327 (Aug. 1822), DC. Prodr. 9: 229 (1845).
   Lectotypus: Tabula 2327 in Bot. Mag. 49 (1822).
= *J. chelonia* GRISEB., Pl. Lorentz. 175 (1874), non Symb. Fl. Argent. 258 (1879).
   Typus: Argentinien, Tucuman, GRISEBACH (K!).
   Abb. 1 F, 3 A, 7 E.

Hoher Baum; Blätter doppelt gefiedert mit 6–15 Fiederpaaren; Blättchen in 6–20 Paaren/Fieder, sitzend, elliptisch bis oblong, unbehaart, 3–12 × 1–4 mm groß, oberseits deutlich eingesenkte und sichtbar reticulate Nervatur. Kelch max. 2,5 mm lang, Kelchzähne max. 1 mm; Blüte hellblau, spärlich behaart. Früchte elliptisch bis kreisrund, Rand eben oder undulat, 4,5–6 cm breit.

Blühzeit: X; XI; XII; bisweilen mit länger dauernder Nachblüte (vgl. S. 36, Abb. 15 B).

Standort: Subtropischer Regenwald in 500–1000 m Höhe (vgl. S. 120).

Verbreitung: Argentinien – Salta, Tucuman, Jujuy, weltweit in tropischen bis subtropischen, z. T. auch mediterranen Gegenden kultiviert (Abb. 37).

Argentinien: KUNTZE s. n. (NY). Salta: Dep. Candelaria, Agua Caliente, 1000 m, VENTURI 5436 (K); Dep. Orán, Rio Piedras, RODRIGUEZ 21541 (K). Tucuman: La Cruz, LORENTZ & HYRONIMUS 1175 (K); Dep. Burrayaco, Cerro del Duraznillo, 800 m, MONETTI 2190 (K); Capital, 450 m, SCHREITER 16450 (NY). Jujuy: Dep. Ledesma, El Sauzal, LILLO 10809 (K); Dep. Capital, EYERDAM & BEETLE 22394 (K).

J. mimosifolia ist durch ihre häufige Verwendung als Ziergehölz die bekannteste Art der Gattung. Durch ihre zahlreichen Fiedern (stets mehr als 6 Paare), die kleinen Blättchen und den mimosenartigen Blattschnitt ist sie leicht zu erkennen und gegen andere Arten abzugrenzen. Nächstverwandt sind die wenig bekannte *J. acutifolia* und *J. sparrei*.

32. *J. acutifolia* HUMB. & BONPL. Pl. Aequin. 1: 59, t. 17 (1808); DC. Prodr. 9: 229 (1845); SANDWITH, Kew. Bull. 1953: 455 (1954).
   Typus: Northern Peru at San Felipe, Rio Huancabamba (P, fide SANDWITH ibid.).

Sehr ähnlich *J. mimosifolia,* jedoch in folgenden Merkmalen unterschiedlich: B l ä t t e r mit 3—6 Fiederpaaren, B l ä t t c h e n gänzlich eben (keine oberseits eingesenkte Nervatur), K e l c h 2,5—3,5 mm, Kelchzähne 0,5—2 mm lang, F r ü c h t e 2,5—4 cm breit.

BUREAU & K. SCHUMANN (1897) sahen zwischen dieser Art und *J. mimosifolia* keine spezifischen Unterschiede. Erst SANDWITH (1953) strich die schon bei D. DON (1822) angeführten Differentialmerkmale heraus, vertiefte diese (siehe oben) und rechtfertigte dadurch den Artenrang der beiden Sippen. Vermutlich sind auch die Areale der beiden Taxa unterschiedlich: *J. mimosifolia* besiedelt hauptsächlich NW-Argentinien, *J. acutifolia* hingegen kommt vermutlich nur in den nördlich anschließenden bolivianischen und peruanischen Anden vor (vgl. Abb. 37).

A n m e r k u n g zu den *Jacaranda*-Arten der Antillen und Bahamas (33—39).

Von den 7 hier angeführten und anerkannten Arten sind *J. caerulea* und *J. arborea* leicht zu erkennen und scheinen gegenüber den anderen Taxa gut abgegrenzt zu sein. Die restlichen 5 Arten weisen untereinander z. T. recht geringe Unterschiede auf, wurden aber beibehalten, da mir derzeit noch entsprechendes Material und Feldbeobachtungen fehlen. Die angegebenen Differentialmerkmale richten sich zum Großteil nach Herbarmaterial, das von den Autoren bestimmt wurde. Die Variationsbreite der kontinentalen *Jacaranda*-Arten und die für *J. cowellii (= J. variifolia)* bereits bekannte große Variation im Blattbereich lassen aber vermuten, daß in Zukunft auch für diese insularen Arten ein neues und wohl breiteres Species-Konzept erstellt werden muß.

Für Hinweise in bezug auf die Morphologie und Ökologie der *Jacaranda*-Arten auf Kuba bin ich Herrn Univ.-Doz. Dr. A. BORHIDI zu Dank verpflichtet.

33. *J. caerulea* (L.) ST. HIL. (fide GENTRY 1973 b). = *Bignonia caerulea* L. Spec. Pl. 2: 625 (1753).
   Typus: non vidi.
= *J. caroliniana* PERS. Enchirid. 2: 174 (1807). Typus: non vidi.
= *J. bahamensis* R. BR., Bot. Mag. 2327 in adnot. (1822); DC. Prodr. 9: 229 (1845). Typus: Bahama (BM).
= *J. sagraeana* DC. Prodr. 9: 229 (1845), Typus: Cuba prope Havanam; DE LA SAGRA (F!, G!).
— *J. coerulea* GRISEB., Fl. Br. W. Ind.: 446 (1864); non ST. HIL.

Baum, 12—20 m hoch; B l ä t t e r doppelt gefiedert mit 4—13 Fiederpaaren. B l ä t t c h e n in bis zu 16 Paaren, asymmetrisch schmal rhomboid bis elliptisch-lanzettlich, beidseitig zugespitzt, ca. 1—2 × 0,5—0,7 cm groß. B l ü t e n s t a n d ein endständiger komplexer, weitgehend kahler Thyrsus. K r o n r ö h r e außen dicht behaart, 3,5—4 cm lang. F r ü c h t e elliptisch bis oblong, ca. 5 × 3 cm groß.
   B l ü h z e i t : IV; VI; VII; VIII.
   S t a n d o r t : Halbimmergrüne Trockenwälder, sommergrüne küstennahe Trockenbuschwälder, auf steinigen Kalkböden, bisweilen auf Dünen bzw. feuchten Stellen nahe der Mangrove.
   V e r b r e i t u n g : Große Antillen — Haiti (Rep. Dominicana), Cuba. Bahamas — New Providence, Long Island, Great Exuma, Cat Island, Great Guana Cay, Andros, Nassau, Eleuthera.
   Große Antillen: R e p . D o m i n i c a n a : Sosúa Settlement, HOLDRIDGE 515 (NY). C u b a : WRIGHT 3034 (G); RUGEL 862 (NY); Oriente, Papayo prope Sevilla, EKMAN 9310 (G, NY); Prov. Pinar del Rio, Corrientes Bay, BRITTON & COWELL 9934 (NY); Havana, near Cojimar, ROCA 6279 (NY).

Bahamas: New Providence: EGGERS 4427 (NY, WU). Long Island: Road to the east coast, HILL 2405 (NY). Great Exuma: BRITTON & MILLSPAUGH 3003 (NY). Cat Island: Orange Creek and vicinity, BRITTON & MILLSPAUGH 5181 (NY). Andros: Deep Creek, JOHN & NORTHROP 701 (G); Nichols Town and vicinity, BRACE 6850 (NY). Eleuthera: BRITTON 6481 (NY).

J. caerulea ist die am weitestverbreitete Inselart der Gattung. Von *J. arborea*, die ähnlich große Blättchen besitzt, sticht sie durch die asymmetrischen Blättchen, die längeren Blüten, die breiteren Früchte und die unterschiedlichen ökologischen Ansprüche deutlich ab. Während *J. coerulea* hauptsächlich auf Kalkböden zu finden ist, kommt *J. arborea* meist auf Serpentinböden vor.

34. *J. arborea* URB. Symb. Antill. 7: 375 (1912); ALAIN, Flora de Cuba 4: 422 (1957).
    Typus: Cuba, WRIGHT 360 (K!, NY!, W!).
  — *J. sagraeana* GRISEB. Plant Wright 2: 524 (1862), non DC. (1845).

Baum oder Strauch, 3—8 m hoch; Blätter doppelt gefiedert mit (1—) 3—5 Fiederpaaren; Blättchen in 2—5 Paaren/Fieder, obovat, oberseits lackartig glänzend, mit eingerolltem Rand, ca. 1—2 × 0,5—1 cm groß; Blütenröhre sehr spärlich behaart, nur die Kronlappen bisweilen dicht lang behaart; Früchte schmal elliptisch, basal keilförmig, apikal zugespitzt, max. 5,5 × 2 cm groß.

Blühzeit: IV; VII; XII.

Standort: Hauptsächlich in *Pinus cubensis*-Wäldern, auf Serpentingestein oder stark ausgelaugten tiefen Lateritböden, bisweilen auch in immergrünen Buschwäldern auf Serpentinskelettböden.

Verbreitung: Cuba — Prov. Oriente.

Diese Art läßt sich durch die obovaten Blättchen leicht von *J. caerulea* und allen anderen Inselarten, die wesentlich kleinere Blättchen ausbilden, unterscheiden. *J. arborea* dürfte auf extrem nährstoffarme Böden spezialisiert sein und ist im Osten von Cuba endemisch. Die weitgehend kahle Blütenröhre und die in der Form ähnlichen Früchte lassen eine Verwandtschaft mit der kontinentalen *J. obtusifolia* vermuten.

35. *J. cowellii* BRITT. & WILS., Bull. Torr. Bot. Club 17: 392 (1915); ALAIN, Flora de Cuba 4: 422 (1957).
    Typus: Cuba, Palm Barrens in the vicinity of the city of Santa Clara; BRITTON & COWELL 13316 (NY!).
  = *J. variifolia* URB. in FEDDE Repert. 7: 371 (1922). Typus: Cuba, prov. Oriente prope Holguin in Cerro de Fraile (B!).

Kleiner sparriger Strauch bis zu 2 m Höhe; Blätter meist einfach gefiedert mit 10—30 Blättchenpaaren, bisweilen auch doppelt gefiedert mit 15—25 Fiederpaaren, spärlich drüsig behaart; Blättchen breit elliptisch bis obovat bzw. orbiculat, unbehaart, den Rand stark eingerollt, meist 1—3 mm lang, bisweilen größer. Blütenröhre 2—2,5 (—3,5) cm lang, nur die Kronlappen dicht behaart. Früchte elliptisch, basal keilförmig, apikal obtus bzw. bespitzt, ca. 3 × 1,7 cm groß.

Blühzeit: III; IV; VI.

Standort: Trocken- und Dornbuschwälder auf trockenen Serpentinskelettböden.

Verbreitung: Cuba — Las Villas, Camagüey, Oriente.

Cuba: Las Villas: 5 km W of Santa Clara, HOWARD et al. 403 (NY); City of Santa Clara, Palm Barren, BRITTON et al. 6071 (NY). Camagüey: Savana de Cromo, THIERERT 861 (F). Oriente: Holguin, SHAFER 12434 (NY).

J. cowellii ist leicht an den meist einfach gefiederten Blättern zu erkennen. Sie unterscheidet sich weiters von *J. ekmanii* und *J. poitaei* durch ihr unbehaartes Ovar und die weitgehend kahlen Blättchen und Blüten. *J. abottii* sticht durch die obovaten Endblättchen und die behaarten Blüten ab, *J. selleana* hat etwas größere Blättchen und Blüten.

36. *J. poitaei* URB. Symb. Antill. 7: 376 (1912).
    Typus: Haiti, POITEAU (non vidi).

Kleiner Baum, Blätter doppelt gefiedert mit 6—16 Fiederpaaren, Fiederrachis sehr kurz dicht behaart und schmal geflügelt, Blättchen elliptisch bis obovat, basal abgerundet bis keilförmig, unterseits dicht lang behaart, 0,5—1 × 0,2—0,7 cm groß. Blütenröhre an der basalen Konstriktion dicht behaart, Ovar kahl bis behaart.
    Blühzeit: IV; VIII.
    Standort: Auf steinigem Boden.
    Verbreitung: Haiti (Hispaniola) — Rep. Dominicana.
    Rep. Dominicana: Civ. Santo Domingo, EKMAN 14603 (F, NY); Road from Bani to Azua, LAVASTRE 1724 (NY).

Diese Art wurde nach einem unvollständigen Beleg beschrieben. Die hier etwas erweiterte Diagnose wurde an Hand der z. T. von EKMAN bestimmten Herbarexemplare erstellt. Jedoch bin ich nicht sicher, ob diese tatsächlich der von URBAN beschriebenen Sippe zugehören. So zeigen die zitierten Belege ein behaartes Ovar, während der Typus ein kahles hat. Möglicherweise ist *J. poitaei* mit der ebenfalls auf Haiti vorkommenden *J. abottii* identisch.

37. *J. abottii* URB. FEDDE Repert. 7: 370 (1922).
    Typus: Rep. Dominicana, Santo Domingo in Peninsula Samaná prope Laguna in Pilón de Azúcar, 100—500 m alt.; m. Dec. flor., ABOTT 460 (non vidi).

Blätter doppelt gefiedert mit 5 Fiederpaaren, jede Fieder mit 6—11 Blättchenpaaren. Endblättchen obovat-cuneat, die anderen elliptisch bis ± rechteckig, basal abgerundet, apikal truncat, oberseits kurz fein behaart, 6—9 × 3—4 mm groß. Blütenröhre ungleichmäßig 5fach gelappt, außen behaart, ca. 3,5 cm lang, Ovar unbehaart (vgl. S. 92).

38. *J. ekmanii* ALAIN, Brittonia 20: 150 (1968).
    Typus: Haiti, Massif de la Selle, Gauthier, E of Fond Parisien, in thickets; 17. IV. 1928, EKMAN H. 9872 (NY!).

Baum bis zu 8 m, Blätter doppelt gefiedert mit 13—15 Fiederpaaren, Blättchen in max. 40 Paaren, breit elliptisch bis orbiculat, ca. 2,5 × 2 mm, sehr spärlich behaart oder kahl. Blütenröhre basal dicht filzig behaart, Ovar z. T. einfach und drüsig behaart, Früchte ovat bis elliptisch, ca. 4,5 × 2,5 cm (vgl. S. 92).

39. *J. selleana* URB., Ark. för Bot. 22 A: 59 (1929).
    Typus: Haiti, Massif de la Selle, group Crête-a-Piquouts, Port au Prince, road Bassin—Laval to Bouvier, on the rocky slope towards Riviére Aux—Fourques, ca. 500 m, rare; 15. II. 1927, EKMAN H. 7606 (NY!).

Blätter doppelt gefiedert mit 11—14 Fiederpaaren; Blättchen in 15—18 Paaren, 6—10 × 3—5 mm, elliptisch ovat bis rechteckig, apikal obtus, basal cordat, nur der Mittelnerv unterseits spärlich kurz behaart; Blütenröhre 4,5—5 cm lang.

J. selleana grenzt sich durch ihre auffällige, beinahe rechteckige Blättchenform und die längeren Blüten etwas deutlicher von den anderen *Jacaranda*-Arten ab, die winzige Blättchen haben und auf Haiti vorkommen. Jedoch ist auch bei dieser Sippe die Variationsbreite unbekannt.

40. *J. brasiliana* (LAM.) PERS. Enchirid. 2: 174 (1807); CHAM. Linnaea 7: 542 (1832); DC. Prodr. 9: 228 (1845); BUR. & K. SCHUM. in MARTIUS Flora bras. 8, pars 2: 389. = *Bignonia brasiliana* LAM. Dict. 1: 425 (1789).
Typus: non vidi.
= *J. secunda* PISO Brasil: 165 (fide BUR. & K. SCHUM. ibid.).
Abb. 3 B.

Baum bis zu 8 m, Blätter doppelt gefiedert, 25—40 cm lang mit 8—15 Fiederpaaren, Fiederrachis deutlich abgesetzt geflügelt; Blättchen in etwa 15—25 Paaren, elliptisch bis oblong, max. 14 × 4 mm groß; Oberfläche bullat, beidseitig dicht behaart bis verkahlend, meist derb. Kelch 5fach tief gezähnt-gelappt, dicht drüsig behaart; Früchte elliptisch bis kreisförmig, max. 11 × 8 cm groß, Rand deutlich undulat oder die ganze Frucht verworfen.

Blühzeit: V; VIII; IX; XI; XII (Abb. 15 H).

Standort: Campos Cerrados s. l. und andere Savannen (Trockenwälder?).

Verbreitung: Brasilien — Minas Gerais, Mato Grosso, Goiás, Brasília D. F., Bahia, Pernambuco, Ceará (inkl. Piauí), Maranhão, Amazonas.

Brasilien: BLANCHET 3774, 1843 (G); CLAUSSEN 487 (G); SELLOW 1597 (HBG); Brasilia aequinoctalis, SELLOW s. n. (HAL); Algeres, RIEDEL 556 (LE). Minas Gerais: CLAUSSEN s. n. (G), Rio Itambem, GLAZIOU 12965, 12977, 14122, 21849 (G); Paraopeba, HERINGER 7723 (UB); Mun. de Paracatú, PIRES 58050 (NY, U); Corinto, trail to Serra do Angico, MEXIA 5604 (NY, U); Lavras, cult., HERINGER 15 (RB). Mato Grosso: Aquidauana, ROMBOUTS s. n. (SP). Goiás: Margem do Rio Vermelho, HASHIMOTO 656 (SP); Ilha do Bananal, FONSECA 339 (NY); Paraiso, IRWIN et al. 21662 (NY, UB). Brasília D. F.: DUARTE & SANYOS 137 (SP), 30 km E of —; PRANCE & SILVA 59063 (NY, RB, U, UB). Bahia: Boqueiras, ZEHNTNER 348 (RB); Weg Lapa—Caeteté, ZEHNTNER 588 (RB); Barreiras, Valley of the Rio das Ondas, IRWIN et al. 31597 (NY, UB). Pernambuco: Tapera, PICKEL 141 (F). Ceará: Piauí-, Carrasco da Serra de Itamaraty, LISBOA 2380 (RB), — Jatobá, LÜTZELBURG 1629 (RB); Mun. de Sarne, banks of Rio Canipe, DROUET 2621 (F), Catolé, DAHLGREN 786 (F). Maranhão: Grajahui, HUBER 2518 (RB); Mun. de Lorêto, „Ilha de Balsas"-Region, EITEN & EITEN 4493 (NY); Island of São Luis, FROES 11900 (F, NY). Pará: Montealegre, Campos firmes de Ereré, DUCKE 9976 (RB); Campos de Jutahy, DUCKE 18170 (RB); Serra do Cachimbo, 425 m, PIRES et al. 6432 (RB).

J. brasiliana ist eine äußerst variable Art. Konstante Merkmale sind vor allem ihr hoher Wuchs, die vielen Fiedern, die geflügelte Fiederrachis, die apikal ± obtusen (bisweilen bespitzten) Blättchen und die relativ großen Kapseln. In den meisten Fällen sind die Blättchen behaart, es kommen jedoch auch kahle Formen vor (z. B. MEXIA 5604, DROUET 2621); auch deren bullate Ausbildung ist nicht immer deutlich sichtbar.

Neben der spezifisch wahrscheinlich nicht unterschiedlichen *J. chapadensis* (vgl. S. 99) ist vor allem *J. praetermissa* nächstverwandt. Auch *J. cuspidifolia*, die sich durch die schmäleren, immer kahlen, spitz auslaufenden Blättchen und die viel kleineren Kapseln unterscheidet, gehört in diesen Verwandtschaftskreis. So stellt etwa der Beleg SANTOS & SOUZA 1649 [Mato Grosso, Xavantina—São Felix Road (RB)], dessen Blätter *J. cuspidifolia* und dessen Früchte *J. brasiliana* ähneln, eine Übergangsform der beiden Arten dar. Das Vorkommen solcher Ausbildungen in der Kontaktzone der beiden sonst deutlich getrennten Areale (vgl. Abb. 40, 42) deutet möglicherweise auf Hybridisierung hin.

41. *J. praetermissa* SANDW., Kew Bull. 1954: 599 (1955), GENTRY Ann. Missouri Bot. Gard. 61: 881 (1974).
Typus: Brasilien, Piauhy, Serra Branca, Baum oder Strauch 1–5 m hoch, Blüten bläulich bis violett, Jänner 1907 (holotypus K!, isotypus B).

Kleiner Baum oder Strauch, Blätter doppelt gefiedert, 10–20 cm lang mit 4–7 Fiederpaaren, Blättchen in 5–13 Paaren, elliptisch bis oblong, basal abgerundet bis cordat, ganzrandig; Oberfläche ± bullat mit eingerolltem Rand, beidseitig behaart bis zu 12 × 4 mm groß. Kelch bis zum Grund geteilt (gezähnt bis gelappt) bis zu 12 mm lang. Blütenröhre ca. 5 cm, Staminodium etwa 2 cm lang. Früchte dickholzig aufgeblasen, weißlich gelb, Rand eben, elliptisch bis kreisförmig, ca. 3 × 2,5 cm groß.
Blühzeit: I; IX.
Standort: Campos Cerrados s. l. und andere Savannen.
Verbreitung: Brasilien – Bahia, Piaui (= W-Ceará).

Diese Art ist an der geringen Zahl der Fiedern und an den kleinen dickholzigen Früchten leicht zu erkennen. *J. praetermissa* nimmt eine intermediäre Stellung zwischen den ihr verwandten Taxa *J. decurrens* (kleinerer Wuchs, mehr Fiedern/Blatt, größere Früchte) und *J. brasiliana* (größerer Wuchs, mehr Fiedern/Blatt, größere Früchte) ein, ist bisher nur von wenigen Herbarbelegen (vgl. SANDWITH ibid., GENTRY ibid.) bekannt und läßt eine größere Variationsbreite als die in der Originaldiagnose angegebene erwarten (GENTRY ibid.).

42. *J. decurrens* CHAM., Linnaea 7: 544 (1832); DC. Prodr. 9: 228 (1845); BUR. & K. SCHUM. in MARTIUS Flora bras. 8, pars 2: 392 (1897).
Typus: Brasilia intropica, SELLOW*, specimen normale („standard specimen"): Brazil, São Paulo, Mun. de Botucatu, 18 km N of B. (14 km E of São Manuel), 550 m; MORAWETZ 12-9975 (WU).
= *J. pteroides* MANSO, Enumeração brazil. 40 (1836), non vidi; DC. Prodr. 9: 232 (1845); BUR. & K. SCHUM. in MARTIUS Flora bras. 8, pars 2: 392 (1897). Typus: non vidi.
= *J. robertii* MOORE, J. Bot. 45: 404 (1907); GENTRY, Ann. Missouri Bot. Gard. 63: 44 (1976). Typus: Mato Grosso, Sant'Anna da Chapada; ROBERTS 675 (holotypus BM!).
= *J. decurrens* var. *glabrata* HASSLER in FEDDE Repert. 9: 63 (1910). Typus: Paraguay, in altaplanitie et declivibus „Sierra de Amambay", ROJAS 10635 a (lectotypus K!, isotypus G!).
Abb. 4 C, 6 C, 7 H, 10 A, 11 D, 13 A.

Zwergstrauch mit einem großen knollig-knorrigen Xylopodium. Junger Trieb mit langen, einreihig mehrzelligen Haaren bedeckt; Achselknospen zu 1–2, kaum sichtbar.
Blätter doppelt gefiedert, (25–) 30–40 (–50) cm lang, mit 9–13 Fiederpaaren. Blatt- und Fiederrachis rinnenförmig bis schmal geflügelt, spärlich bis dicht behaart. Blättchen in die Fiederrachis verlaufend, nur selten von dieser abgesetzt, schmal elliptisch bis oblong, apikal bespitzt, ganzrandig, 0,8–1,5 × 0,3–0,5 cm; Rand eingerollt, Oberfläche bullat, oberseits unbehaart glänzend, unterseits schütter bis dicht entlang des Hauptnervs behaart.
Blütenstand ein endständiger bis 10 cm langer Thyrsus; Brakteen lanzettlich bis zu 5 mm lang, Achsen bis zu den Kelchen locker bis dicht klebrig-drüsig behaart. Kelch dunkel purpurn, trichterförmig, bis zur halben Länge 5fach gezähnt. Blüten-

---

* Der Holotypus ist in Berlin (B) verlorengegangen; da nicht alle Herbarien, in denen möglicherweise ein Isotypus liegt, eingesehen wurden, wird einstweilen auf eine Typisierung verzichtet.

röhre hellblau (17/B 5—17/C 5), innen weiß, trichter- bis glockenförmig, außen drüsig, die Kronlappen einfach behaart, innen bis auf die Stameninserationen weitgehend kahl, etwa 4—5 cm lang. Staminodium aus der Kronröhre herausstehend, schmal keulenförmig, apikal löffelartig, seicht ausgerandet. Ovar glatt und kahl. Früchte breit elliptisch bis obovat bis kreisförmig, basal häufig verschmälert, apikal abgerundet und meist bespitzt, dickholzig, hellbeige bis gelbbraun; Oberfläche fein engrissig, bisweilen mit breiten Längswülsten, 7—10 × 6—8 cm, L:B = 1,1—1,5. Samen häutig geflügelt, elliptisch, ca. 3,5 × 2 cm groß.

Blühzeit: III; IX; X; XI (Abb. 15 J).

Standort: Campos Cerrados s. l. (Abb. 58, 65, 66, vgl. S. 134).

Verbreitung: Brasilien — São Paulo, Minas Gerais, Goiás, Brasília D. F., Mato Grosso, Rondônia. Paraguay — Sierra de Amambay (vgl. Abb. 40).

Brasilien: POHL 588 (F, W). São Paulo: Itirapina, BRADE 6292 (SP), —, Rio Claro; FELIPPE 44 (SP); São José dos Campos, MIMURA 6 (NY); 18 km N of Botucatu, MORAWETZ 11-24575, 12-24775 (WU); Mogi Guaçu, Faz. Campininha, MORAWETZ 41-291075 (WU). Minas Gerais: Triangulo Mineiro, LABOURIAU s. n. (RB); Araguari, MAGALHAES 10140 (RB). Goiás: Serra Dourada, RIZZO 4482, 4410 (RB), —, IRWIN et al. 11719 (UB); Rio Corumbá, HERINGER 10561 (NY, UB, WU); Silvânia, HERINGER 8730-924 (RB); Entre Jataí e Caiapônia, SIDNEY 987 (RB). Brasília D. F.: HERINGER 8730 (UB). Mato Grosso: Campo Grande, Estaca, ARCHER & GEHRT 36.458 (SP); Campos de Ituiutaba, RODRIGUES 50 (SP), —, MACEDO 52 (SP).

Paraguay: Esperanza, Sierra de Amambay, ROJAS 10635 (G); in campis arenosis Esperanza, HASSLER 635 (G).

J. decurrens hat als einzige Art der Gattung in die Rachis verlaufende Blättchen. Weitere Erkennungsmerkmale sind die niedrige Wuchsform, der dicht drüsig behaarte Blütenstand, die großen dickholzigen Früchte und die außergewöhnlich großen Samen (Abb. 13 A).

Jedoch kommt in Paraguay eine Sippe vor (HASSLER 10635), deren Blättchen nicht decurrent sind, sonst aber gut mit der typischen Ausbildung von *J. decurrens* übereinstimmt. Noch stärker abweichend sind die von HASSLER (1910) als *J. decurrens* var. *glabrata* beschriebenen Belege, die einerseits Ähnlichkeiten mit der sympatrischen HASSLER-10635-Sippe und andererseits mit der ebenfalls in der Nähe vorkommenden *J. cuspidifolia* aufweisen. Möglicherweise handelt es sich bei diesen Populationen in Paraguay um einen Hybridschwarm der beiden Arten. Auch die Belege RODRIGUES 50 (bis zu 1 m hoch) und CAMPOS s. n. [in Butantan kult., proc. Campo Grande (SP), keine decurrenten Blättchen] lassen eine größere Variationsbreite von *J. decurrens* vermuten, als sie bisher von den Fundpunkten SO-Brasiliens bekannt ist.

Die nächst verwandte Art ist *J. praetermissa*, die sich jedoch durch den höheren Wuchs, weniger Fiedern/Blatt, die basal abgerundeten Blättchen und die viel kleineren Früchte deutlich unterscheidet.

43. *J. cuspidifolia* MART. ex DC. Prodr. 9: 228 (1845); BUR. & K. SCHUM. in MARTIUS Flora bras. 8, pars 2: 388 (1897); FABRIS, Rev. Mus. La Plata 9: 297 (1965). Typus: Brasil, Cuiabá, 1839, MARTIUS 531 (lectotypus K!, isotypi BM!, G!, HAL!, M!, NY!, W!).

Baum, 5—12 m hoch, junger Stamm und Austriebe rund und unbehaart, Achselknospen zu 1—2, sehr klein.

Blätter doppelt gefiedert, (18—) 20—40 (—50) cm lang mit 5—17 Fiederpaaren, die Endfieder meist abfallend, kahl, Blattrachis deutlich rinnenförmig, Fiederrachis schmal bis breit abgesetzt geflügelt. Blättchen in 9—22 Paaren pro Fieder, sitzend, leicht asymmetrisch, schmal ovat bis ovat-elliptisch, lang zugespitzt auslaufend, ganzrandig, (10–) 15–27 (–45) × (3–) 4–7 (–10) mm, Oberfläche eben, Nervatur beidseitig hervortretend.

Blütenstand ein endständiger Thyrsus, 15–20 cm lang; Brakteen klein lanzettlich, abfallend. Kelch bis zum Grund 5fach geteilt, die spitzen Zähne meist abstehend oder zurückgeschlagen, spärlich bewimpert oder mit einzelnen Drüsenköpfchen versehen. Blütenröhre violett bis blau, röhren- bis glockenförmig, basal blasig aufgetrieben und drüsig behaart, an der Öffnung 5fach groß gelappt und einfach behaart, innen mit vereinzelten Drüsenköpfchen bedeckt, die Stameninsertationen drüsig behaart; (3,5–) 4–5 (–6,2) cm lang. Staminodium schmal keulenförmig, apikal ungeteilt. Ovar glatt und kahl. Früchte elliptisch bis kreisförmig, basal keilförmig in einen Ring verlaufend, apikal ausgerandet oder sehr kurz bespitzt, dickholzig aufgeblasen, weißlich gelb bis hellbraun, Rand eben bis undulat, Oberfläche glatt, glänzend, 4,5–6,5 × 4,5–6 cm, L:B = 0,9–1,1.

Blühzeit: VIII; IX; X; XI.

Standort: Campos Cerrados s. l., Savannen, Trockenwälder, bisweilen an feuchten bis nassen Stellen, in Gebirgen.

Verbreitung: Argentinien – Salta. Paraguay – Acunción, Concepción. Brasilien – Minas Gerais, Mato Grosso. Bolivien – Santa Cruz, La Paz, Beni, vgl. Abb. 42.

Argentinien: Salta: Dep. Oran, El Tabacal, CABRERA & FABRIS 16195 (F).

Paraguay: In regione cursus superioris fluminis Apa, HASSLER 8506 (NY). Acunción: lacus Ypacaray, HASSLER 12270 (G, NY). Concepción: HASSLER 7191 (NY), Cordillera dos Altos, FIEBRIG 259 (F, HBG), – HASSLER 3347 (NY).

Brasilien: Minas Gerais: Ituiutabá, MACEDO 19 (SP). Mato Grosso: MOORE 337 (NY), Miranda, HATSCHBACH 30413 (NY); 1 km NE of Garapú, IRWIN & SODERSTROM 6527 (F, NY); Paraguay-river, Porto Esperança, LUTZ s. n. (RB).

Bolivien: Canamina 1000 ft., WHITE 279 (NY). Sara: Dep. Santa Cruz, Buenavista, STEINBACH 6521 (F).

J. cuspidifolia ist durch die schmal ovaten, spitz auslaufenden kahlen Blättchen, die bis zur Basis geteilten Kelche und die meist kugelig aufgeblasenen Früchte leicht zu erkennen. Bisweilen sind jedoch Verwechslungen mit der sehr variablen *J. brasiliana* möglich (besonders bei noch nicht voll entwickelten Blättern), die sich aber durch die meist behaarten bullaten Blättchen und die viel größeren Früchte unterscheidet. Ebenfalls verwandt ist *J. mimosifolia* (ähnlicher Blattschnitt), die sich hauptsächlich durch die kleineren Blättchen, die kürzeren Kelchzähne und die dünneren Kapseln unterscheidet. Ähnlich aufgeblasene, relativ kleine Früchte hat *J. praetermissa*, die sich jedoch sonst deutlich von *J. cuspidifolia* abhebt. In Kontaktzonen ist eine Hybridisierung dieser Art mit anderen Taxa der Sektion *Monolobos* anzunehmen (vgl. S. 97).

C. Unsichere oder mir unbekannte Taxa

Sectio *Dilobos*

J. atrolilacina C. T. WHITE, The Gardeners Chronicle 1929, Ser. 2, 35: 347 (1929). Typus: Australien, Brisbane, New Farm Park (cultivated), 19. X. 1926 (K!).

Die feingegliederten Blätter dieser Sippe erinnern an die Sektion *Monolobos*, die Blättchenbehaarung an *J. jasminoides*. GENTRY (pers. Mitt.) meint, daß es sich um eine aberrante Form von *J. micrantha* handelt.

J. hebephora MANSO, Enumeração brazil. 40 (1836) non vidi, BUR. & K. SCHUM. in MARTIUS Flora bras. 8, pars 2: 393 (1897), SANDWITH, Candollea 7: 244 (1936). Typus: Brasilia, LHOTSKY 86, Sept. 1831 (G).

SANDWITH (1936) schreibt: "... the best *J. hebephora* is treated as an independent species related to *J. macrantha*."

J. mendonçaei BUR. & K. SCHUM. in MARTIUS Flora bras. 8, pars 2: 383 (1897). Typus: MENDONÇA 144. – *J. lilacina* MELLO ex STELLFELD, Arqu. Mus. Paran. 9: 194 (1952), nom illeg.

Diese beiden Taxa können gleichgesetzt werden (GENTRY, pers. Mitt.) und gehören in die nähere Verwandtschaft von *J. caroba*.

J. paulistana MANSO, Enumeraçao brazil. 40 (1836), non vidi, DC. Prodr. 9: 232 (1845), BUR. & K. SCHUM. in MARTIUS Flora bras. 8, pars 2: 393 (1897).

Diese Art gehört vermutlich zum *J. puberula* agg.

Sectio *Monolobos*

J. chapadensis BARB. RODR., Contr. Jard. Bot. Rio de Janeiro 63.

Diese Art ist wahrscheinlich mit der sehr variablen *J. brasiliana* gleichzusetzen (GENTRY 1974 d: 882).

Abb. 37. Die bekannte Verbreitung einiger *Jacaranda*-Arten.

☐ *J. puberula* agg.
○ *J. micrantha*
■ *J. mimosifolia*
☆ *J. acutifolia*
● *J. sparrei*
◉ *J. hesperia*

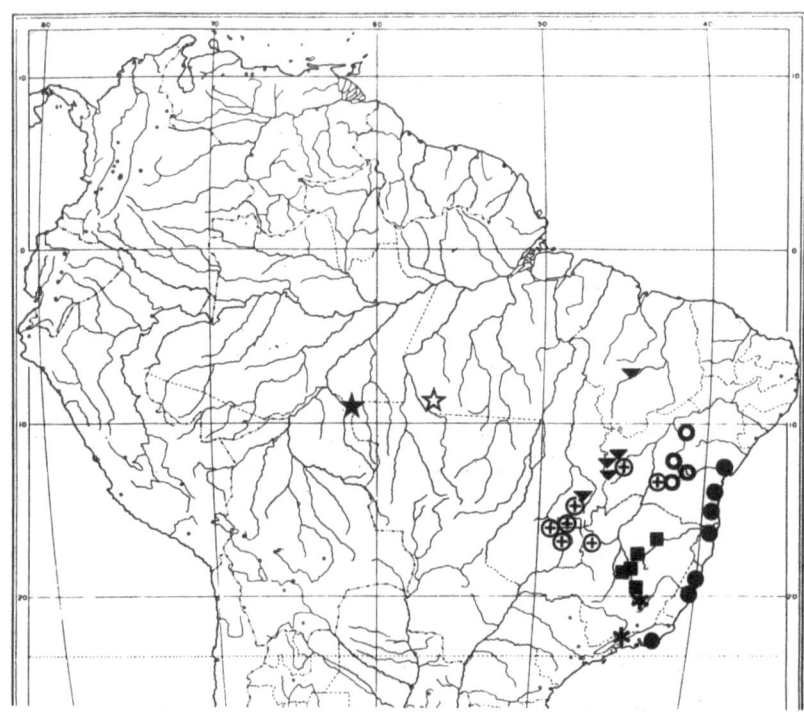

Abb. 38. Die bekannte Verbreitung einiger *Jacaranda*-Arten.
✱ *J. pulcherrima*
● *J. obovata*
■ *J. paucifoliolata*
▼ *J. simplicifolia*
⊕ *J. ulei*
○ *J. irwinii*
☆ *J. egleri*
★ *J. cf. egleri*

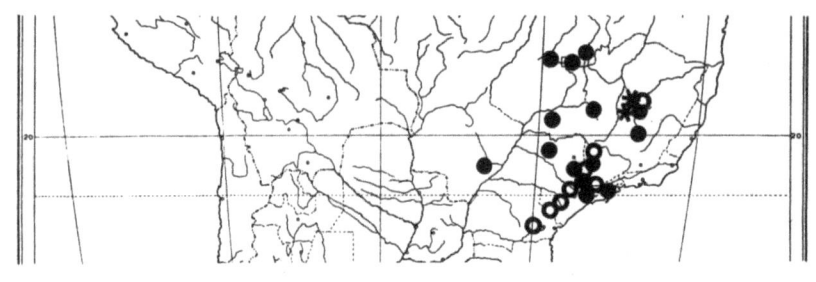

Abb. 39. Die bekannte Verbreitung einiger *Jacaranda*-Arten.
● *J. caroba*
○ *J. oxyphylla*
✱ *J. racemosa*

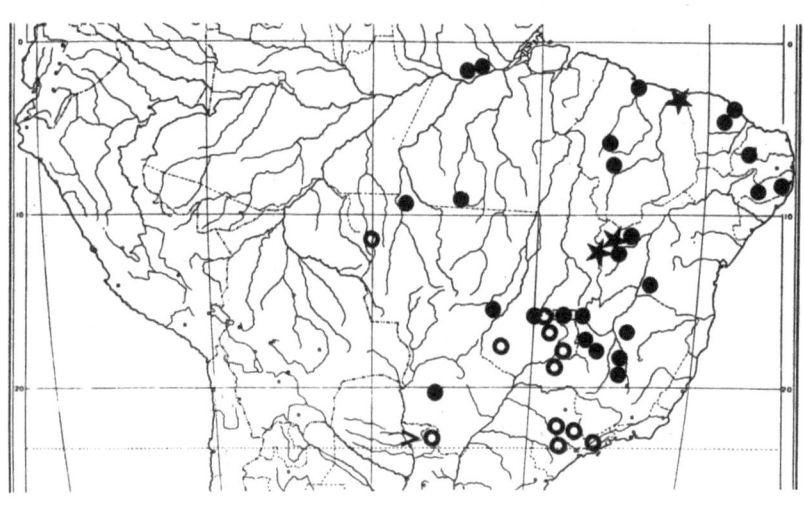

Abb. 40. Die bekannte Verbreitung einiger *Jacaranda*-Arten. Der Pfeil bezeichnet den Ort, wo etwas abweichende Formen von *J. decurrens* vorkommen (vgl. S. 97).
● *J. brasiliana*
★ *J. praetermissa*
○ *J. decurrens*

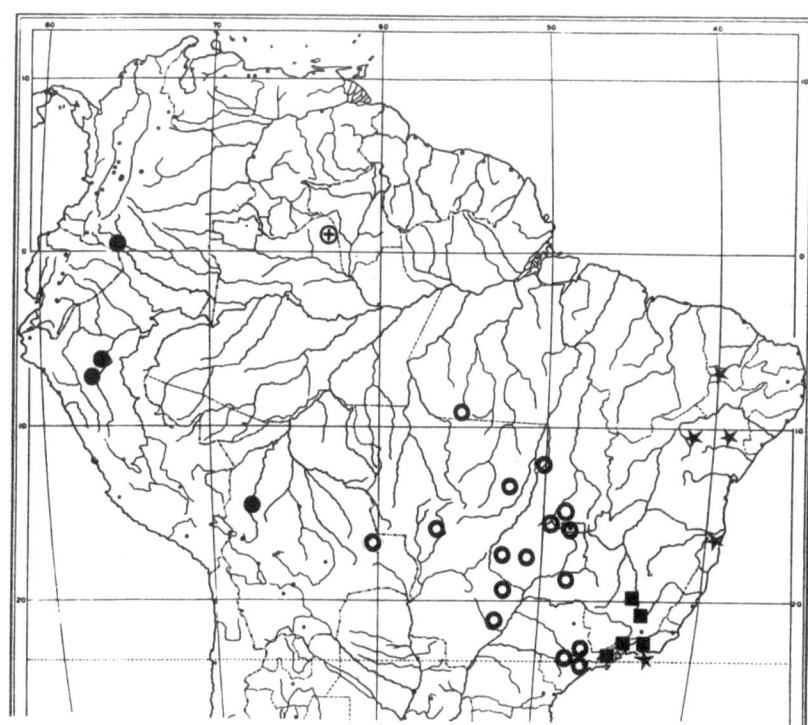

Abb. 41. Die bekannte Verbreitung einiger *Jacaranda*-Arten.

○ *J. rufa*
■ *J. macrantha*
★ *J. jasminoides*
● *J. glabra*
⊕ *J. bullata*

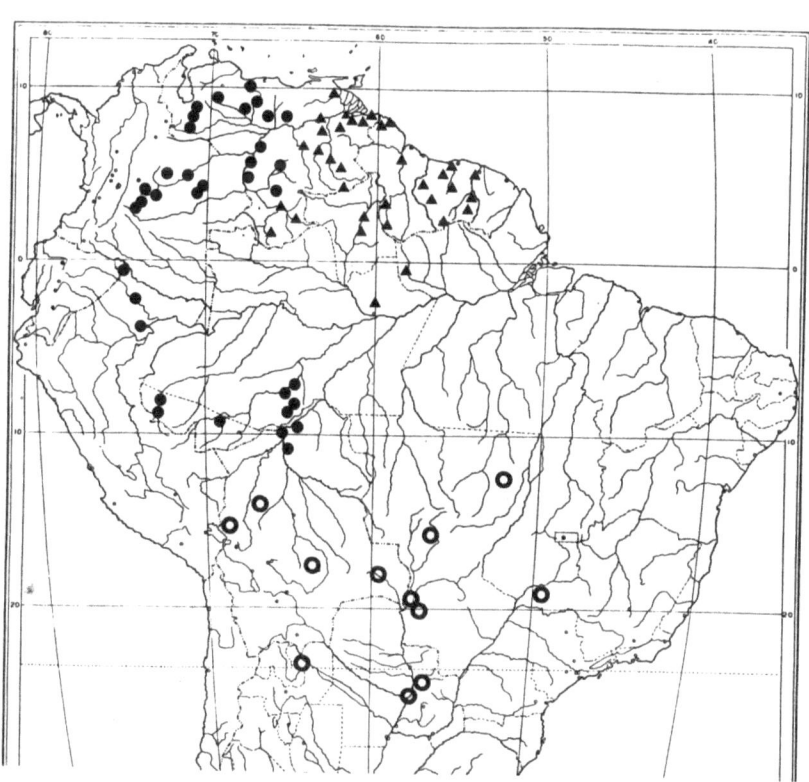

Abb. 42. Die bekannte Verbreitung einiger *Jacaranda*-Arten.

○ *J. cuspidifolia*
● *J. obtusifolia* subsp. *obtusifolia**
▲ *J. obtusifolia* subsp. *rhombifolia**

* Unter Verwendung der Arealkarte von GENTRY (1978 c: 258).

Die Lebensräume

Die Arten der Wälder

Zahlreiche Taxa von *Jacaranda* treten in Wäldern auf. Um die speziellen, auf einzelne Arten bezogenen Standorte weiter verbreiteten übergeordneten Vegetationstypen zuordnen zu können, werden einige dieser zuerst allgemein charakterisiert (vgl. dazu HUECK 1966, EITEN 1970, zur Terminologie: BURTT-DAVY 1938).

Die Tieflandregenwälder dehnen sich in den Neotropen von der amazonischen Tiefebene bis nach Mittelamerika und Südmexiko aus, kommen aber auch an den östlichen Abhängen der Serra do Mar vor. Auf nicht überschwemmtem Land („terra firme") ist deren Struktur durch dichten geradstämmigen Baumbestand unterschiedlicher Höhenklassen (Strata, sensu RICHARDS 1952) ausgezeichnet. Ähnlich wie bei *J. copaia* (vgl. S 19, Abb. 2 A) sind die meisten Stämme eher schmal und verzweigen sich erst im obersten Teil des Baumes zu einer lockeren Krone. Die Blätter der Regenwaldbäume sind häufig dünn, elliptisch bis oblong und mittelgroß gebaut (mesophyll sensu RAUNKIAER 1934); auch die Fiederblättchen pinnater Blätter (z. B. bei *J. copaia*, Abb. 7 A) gleichen sich dieser recht einförmigen Ausbildung an. Der nur durch wandernde Lichtflecken erhellte Unterwuchs ist arm an krautigen Arten und setzt sich hauptsächlich aus Keimlingen und Jungpflanzen zusammen. Lianen und Epiphyten sind je nach Lage in unterschiedlichen Mengen vorhanden oder können sogar fehlen. Floristisch sind Tieflandregenwälder wegen der hohen Artenzahl schwer zu fassen. Auffallend ist die große Menge unterschiedlicher Palmen. Einige Taxa treten regional auch als „Leitarten" auf, wie z. B. *J. copaia* (vgl. S. 121–124) für den nördlichen Teil Südamerikas; *Bertholetia*, *Caryocar* und *Hevea* sind ebenfalls charakteristische weitverbreitete Hylea-Vertreter. Für die Serra do Mar sind etwa Arten der Gattungen *Moquinia*, *Rollinia*, *Virola* und *Vochysia* typisch.

Umtriebslücken sind dicht mit Kräutern, Sträuchern, Lianen und Pionierbäumen besetzt und dadurch schwer zugänglich (z. B. Abb. 57 mit *J. copaia*). Auch in späteren Sukzessionsstufen, bevor noch der Klimax-Regenwald ausgebildet ist, bleibt der Unterwuchs recht prominent vertreten (z. B. *Clusia* sp., krautige *Rubiaceae*, *Vismia* spp., *Bambusoidae* u. a.).

Tieflandregenwälder steigen häufig an angrenzenden Gebirgshängen (Anden, Serra do Mar) noch in beträchtliche Höhen, ohne ihre Struktur wesentlich zu verändern. Nur sukzessive treten die Kennzeichen montaner Regenwälder (inkl. Nebelwälder) auf, um dann die Wälder der Gipfelpositionen (Paßhöhen) oder der Bereiche nahe der Waldgrenze markant von den Wäldern der tieferen Lagen zu unterscheiden. So ist z. B. der Gipfelwald der Serra do Mar (Abb. 46, 850 m Höhe, mit *J. montana*) nicht so deutlich von den Tieflandregenwäldern unterschieden wie z. B. der Bergregenwald im Itatiaia (Abb. 52, 1800 m, mit *J. subalpina*). Montane Regenwälder sind im allgemeinen niedriger, lichter, und die Bäume weisen krüppelige, tiefer zu einer dicht geschlossenen Krone verzweigte Stämme auf. Die Blätter sind im Vergleich zu denen der Tiefebenen kleiner und härter, der Unterwuchs und die Lianen sind zahlreicher. Auch kommen dichter Moos- und Flechtenbewuchs sowie hartblättrige große Epiphyten öfter vor. Mit zunehmender Meereshöhe sinkt die Artenzahl, und die

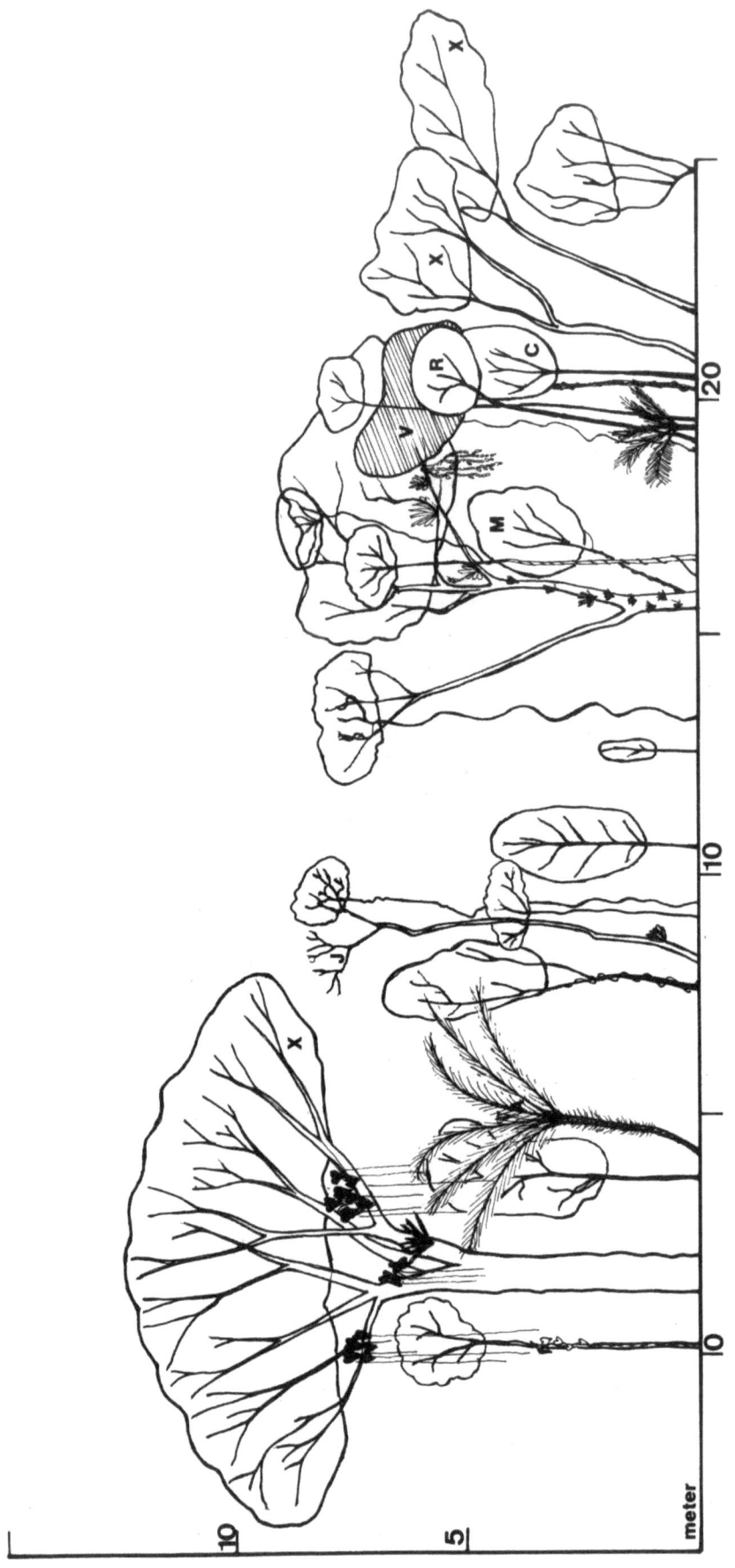

Abb. 43. *J. puberula* agg. (J, unbelaubt mit Liane in der Krone) in der Übergangszone von niedriger Krüppelrestinga zu hohem Restinga-Wald der Küstenebene bei Ubatuba (São Paulo), Seehöhe 5 m, Aug. 1975, Profildiagramm 25 × 5 m, Großepiphyten und Lianen sind eingezeichnet. A: *Astrocaryum* sp.; C: *Calophyllum* sp.; M: *Myrtaceae*; R: *Rapanea leuconeura*; V: *Vismia* sp.; X: *Ilex* sp.

wärmeliebenden Taxa werden durch solche ersetzt, die an das nebelige kühle Klima gewöhnt sind. So nimmt in höheren Lagen z. B. die Zahl der *Annonaceae, Arecaceae* und epiphytischen *Orchidaceae* ab, dafür treten z. B. *Cuphea* sp., *Drimys* sp., *Fuchsia* sp. und *Weinmannia* sp. häufiger, oft sogar bestandsbildend, auf. Die Flora ist jedoch regional sehr unterschiedlich.

Im Tiefland durch eine breite Übergangszone von den Regenwäldern getrennt, im Regenschatten von Gebirgen scharf von diesen abgegrenzt, dehnen sich F e u c h t - und H a l b t r o c k e n w ä l d e r über weite Teile des zentralen und südlichen Brasiliens aus. Häufig gehen diese auch sukzessive in Trockenwälder oder Cerrados über oder sind mit den letzteren mosaikartig verzahnt. Je nach Lage sind diese Wälder teilweise laubabwerfend oder gänzlich saisongrün. Der Übergang von hygrophilen bis zu xerophilen Formen ist oft auf eng lokalisiertem Gebiet zu beobachten und hängt wesentlich von der Lage (Flußnähe, Tal-, Hang- oder Gipfelposition, Windschatten usw.) des jeweiligen Waldstückes ab. Gemeinsam sind diesen Wäldern, in denen *Jacaranda* eher die feuchteren Gebiete bevorzugt, der relativ niedrige Wuchs, der lockerere Baumbestand, der gut ausgebildete Unterwuchs und das häufige Vorkommen von mannigfachen Lianen. Epiphyten sind seltener und meist xeromorph. Auffallend ist das Auftreten von bedornten Bäumen (z. B. *Chorisia* spp.) und Sträuchern sowie monokotylen Schopfbäumchen und Rosettenpflanzen. Floristisch sind diese Wälder äußerst uneinheitlich, artenärmer als Regenwälder und häufig neben autochthonen Elementen durch Invasoren umliegender Vegetationstypen geprägt.

Unter günstigen Bedingungen entwickeln sich in dem Küstenflachland R e s t i n g a - W ä l d e r (vgl. S. 107), die bisweilen nahtlos in die benachbarten Tieflandregenwälder übergehen und diesen sowohl in Struktur als auch Flora sehr ähnlich sein können. Die niedrigeren meeresnahen Formen setzen sich größtenteils aus krüppeligen niedrigen Bäumen und Buschwerk zusammen, das dicht von Lianen durchwachsen und meist mit zahlreichen Kleinepiphyten besetzt ist. Die Krautschichte ist ebenfalls häufig dicht und bodenbedeckend. Diese variablen Krüppel- und Buschwälder gehen sowohl strukturell als auch floristisch einerseits in die Mangrovewälder und anderseits in die offene savannenartige Dünenrestinga (vgl. S. 128) über. In vielen Fällen werden sie von ein oder zwei Leitarten dominiert (z. B. Abb. 43 mit *J. puberula* agg.) und sind im allgemeinen wesentlich artenärmer als die angrenzenden höheren Wälder.

J. puberula agg.

Diese Art besiedelt sehr unterschiedliche Vegetationstypen im subtropisch bis tropisch mäßig feuchten Klima SO-Brasiliens. An der Südgrenze ihrer Verbreitung (Abb. 37) dringt sie nur selten in die subtropischen Klimaxwälder ein und bevorzugt Waldränder, Lichtungen und Zweitwuchsbestände. Etwas weiter nördlich ist *J. puberula* agg. als häufiger und typischer Unterwuchsbaum der Araukarienwälder zu finden und ist bisweilen in die lichten subtropischen Regenwälder eingestreut.

So wurde sie in Paraná (Monte Alegre, Mun. Telemacoborba) an feuchten flußnahen Stellen als etwa 4—6 m hohes schlankes Bäumchen in einem teilweise ausgeschlagenen, etwa 12 m hohen Wald gefunden, der sich neben dem Vorkommen von Baumfarnen durch ziemlich dichten Epiphytenbewuchs (meist Kletterfarne) der älteren Bäume auszeichnete. In der weiteren Umgebung waren folgende Taxa häufig: *Bombax* sp., *Casearia* sp., *Chorisia* sp., *Cupania* sp., *Didymopanax* sp., *Dalbergia* sp., *Erythrina* sp., *Ilex* spp., *Inga* spp., *Luhea* sp., *Lafoensia* sp., *Machaerium* sp., *Nectandra* sp., *Ocotea* sp., *Piptocarpha* sp., *Piptadenia* sp., *Picraena* sp., *Rapanea* sp., *Roupala* sp., *Tecoma* sp., *Vochysia* sp.

In einer ganz anderen Umgebung trat *J. puberula* agg. am Fuße der Küstengebirge in São Paulo (Cananéia, nahe bei Paraná) auf. Außer bei den in der Blühzeit unterschiedlichen Populationen der Krüppelrestingas (Abb. 16, vgl. S. 107) konnte die Verteilung der blühenden und weit sichtbaren *J. puberula*-Individuen gut erkannt werden. Dabei zeigte sich, daß die gesamte Küstenebene, in der z. T. noch der ursprüngliche mittelhohe Restinga-Wald vorhanden war, gleichmäßig mit Exemplaren dieser Art bedeckt war (geschätzte Dichte: 5–10 Individuen/ha). Bei ca. 100 m Seehöhe, wo bereits dichtere und höhere Wälder beginnen, hörte ihr Vorkommen auf – eine ganz ähnliche Situation wie bei Ubatuba (Abb. 67).

Landeinwärts ist *J. puberula* agg. erst wieder am meeresabgewandten Fuß des Küstenbergrückens im Flußtal des Rio Jacupiranga vertreten. Dort besiedelt sie die knapp über der Meereshöhe gelegenen, teilweise laubabwerfenden, ca. 10–15 m hohen Halbtrockenwälder. Die etwa 5–7 m hohen Bäumchen (Abb. 5 C) bevorzugen die Waldränder, stehen dort in oft dichten Gruppen (bis zu 10 Individuen), sind aber auch in einzelnen Exemplaren im Inneren der Waldung vorhanden. Die Umgebung zeichnet sich durch häufiges Auftreten von Baumfarnen und kleinen hartblättrigen Epiphyten (*Tillandsia* sp.) aus; weiters sind *Rollinia* sp. und ein Vertreter der *Melastomataceae* (vulg. Tapororok) existent.

Wahrscheinlich dringt *J. puberula* agg., die die küstennahen Höhenrücken meidet, entlang des Rio da Ribeira von der Flachküste in diese Wälder ein. Von dort ist sie bis zur Paßhöhe (ca. 800 m) der landeinwärts aufsteigenden Serra do Paranapiacaba (vgl. Abb. 68) in einzelnen Exemplaren, besonders aber am Rande von Kulturen und in Lichtungen zu finden. Der Abhang dieses Gebirges ist, da der Großteil des Steigungsregens bereits vor den Küstenbergen abgegangen ist, nur mäßig feucht. An bodenfeuchten Stellen kann sich bis zu 20 m hoher „Bergregenwald" entwickeln, der jedoch

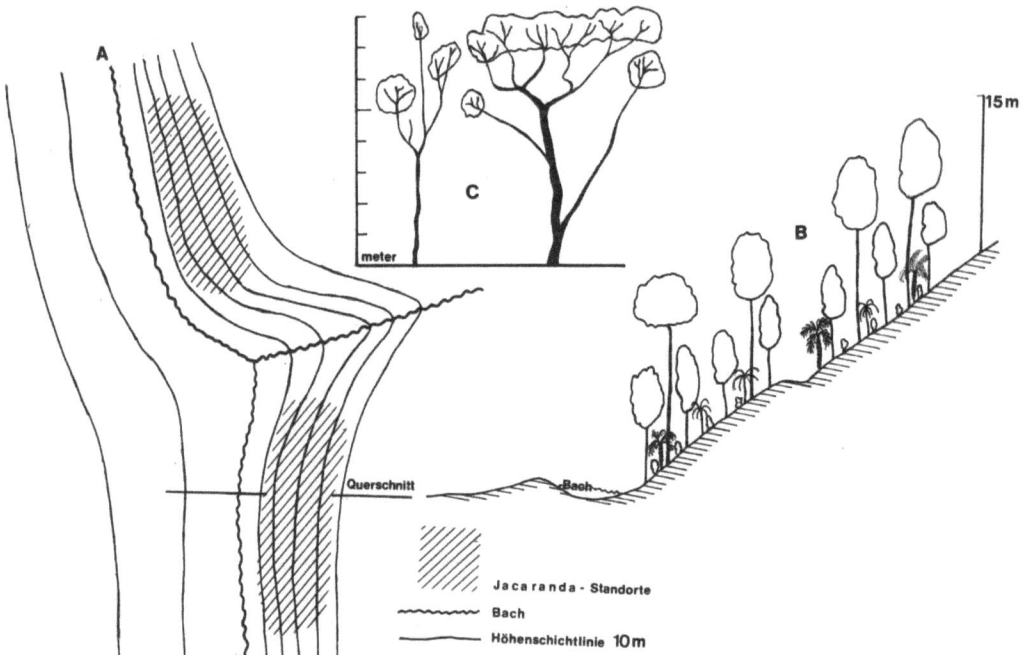

Abb. 44. A: Grundriß des Geländes bei der Estação Experimental de Plantas Tropicais (Ubatuba) mit Höhenschichtlinien (5 m) und *J. puberula*-agg.-Vorkommen (Schraffur). Das Profildiagramm Abb. 45 verläuft parallel zur dritten Höhenschichtlinie bachaufwärts, im unteren Teil. B: Schematische vereinfachte Darstellung des niedrigen Regenwaldes mit Überstehern, Palmen und Baumfarnen. Der Querschnitt verläuft in der Fallinie des Hanges. C: *J. puberula* agg., jüngeres (links) und älteres (rechts) Individuum aus der Population in der Nähe des Querschnittes.

von *J. puberula* agg. gemieden wird, die lichtere Standorte in Halbtrockenwäldern vorzieht.

Auf der Paßhöhe charakterisieren vereinzelte Bäume von *J. puberula* die Struktur der heute weitgehend ausgelichteten Gipfelwälder: Diese sind 6—10 m hoch, der nicht ganz gerade Stamm der ausgewachsenen, z. T. sehr alten Individuen (U = 50—60 cm) ist nur 2—4 m lang, die vielfach verzweigten krummen Äste sind mit Flechten, Moosen und Kleinepiphyten (*Ripsalis* sp., *Orchidaceae*, *Tillandsia* sp.) bedeckt, und die gleichmäßige Kronenform läßt einen auch früher nicht zu dichten Baumbestand vermuten. Unter den Begleitarten fallen *Rubus* sp. und *Buddleia* sp. besonders auf.

Diese Gipfelwälder schließen bereits an die Halbtrockenwälder des südlichen inneren São Paulo an, wo *J. puberula* zwar selten, aber recht konstant auftritt: In flußbegleitenden, etwas feuchteren, größtenteils immergrünen Wäldern, in trockeneren, weitgehend laubabwerfenden, von mächtigen Lianen (*Bauhinia* sp., vulg. escada do macaco) durchzogenen Hangwäldern und auch in Gipfelpositionen sind stets Individuen dieser Art zu finden. Die erwachsenen Individuen, die schon an der hellbeigen, flächig abschülfernden Rinde zu erkennen waren, sind in diesem Gebiet in einer geschätzten Frequenz von 1—3 Individuen/ha vorhanden. Sie werden selten über 8 m hoch, verzweigen sich im oberen Drittel der Gesamthöhe zu einer schmalen Krone und stellen innerhalb des meist höheren Waldes ein unauffälliges Element dar.

Weitere Daten über das Vorkommen von *J. puberula* agg. konnten in einem mehrfach gestaffelten Transekt durch die Serra do Mar zwischen São Paulo und Rio de Janeiro erhoben werden.

Bei Ubatuba (Praya grande, 4 km WSW von U.) ist *J. puberula* agg. an der Übergangszone von niedrigem Krüppel- und Buschwald zu geradstämmigem hohem Restinga-Wald vertreten (Abb. 43)*, der auf weißem Sand mit einer dünnen schwarzen Humusschichte überzogen ist. Der Großteil ist dünnstämmig (U < 50 cm), die 3 größten Individuen zeigten Stammumfänge von 56, 70 und 95 cm. Die bodendeckende dichte Kraut- und Strauchschichte besteht aus Bodenbromelien, *Psychotria* sp., *Acanthaceae*, *Araceae* und hohen bambusartigen Gräsern. Zahlreiche Lianen — oft bis zu 3/Baum — ranken durch das Geäst. Der überreiche Epiphytenbewuchs (bis zu 120 Individuen/Baum) besteht aus verschiedenartigen, meist jedoch kleinen *Bromeliaceae*, *Orchidaceae*, *Araceae*, *Gesneriaceae* und Farnen. Neben *J. puberula* agg., die in einem 10 × 10-m-Quadrat mit 2 erwachsenen Individuen (H = 9,5 cm, U = 55 cm; H = 9 m, U = 48 cm) und 3 halbmetergroßen Jungexemplaren vertreten ist, kommen folgende Taxa vor: *Ilex* sp. (dominierend), *Rapanea leuconeura* (häufig), *Calophyllum* sp., *Vismia* sp., diverse *Myrtaceae* und die stachelige Palme *Astrocaryum* sp.

In einer sehr ähnlichen Restinga kommt *J. puberula* agg. auf einer Insel (Ilha Comprida) vor Cananéia vor. Beide Fälle zeigen, daß sie in Restingas dieser Art sehr selten vertreten ist (max. 1—2 Individuen/ha).

Viel dichter tritt sie in den strukturell unterschiedlichen, lichteren und geradstämmigen Restinga-Wäldern, wie z. B. bei Bertioga in der Nähe einer Mangrove, auf. (Diese Restinga kann etwa mit den vorher auf S. 106 erwähnten Wäldern der Küstenebene bei Cananéia verglichen werden.) Dort ist *J. puberula* agg. sowohl in dichten Populationen erwachsener Individuen (geradstämmige Kronenbäumchen von 2—6 m) als auch in zahlreichen Jungexemplaren häufig vorhanden. Daneben kommen der aus der Mangrove eindringende *Hibiscus tiliaceus* sowie *Crinum erubescens*, *Annona* sp., *Clusia* sp., *Guatteria* sp., *Mucuna* sp., *Tocoyena* sp., *Dilleniaceae* (cf. *Doliocarpus*), *Apocynaceae*, *Melastomataceae*, *Mimosaceae*, *Myrsinaceae* und *Myrtaceae* vor (nach I. & G. GOTTSBERGER, mündl. Mitt.).

* Die Daten stammen z. T. aus einer vorläufigen Auswertung einer Vegetationsstudie (MORAWETZ & GOTTSBERGER in Vorb.).

Ebenso häufig ist *Jacaranda* in den hohen, den Tieflandregenwäldern ähnlichen, etwa 5—15 km von der Küste entfernten Restinga-Wäldern. In der Nähe von Ubatuba, knapp bevor die ersten Hügel der Serra do Mar beginnen, wurden in einem solchen von Bächen durchzogenen Wald auf sandigem Boden in einem 10 × 10-m-Quadrat 3 erwachsene Individuen von *J. puberula* agg. gefunden (H = 10 m, U = 58 cm; H = 10 m, U = 54 cm; H = 9 m, U = 49 cm). Daneben kommen noch zahlreiche Jungexemplare verschiedener Größe vor. Die Frequenz von *Jacaranda* scheint in diesem Fall auch für größere Flächen des gleichen Waldtypus repräsentativ zu sein, es ist auf weite Strecken eine Dichte von bis zu 50 Individuen/ha zu erwarten. Strukturell zeichnet sich diese Vegetation durch eine Höhe von etwa 18 m aus (*Jacaranda* ist nur an manchen niedrigeren Stellen in der obersten Kronenschichte), und die meisten Bäume haben Stammumfänge über 50 cm, die größten 3 erreichten sogar 102, 112 und 166 cm. Palmen sind kaum vertreten, und die Kraut- und Strauchschichte dieses sekundär beeinflußten Waldes ist recht dicht (div. *Piperaceae, Rubiaceae, Bambusoideae*). Epiphyten beschränken sich hier im wesentlichen auf *Araceae, Bromeliaceae* und Farne; Orchideen sind selten.

Von diesen tief gelegenen Wäldern steigt *J. puberula* agg. noch etwa 250 m hinauf und tritt dann erst wieder im Paraiba-Tal, im Rücken der Serra do Mar, auf. Auf den meeresseitig gelegenen Hängen meidet sie aber die dichten hohen Regenwälder und ist hauptsächlich in niedrigeren Typen zu Hause.

So ist *J. puberula* agg. in einem niedrigen Regenwald auf 50 m Seehöhe in der Nähe von Ubatuba (Estação Experimental de Plantas Tropicaes) beobachtet worden (Abb. 44—45). Das Vorkommen der lockeren Populationen (2—4 Individuen/100 m²) beschränkt sich auf einige bachnahe Tiefhanglagen, jedoch ohne die sumpfigen Stellen zu erreichen (Abb. 44). Die umgebende Vegetation ist etwa 12 m hoch und hat vereinzelte Übersteher bis zu 16 m. Der lichte (ausgeschlagene?) Wald setzt sich aus Bäumen zusammen, die meist Stammumfänge unter 50 cm haben, die 3 größten gefundenen Individuen erreichen 79, 83 und 130 cm. *J. puberula* agg. erreicht meist die oberste Kronenschichte und gehört zu den größeren Bäumen (z. B. H = 10 m, U = 54 cm; H = 9 m, U = 54 cm). Der Unterwuchs ist mäßig dicht ausgebildet, neben Sträuchern der verschiedensten Arten fallen Bodenbromelien, Farne und Gräser auf. Epiphyten mittlerer Größe sind in mäßiger Zahl (selten mehr als 10/Baum) in den Kronen verteilt. Winder und Lianen sind weitgehend abwesend. Neben dem Vorkommen einiger stacheliger Palmen und vieler Baumfarne (2 Arten) sind die Übersteher *Virola* cf. *oleifera* und *Moquinia* sp. (vulg. Cambarea) auffallend, die auch in den höheren Lagen des Gebirgszuges ein wichtiger Bestandteil der Wälder sind. Weiters kommen *Cassia multijuga, Casearia* sp., *Guatteria* sp., *Rollinia* sp., *Lauraceae* (2 Arten), *Melastomataceae* (3 Arten), *Myrtaceae, Sapotaceae* und ein immer steriler Schopfbaum (cf. *Araliaceae*) vor. In der Strauchschichte findet sich *Markgravia* sp., die auch in den küstennahen Restingas auftritt, in größeren Höhen aber fehlt.

Auf 250 m Höhe ist *J. puberula* agg. bereits dem stärkeren Steigungsregen ausgesetzt und auch an bodentrockenen Standorten zu finden. So dehnt sich in dieser Seehöhe auf dem Oberhang einer steilen Böschung, etwa 50 Höhenmeter vom nächsten Bach entfernt, ein dichter, mittelhoher dünnstämmiger Regenwald auf gelbrotem Latosol aus. Dort kommt *J. puberula* agg. als schlanker, kaum verzweigter Kronenbaum (z. B. H = 11 m, U = 48 cm) vor und erreicht das oberste Stratum des Waldes (ca. 15 m) kaum. Die Frequenz ist sehr gering, die Individuen stehen vereinzelt und sind meist 150 m oder mehr voneinander entfernt (< 1 Individuum/ha). Die meisten Bäume der Umgebung haben Stammumfänge unter 30 cm, die größten eines 10 × 10-m-Quadrates erreichten jedoch 91, 95 und 126 cm. Jungpflanzen von *Jacaranda* wurden in dem schwach entwickelten Unterwuchs nicht gefunden, der hauptsächlich aus Keim-

Abb. 45. *J. puberula* agg. in einem niedrigen Regenwald am Fuße der Serra do Mar (vgl. Abb. 44), 50 m, Aug. 1975, Profildiagramm 25 × 5 m. J: *J. puberula* agg. (die beiden Bäume werfen gerade das Laub ab); F: Baumfarn; L: *Lauraceae;* M: *Melastomataceae;* O: *Olacaceae;* W: Häufiger steriler Schopfbaum (cf. *Araliaceae*).

lingen anderer Arten, *Marantaceae*, Farnen (1 Art) und hartblättrigen *Cyperaceae* besteht, in der ebenfalls spärlichen Strauchschichte kommt *Piper* sp. vor. Die hohe Zahl baumförmiger Arten, die vielen Palmen unterschiedlicher Größe und der lichtarme Unterwuchs geben diesem Standort Ähnlichkeit mit den niedrigen Terra-firme-Wäldern Amazoniens. Hingegen sind die zahlreichen Epiphyten aus verschiedenen Familien eine charakteristische Ausbildung küstennaher Wälder.

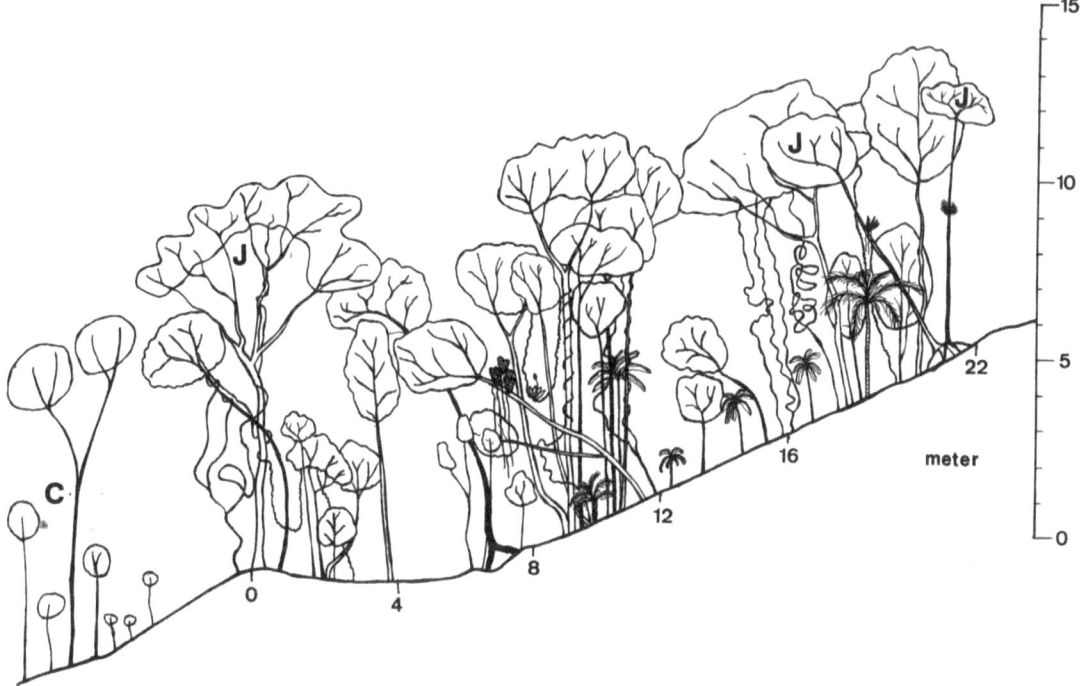

Abb. 46. *J. montana* (J) in einem Bergregenwald der Gipfelregion der Serra do Mar (vgl. Text, S. 110) entlang der Straße Ubatuba–Taubaté, 850 m, das Profildiagramm 22 × 5 m verläuft etwa 45° zur Fallinie, Aug. 1975; C: An den Wald anschließende Lichtung mit *Cecropia* sp. Der rotbraune Latosolboden mit einer nur schwachen Laubstreuschichte und ohne Humushorizont wird vom heftigen Regen weggewaschen. Bei manchen Bäumen (z. B. bei Meter 8 bzw. 22) ist deswegen ein Teil des Wurzelsystems freigelegt. Im Unterwuchs des für diese Höhenstufe recht gleichmäßig ausgebildeten Waldes finden sich niedrige Baumfarne und Palmen.

Neben diesem Vorkommen in verhältnismäßig ungestörter Umgebung etablieren sich zahlreiche kleine, bereits fertile Bäumchen und Sträucher an Wegrändern, Böschungen und auf neu ausgeschlagenen Lichtungen.

Ein solcher Kahlschlag (ca. 250 × 250 m) ist im Anschluß an den oben beschriebenen Regenwald vorhanden. Die Abholzung erfolgte vor ca. 15 Jahren (Straßenbau) und hinterließ eine offene savannenartige Fläche. Der dichte Grasbewuchs verhindert das Aufkommen von sekundären Gehölzen weitgehend, die Fläche ist im wesentlichen mit Individuen von *J. puberula* agg. bestanden (ca. 6—10 Individuen/100 m^2). Diese sind als 1,5—4 m hohe Sträucher, Kronen- und Schopfbäumchen ausgebildet und etwa ab 1 m Höhe fertil. Daneben sind noch wenige Vertreter von *Cassia multijuga, Cecropia* sp., *Manihot* sp., *Siparuna* sp., *Tibouchina* sp. und *Mimosaceae* in der Fläche verteilt.

Nach diesem in der Serra do Mar höchsten Vorkommen war *J. puberula* agg. entlang des Transektes durch die Küstengebirge erst wieder im Paraiba-Tal zu finden. Der noch am besten den natürlichen Verhältnissen entsprechende Standort ist in dem wenig gestörten feuchten, z. T. laubabwerfenden Wald im botanischen Garten von São Paulo. Dort ist *J. puberula* agg. neben kleineren Individuen in Zweitwuchsbeständen als bis zu 12 m hoher stattlicher Baum des primären Waldes vertreten. Dieser zeichnet sich durch 12—15 m Höhe, dichten Wuchs, zahlreiche Lianen und Epiphyten und mäßigen Unterwuchs aus. Von der bei HOEHNE et al. (1941) genauer analysierten Flora werden hier nur wenige in der weiteren Umgebung von *Jacaranda* vorkommende Arten genannt: *Casearia sylvestris, Inga sellowiana, Luhea speciosa, Machaerium dimorphandrum, Mollinedia iomalla, Rapanea umbellata, Rollinia emarginata, Roupala brasiliensis, Styrax leprosum, Xylopia brasiliensis.*

J. montana

Vertreter dieser Art sind hauptsächlich auf höhergelegene primäre Wälder der Serra do Mar beschränkt, die bei 400 m noch Ähnlichkeit mit Tieflandregenwäldern haben, bei 900 m aber bereits viele Kennzeichen montaner Regenwälder zeigen (vgl. S. 103). Die größte Häufigkeit erreicht *J. montana* in den Gebieten knapp unter der Paßhöhe, wo auch der Hauptanteil der Steigungsregen niedergeht (bis zu 4000 mm).

Genauere Standortsanalysen liegen von Gebieten etwa 15 km W von Ubatuba vor, wo die Straße Ubatuba—Taubaté durch noch weitgehend ursprüngliche Vegetation führt.

In der Nähe der Paßhöhe (800—950 m) dehnen sich auf sehr steilen, zu Bächen hin abfallenden Hängen relativ dichte Gipfelwälder aus, die sehr inhomogen aufgebaut sind: Gleichmäßiger geradstämmiger hoher Baumbestand, der bis zu 20 m Höhe erreicht, wechselt mit niedrigerem 8—10 m hohem, bisweilen schon krüppeligem Wald, der von vereinzelten Überstehern überragt wird. In den Bachtälern nehmen häufig dichte Bestände von Baumfarnen überhand, senkrecht abfallende Erdhänge sind von krautigem Niederwuchs überwuchert und offene Quellfluren von Strauchwerk eingefaßt, das erst allmählich in höhere Wälder übergeht. Je nach der Dichte und Höhe des Waldes sowie der Bodenfeuchtigkeit ist die Kraut- und Strauchschichte wechselnd dicht, ebenso sind Lianen und Epiphyten verschiedenartig, jedoch meist in großer Zahl in die Gipfelwälder eingestreut. Fleckenweise können vivipare *Bromeliaceae* dichte Vorhänge vor ganzen Baumfronten bilden, 1—2 m große Orchideennester die Baumkronen beherrschen oder mächtige, bis zu 1 m lange Bromelien die Äste überladen. An anderen Stellen nehmen wiederum *Araceae* überhand, die teils als Kletterer, teils als Epiphyten das dichte Gewirr ihrer Luftwurzeln bis an den Boden hängen haben. Einzelne Bäume oder Baumgruppen bleiben aber auch bis auf einige Mikroepiphyten vollkommen unbesetzt.

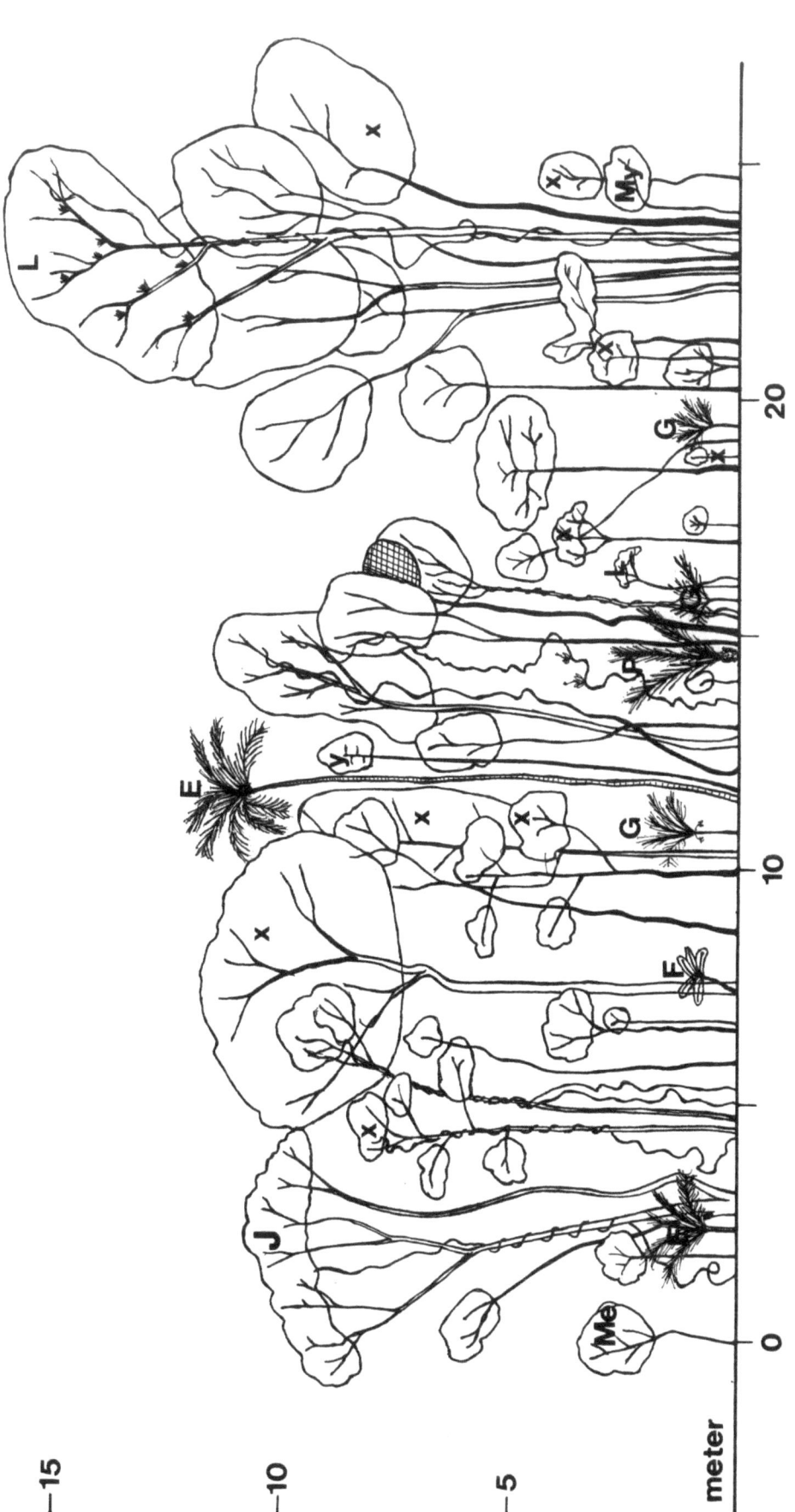

Abb. 47. *J. montana* in einem Regenwald (vgl. Text, S. 112) der Serra do Mar, 400 m, entlang der Straße Ubatuba–Taubaté, Vegetationsprofil 25 × 5 m, quer zu einem steilen Hang, Aug. 1975, Lianen und einige Großepiphyten eingezeichnet. J: *J. montana*; G: *Geonoma fiscellaria*; L: *Leguminosae*; Me: *Melastomataceae*; My: *Myrataceae*; E: *Euterpe* sp.; F: Baumfarn; X: Häufige Art mit auffälligen Fingerblättern; Y: Schopfbaum aus Abb. 45; P: Jungexemplar einer großwüchsigen Palme.

J. montana gliedert sich in sämtliche Waldtypen dieser Höhenstufe ein: als mächtige Übersteher von über 20 m auf steilen Hanglagen, als Baum der obersten Kronenschicht in gleichmäßige, 15 m hohe Wälder eingestreut oder — als häufigste Art — große Flecken dominierend. Die große Zahl von Keimlingen und Jungpflanzen jeden Alters lassen in dieser Umgebung optimale Bedingungen für *J. montana* vermuten: Überall dort, wo der Wald durch natürlichen oder menschlichen Einfluß gelichtet ist, stehen Keimlinge und Jungpflanzen zu Hunderten dicht nebeneinander, und auch geschlossene buschige Bestände von 3—5 m besitzen gegenüber anderen Arten (z. B. *Cecropia* sp.) hohe Konkurrenzkraft. Jedoch sprechen auch die weniger häufig, aber regelmäßig im Unterwuchs von ungestörten Wäldern aufkommenden Individuen von *J. montana* für eine gut funktionierende Regeneration dieser Art.

Abb. 46 zeigt einen lockeren Bestand von *J. montana* in einem ± gleichmäßig ausgebildeten mittelhohen Wald auf einem bachfernen Oberhang. In solchen und ähnlichen Beständen ist diese Art mit etwa 3—4 Individuen/100 m^2 vertreten, die z. B. 80, 91 und 92 cm Stammumfang aufweisen. Der Großteil der restlichen Bäume hat Stammumfänge unter 50 cm, in 2 ausgemessenen 10 × 10-m-Quadraten erreichten die größten Individuen 87, 91 und 92 cm bzw. 113, 114 und 150 cm. Strukturelle Besonderheiten sind außerdem die häufig schief wachsenden Bäume auf dem unruhigen, sich erodierend bewegenden Boden (z. B. das ausgewaschene Wurzelwerk bei *Jacaranda*, meter 22), die zahlreichen Lianen und die vereinzelten Baumfarne bzw. schmalstämmigen Palmen. Floristisch ärmer als in tieferen Lagen, zeichnen sich diese Wälder gegenüber den Tieflandregenwäldern durch folgende Differentialarten aus: *Drimys brasiliensis* subsp. *sylvatica*, *Hedyosmum brasiliense*, *J. montana*, *Weinmannia* sp., ebenso sind in dieser Höhenlage weniger Palmenarten und Bodenfarne vorhanden. Außerdem sind noch folgende Taxa häufig: *Inga sessilis*, *Mollinedia* sp., *Rapanea umbellata*, *Rollinia* sp., *Siphocampylus convolvulaceus* (Winder) sowie baumförmige Vertreter verschiedener Arten aus den Familien der *Euphorbiaceae*, *Lauraceae*, *Melastomataceae*, *Myrtaceae* und *Leguminosae*.

In tieferen Lagen nimmt das Vorkommen von *J. montana* deutlich ab, auch Jungpflanzen und Keimlinge sind seltener, und die wenigen vorgefundenen erwachsenen Individuen zeigen einen geringen Blüh- und Fruchtansatz.

In Abb. 47 ist ein Querschnitt durch einen für die Höhenstufe um 400 m typischen Wald dargestellt — dem am tiefsten bei Ubatuba vorgefundenen Vorkommen von *J. montana*. Dieser Waldtypus ist eine Übergangsform zwischen Tiefland- und Bergregenwald und wesentlich gleichmäßiger ausgebildet als die Gipfelwälder. Nicht allzuhoch (14—17 m) breitet er sich an ebenfalls sehr steilen Hängen aus. Besonders auffallend ist die Vielfalt der Palmen: Im Unterwuchs kommen diverse *Geonoma*-Arten (z. B. *G. fiscellaria*) vor, im mittleren Stratum sind *Astrocaryum*-ähnliche Palmen vorhanden, und in der obersten Kronenschicht breiten sich *Euterpe* sp. und eine dickstämmige Palme mit mächtigen Fiederblättern aus. Die Stammdicken der meisten Bäume sind etwas größer als in der Gipfelregion, sie erreichen meist Werte über 50 cm. Die 3 größten Bäume eines durchschnittlichen 10 × 10-m-Quadrates zeigten Stammumfänge von 112, 126 und 130 cm, hingegen ist *J. montana* in dieser Höhenstufe eher schwächlich ausgebildet, die 4 größten vorgefundenen Individuen hatten Stämme mit 34, 54, 60 und 63 cm Umfang. Winder und Lianen sowie Epiphyten sind auf wenige Exemplare beschränkt, dabei ist bei diesem Befund auch an die Möglichkeit einer lokalen Variation zu denken. Die Bodenschicht ist sehr reich an Farnen (ca. 10 Arten), *Zingiberaceae* und der über weite Flächen bodendeckenden *Hypolytrum schraderianum*. Die Holzpflanzen entsprechen z. T. den Wäldern der unteren Serra-Abhänge (*Virola* cf. *oleifera*, *Moquinia* sp., div. *Melastomataceae*, *Lauraceae* und ein steriler Schopfbaum aus Profildiagramm Abb. 45) und z. T. den Arten der Paßhöhe (*J. montana*, baumförmige

Euphorbiaceae, Inga sp., div. *Myrtaceae*). Die anderen für die Gipfelregion angeführten Differentialarten kommen in dieser Höhe nicht mehr vor.

Ein weiteres Vorkommen von *J. montana* befindet sich an der Südgrenze des Staates São Paulo in der Serra do Paranapiacaba. Dort ist sie auf nur 270 m Höhe gefunden worden, was im Gegensatz zu ihrer sonstigen Verbreitung steht (bei Ubatuba 400–950 m, bei Paratí 970 m, am Corcovado 700 m, in der Nähe von São Paulo ca. 700 m). Ihr Auftreten in einer solch geringen Höhe läßt sich einerseits durch die dort weitgehend zerstörte Vegetation und anderseits durch große Bodenfeuchte ihres Standortes (Bachbett) erklären (vgl. S. 139).

Die Individuen von *J. montana* bei Paratí standen ebenfalls recht vereinzelt in schon weitgehend abgeschlagenen Gipfelwäldern knapp unter der Paßhöhe der Serra do Mar. Das einzige Charakteristikum dieser Vegetation, das noch festgestellt werden konnte, war dichter Moos- und Flechtenbewuchs auf den wenigen verbliebenen, etwa 15 m hohen Bäumen.

J. micrantha

Eine Art, die ähnlich wie *J. puberula* agg. sowohl in küstennahen Regenwäldern als auch in verschiedenen Inlandwäldern vorkommt, ist *J. micrantha*. Dabei ist sie im Gegensatz zu *J. puberula* agg. in höheren Wäldern zu Hause und in sekundär beeinflußten Vegetationstypen seltener zu finden.

KLEIN (1972) beschreibt sie als seltenen Baum feuchter oder auch überschwemmter Böden der subtropischen Wälder am oberen Uruguay-Fluß. Arten, die *J. micrantha* in den Küstenwäldern begleiten (z. B. *Euterpe edulis*), kommen dort nicht mehr vor. Diese Wälder werden hauptsächlich von *Lauraceae* dominiert, aber auch Arten der

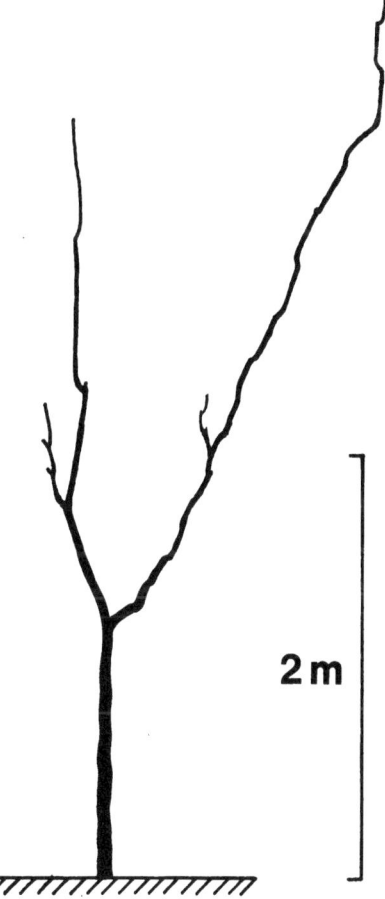

Abb. 48. *J. micrantha* an einem Grenzstandort (trockener, weitgehend laubabwerfender Wald, Abb. 49). Dieses Bäumchen ist zumindest 20 Jahre alt (17 cm Stammumfang) und hat vermutlich noch nie geblüht. Jede Biegung der beiden größeren Äste ist durch die jährlich absterbenden terminalen Knospen und die neuen lateralen Austriebe entstanden.

Gattungen *Lonchocarpus, Piptadenia* und *Apuleia* sind in der obersten Kronenschichte häufig. Weiters kommen folgende Taxa in der weiteren Umgebung von *J. micrantha* vor: *Arecastrum romanzoffianum, Casearia decandra, C. inaequalilatera, C. sylvestris, Erythroxylum deciduum, E. microphyllum, Ilex brevicuspis, I. dumosa, Ilex* spp., *Inga marginata, Inga sessilis, Inga* spp., *Luhea divaricata, Machaerium stipitatum, M. nicticans, Roupala cataractarum, R. meisneri, Styrax leprosus, Weinmannia paulliniifolia* (aus KLEIN 1972, eine genauere floristische Analyse dort).

J. micrantha soll selten in Populationen, sondern meist vereinzelt — oft mit vielen 100 m bis zum nächsten Individuum — vorkommen (SANWITH & HUNT 1974); dies stimmt auch mit eigenen Beobachtungen überein.

Das südlichste von mir aufgefundene Vorkommen von *J. micrantha* liegt an den SO-Abhängen der Serra do Paranapiacaba in São Paulo (zur Verbreitung vgl. Abb. 37). Dort kommt *J. micrantha* in den weitgehend zerstörten Wäldern (vgl. S. 113, 139) auf etwa 150 m Seehöhe an einer flußnahen, sehr feuchten Stelle als 10 m hoher Baum (U = 60 cm) vor. Die heute weitgehend durch stacheliges Gebüsch, *Dioscoreaceae*-Lianen, *Cecropia* sp. und div. *Melastomataceae* geprägte Vegetation ist ursprünglich wohl ein hoher feuchter bis halbtrockener Wald gewesen, wie vereinzelte stehengebliebene Bäume anzeigen.

Der nächste nördlich gelegene Fundpunkt im Küstengebirge zwischen Ubatuba und Paratí (vgl. Abb. 67) zeigt *J. micrantha* z. T. als sehr großen (H = 20 m, U = 135 cm, Kronendurchmesser = 10 m), in einer Bananenpflanzung stehengebliebenen Baum auf ca. 150 m Höhe (Abb. 59 C), z. T. waren ebenso große Individuen im hohen Regenwald auf 150—200 m vertreten. Diese und ähnliche Befunde bei Rio de Janeiro (± naturbelassene Wälder des botanischen Gartens) lassen vermuten, daß *J. micrantha* sowohl die Küstenebene als auch die viel niederschlagsreicheren Gipfelpositionen der Küstengebirge meidet und als sehr seltene Art (weniger als 1 Individuum/ha) die hohen Tieflandregenwälder der beginnenden Hügel der Serra do Mar (ca. 150—400 m) als mächtiger Baum der obersten Kronenschichte besiedelt.

Trotz der geringen Frequenz der erwachsenen Individuen sind Jungpflanzen recht häufig aufzufinden: In Umbruchslücken, an Waldrändern und im lichten Unterwuchs stehen, oft einige 100 m vom Mutterbaum entfernt, Bäumchen von 2—4 m Höhe. Da höhere Individuen weitgehend fehlen, ist anzunehmen, daß sich die mittelhohen Bäume von *J. micrantha* im Laufe der Sukzession nicht so konkurrenzkräftig durchsetzen wie z. B. *J. montana* in der Gipfelregion.

Etwas unterschiedlich zeigt sich *J. micrantha* in den flußbegleitenden, jedoch nie überschwemmten Wäldern in den höheren Lagen der Serra de Botucatu. In diesen teilweise laubabwerfenden, ca. 15 m hohen bodenfeuchten, aber niederschlagsarmen (ca. 1350 mm) Wäldern kommen fleckenweise dichte Populationen (bis zu 6 Individuen/ 100 m^2) dieser Art vor. *J. micrantha* ist hier wesentlich kleiner als in der Serra do Mar: Das größte vorgefundene Individuum erreichte nur 12 m Höhe und einen Stammumfang von 85 cm, andere Exemplare waren wesentlich kleiner. Die umgebende Vegetation zeichnet sich vor allem durch hohen Lianenreichtum und Epiphytenarmut (hauptsächlich *Tillandsia* sp. und wenige *Araceae* und *Orchidaceae*), eine recht gut ausgebildete Kraut- und Strauchschichte und geradstämmigen, gleichmäßigen Baumwuchs aus. Jungexemplare von *Jacaranda* sind vorzugsweise am Waldrand und an anderen lichten, eher feuchten Stellen, bisweilen jedoch auch im dichten Unterwuchs zu finden.

Von diesen flußnahen Standorten breitet sich *J. micrantha* noch in Feucht- bis Halbtrockenwälder des nördlichen Gebirgsabhanges bis ca. 700 m (vgl. Abb. 69) aus. Dort ist sie seltener als auf der Hochfläche, jedoch ebenfalls in bodenfeuchten Positionen vorhanden und meidet trockene Hügellagen wie z. B. *Chorisia* sp.-dominierte laubabwerfende Wälder, die sich im Unterwuchs durch eine häufig sehr große *Ananas*-ähnliche Bodenbromelie auszeichnen.

Solche bodentrockenen Lagen stellen für *J. micrantha* bereits Grenzstandorte dar, wie in einem halbtrockenen bis trockenen, weitgehend laubabwerfenden Wald etwa 20 km südlich von Botucatu (am Weg nach Pardinho) deutlich zu sehen ist. In dem etwa 8—10 m hohen Wäldchen, das auf einer bachfernen Hügelposition gelegen ist, kommt ein einziges Krüppelexemplar von *J. micrantha* vor (Abb. 49). Das nur etwa 4 m hohe Bäumchen (Abb. 48) ist zumindest 20 Jahre alt, hat aber noch nie geblüht, der jährliche Größenzuwachs beträgt nur 20 cm, und der Stamm verdickt sich nur unwesentlich (unter günstigeren Bedingungen erreicht diese Art im gleichen Zeitraum bereits 12—16 m und 70—90 cm Stammumfang). Die umgebende sekundär beeinflußte Vegetation ist vor allem durch schiefen bis krüppeligen Baumwuchs, eine sehr dichte Strauchschichte, sehr viele Lianen und Winder sowie weitgehend fehlende Epiphyten gekennzeichnet. Weiters fallen regelmäßig eingestreute Palmen *(Arecastrum romanzoffianum)*, zahlreiche hartblättrige, immergrüne *Lauraceae* und Arten mit dick korkartiger Borke bzw. bedornten Stämmen auf.

J. jasminoides

Diese Art ist hauptsächlich in den gebirgigen Trockengebieten von Bahia und Ceará zu Hause und kommt dort auf sehr flachgründigen Böden zwischen Felsen vor. Die umgebende Vegetation ist offenes savannenartiges Strauch- und Baumland mit zahlreichen xerophilen Arten. Am südlichsten Punkt ihrer Verbreitung (Rio de Janeiro) besiedelt sie jedoch Trockeninseln im umgebenden Regenwald und dringt vermutlich auch an feuchtere Standorte bzw. restingaähnliche Vegetationstypen vor.

Auf dem Zuckerhut bei Rio de Janeiro findet sich etwa 20 Höhenmeter unterhalb des Gipfels (390 m) auf einem steilen Westhang eine Population von *J. jasminoides*. Die 3—5 m hohen Bäumchen stehen sowohl an offenen gelichteten als auch baumbestandenen Stellen bzw. im dichten Gestrüpp, stellen jedoch einen untergeordneten Bestandteil der Vegetation dar. Der umgebende Wald steht auf sehr flachgründigem Boden

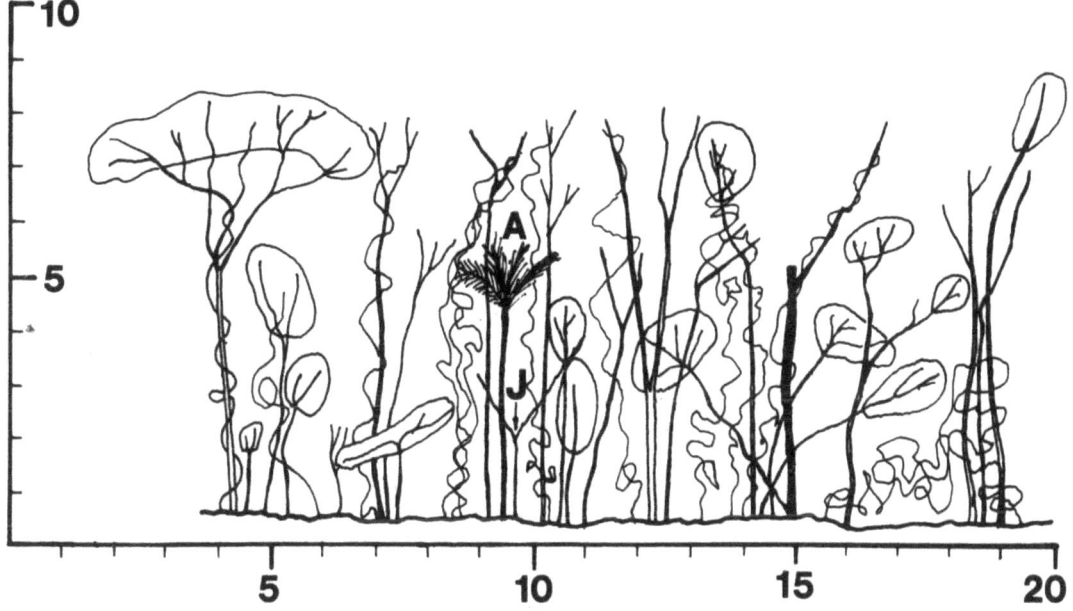

Abb. 49. *J. micrantha* (J) in einem teilweise saisongrünen Trocken- bis Halbtrockenwald in der Serra de Botucatu (vgl. Text), Profildiagramm 15 × 4 m, Sept. 1978, Bäume ohne eingezeichnete Kronen sind laublos; A: *Arecastrum romanzoffianum*, s. auch Abb. 48.

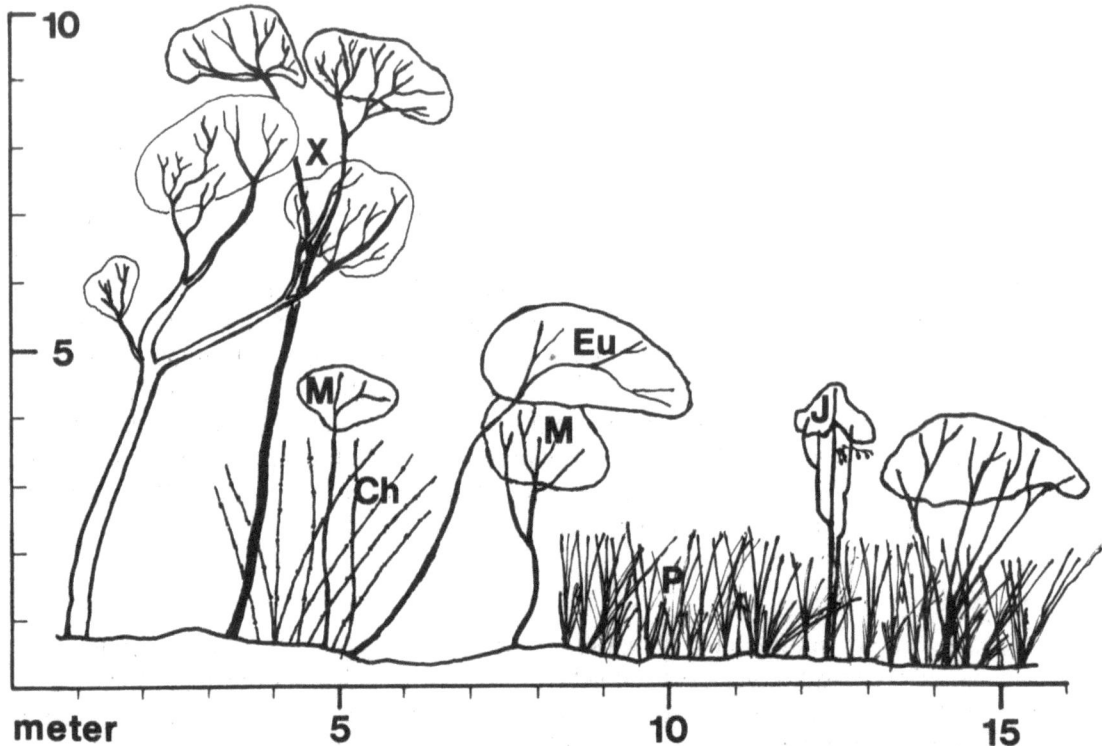

Abb. 50. *J. jasminoides* (J) am Rande eines Hartlaubwaldes am Gipfel eines Küstenfelsens bei Rio de Janeiro (Pão de Açúcar), Profildiagramm 15 × 3 m; Ch: *Chusquea* sp.; Eu: *Euphorbiaceae;* M: *Melastomataceae;* P: Diverse Gräser; X: Häufiger hartlaubiger Baum mit Fingerblättern.

und geht knapp vor den steil abfallenden Felswänden in dichtes Kakteengestrüpp (*Cereus* sp.) über. Physiognomische Charakteristika (vgl. Abb. 50) des 7—10 m hohen Baumbestandes sind der häufig schiefe Wuchs, die auffallend vielfache Verästelung der Zweige und das meist xeromorphe Laub. Im Unterwuchs herrschen hauptsächlich hohe Gräser und niedriger Bambus (*Chusquea* sp.) vor. In den deutlich vom Wind geformten Kronen sitzen zahlreiche hartblättrige bzw. sukkulente Epiphyten, die Stämme sind zumeist mit Flechten überwuchert. Die Flora ist wesentlich artenärmer als die in den am Fuße des Felsens anschließenden Regenwäldern und setzt sich wahrscheinlich ebenso wie auf einem benachbarten Felsen (Pedra da Gavea) aus Elementen des zentralbrasilianischen Hochlandes zusammen (SMITH 1962). Strukturell erinnert der Wald am Zuckerhut jedoch an manche in der obersten Höhenstufe des Itatiaia-Gebirges vorkommenden Wälder.

J. obovata

ist eine Art der Restingas (vgl. S. 105) und nimmt an der Küste von Rio de Janeiro bis Bahia etwa die Position der weiter südlich verbreiteten meeresnahen Sippen von *J. puberula* agg. ein. In Bahia sind jedoch auch Fundpunkte im näheren Inland bekannt.

J. obovata kommt in lichten geradstämmigen, bisweilen von offenen Sandflächen durchsetzten Restinga-Wäldern von etwa 5—8 m Höhe vor, besiedelt in dichteren Beständen hauptsächlich die Waldränder und gestörten Flächen und ist seltener in den offenen sukkulentenreichen Buschrestingas und den niedrigen, dicht geschlossenen windgeformten Krüppelrestingas zu finden. Sie stellt innerhalb der Pflanzengemeinschaft ein unauffälliges schlankes Bäumchen mit einer spärlichen Kronenausbildung dar. Wie auch *J. puberula* kommt sie bisweilen in massenhaften dichten

Beständen auf und fehlt dann über weite Flächen vollkommen. Bei VINHA et al. (1976) ist sie als eine der Arten aufgeführt, die in einer höheren Frequenz als 1 Individuum/ha auftreten. Weiters sind folgende Taxa in ihrer Umgebung häufig*: *Astronium concinnum, Andira* sp., *Bombax pubescens, Caryocar* sp., *Couepia rufa, Didymopanax* sp., *Ecclinusa sanguinolenta, Guatteria* sp., *Inga* spp., *Joannesia* sp., *Lonchocarpus sericeus, Luhea grandiflora, Manilkara elata, Myrtus* sp., *Nectandra* sp., *Ocotea* sp., *Psidium* sp., *Pterocarpus violaceus, Swartzia macrostachya, Styrax* sp., *Talisia esculenta.*

J. crassifolia und *J. macrantha*

Beide Arten kommen gemeinsam, oft dicht nebeneinander wachsend, im Gebirge des Itatiaia (NWW von Rio de Janeiro) in einer Höhe von etwa 500–1000 (1200?) m vor. Nach der Gliederung von SEGADAS-VIANA (1965) entspricht diese Verteilung weitgehend der unteren montanen Stufe (700–1100 m) des Massivs.

J. crassifolia besiedelt in dieser Höhenstufe, die in früheren Jahren fast gänzlich abgeholzt war, Wälder aller Sukzessionsstufen. Häufig zieht sie bachnahe Hanglagen mit halb laubabwerfenden, eher trockenen Wäldern vor, ist jedoch auch in den niederschlagsreicheren immergrünen Wäldern auf ebenem Gelände zu finden. In den tieferen Lagen ist der jährliche Niederschlag ca. 1700 mm und steigt bei zunehmender Höhe bis über 2000 mm.

J. macrantha hingegen bevorzugt lichtere Standorte, wie z. B. aufgelassene Weiden, junge Zweitwuchsbestände, und kommt auch als Unterwuchs in ausgelichteten Wäldern vor. Seltener ist sie als hoher Baum im primären Wald zu finden.

Besonders dichte Populationen beider Taxa finden sich auf 900–1000 m entlang der Straße von der Ortschaft Itatiaia zum Campingplatz von Itatiaia.

So findet sich *J. crassifolia* an einem steil zu einem Bach abfallenden Hang. Der dort vorherrschende Wald ist sehr inhomogen aufgebaut (Abb. 18 B, 51): Einzelne große Bäume mit bis über 20 m Höhe wechseln mit niedrigerem (15 m) Baumbestand ab. Palmen und Baumfarne sind sehr häufig, ebenso sind das Unterholz und die Strauchschichte recht dicht. Auffallend sind die vielen – oft das Blattdach beherrschenden – Winder, die bis zu Armdicke erreichen können. Während sonst in dieser Höhenstufe Epiphyten zahlreich sind, fehlen sie in diesen windabgewandten und trockeneren Hängen fast gänzlich. *J. crassifolia* gehört zu den mittelgroßen Bäumen und erreicht max. 15 m Höhe und ist in der Umgebung des Profildiagramms (Abb. 51) mit 1–2 Individuen/100 m^2 vertreten. Diese siedeln an dieser Stelle in etwa 5–15 m Entfernung vom Bach und fehlen in höher gelegenen Positionen weitgehend.

Diese Tendenz zu bodenfeuchten lufttrockenen Standorten wurde auch an einer Stelle deutlich, die etwa 300 m bachabwärts von Abb. 51 liegt. Der dort etwas niedrigere (13 m) und gleichmäßiger ausgebildete Wald, der aber sonst dem anderen in der Struktur im wesentlichen gleicht, ist ebenfalls an einem steil aufsteigenden Hang gelegen. In einem 10 × 10-m-Quadrat waren bis 4 Höhenmeter über dem Bach 4 Individuen von *J. crassifolia* (H = 10 m, U = 30 cm; H = 7 m, U = 24 cm; H = 7 m, U = 14 cm; H = 6 m, U = 26 cm) vorhanden, ab etwa 6 Höhenmeter fehlte *Jacaranda* gänzlich. Weiters waren in dem Quadrat 7 Individuen einer anderen unbestimmten sterilen *Jacaranda*-Art vorhanden, die sonst nirgends auftrat. In der weiteren Umgebung waren in Bachnähe noch weitere Individuen von *J. crassifolia* sowie ein ca. 8 m hoher (U = 50 cm) Baum von *J. macrantha*, der sich dicht neben der anderen Art stehend in die obere Kronenschichte eingliederte.

Die Flora konnte nicht näher bestimmt werden, jedoch gibt SEGADAS-VIANA (1965) einige Leitarten der unteren montanen Stufe an, zu denen auch *Jacaranda* zählt:

---

* Z. T. nach VINHA et al. (1976), die Bestimmungen bis zur Art sind durchwegs unsicher.

Callichlamis latifolia, Cabralea eichleriana, Cariniana excelsa, Cedrela fissilis sowie Vertreter der Gattungen *Bombax, Canella, Copaifera, Couratari, Cybistax, Machaerium, Nectandra, Qualea, Tecoma, Vochysia.* In unmittelbarer Nähe von *Jacaranda* fand sich *Xylopia* cf. *brasiliensis.*

Die Verjüngung der weitgehend aus erwachsenen Individuen bestehenden *J. crassifolia*-Populationen konnte nicht beobachtet werden, da nie Keimlinge oder Jungpflanzen gefunden wurden. Die jüngsten sterilen Exemplare (H = 4 m, U = 20 cm, die anderen etwas kleiner), die ich sah, traten in einer Lichtung eines Hangwaldes (neben der „Via Dutra" bei Eng. Passos) inmitten von etwa 4 m hohem Gestrüpp auf. Dieses setzte sich hauptsächlich aus Schlingpflanzen, *Bambusoidae, Cecropia* sp., kleinen Palmen, *Zingiberaceae* und *Mimosaceae* zusammen.

Ein besonders dichtes Vorkommen von *J. macrantha* liegt auf 1000 m Höhe, in der Nähe der vorher beschriebenen Vegetation. Auf einer aufgelassenen Viehweide, die sich neben schon vorhandenen Obstbäumen (Orangen, Manga, Bananen) allmählich bewaldet, wurden auf einem 10 × 10-m-Quadrat 9 Individuen bis zu 4 m Höhe, 19 Jungpflanzen unter 30 cm und etwa 120 Keimlinge gefunden. Jedoch auch in der weiteren Umgebung war *J. macrantha* an unbewaldeten Stellen häufig. In der dichten Grasschichte rings um *Jacaranda* kamen vor allem folgende Arten auf: *Borreria* sp., *Chorisia* sp., *Croton* sp., *Cuphea* sp., *Phyllanthus* sp., *Scoparia* sp., *Triumphetta* sp., *Verbena* sp., *Waltheria* sp.

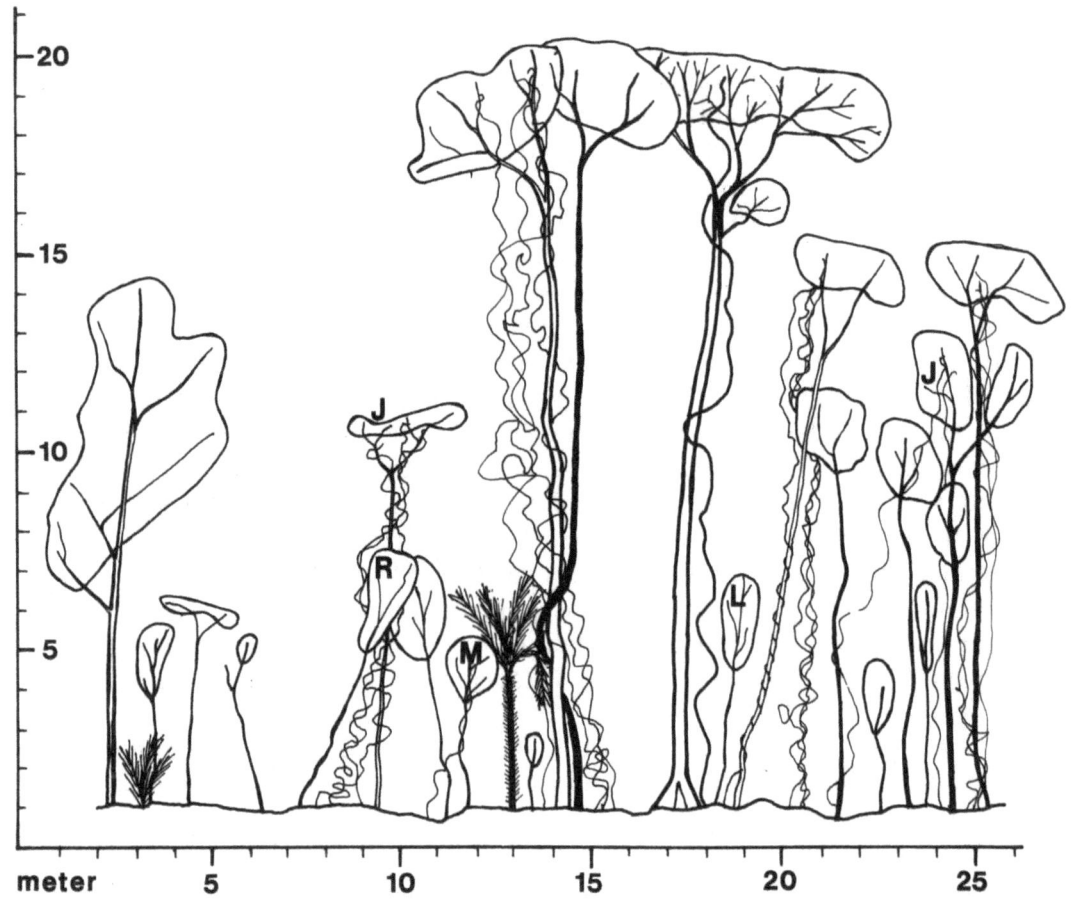

Abb. 51. *J. crassifolia* in einem Bergwald der unteren montanen Stufe des Itatiaia-Massivs, ca. 900 m, Aug. 1978; das Profildiagramm (25 × ca. 4 m) verläuft quer zu einem steil abfallenden Hang. Besonders auffallend sind die zahlreichen (vollständig eingezeichneten) Lianen, Großepiphyten fehlen hier vollkommen. Der dichte Unterwuchs ist nicht dargestellt. A: Cf. *Astrocaryum aculeatissimum;* J: *J. crassifolia;* L: *Lauraceae;* M: *Monimiaceae;* R: *Rubiaceae.*

Weiters ist *J. macrantha* in der gleichen Höhe entlang der Straße zum „Parque Nacional do Itatiaia" häufig. So wurde sie in einem bachfernen, eben liegenden, etwa 9 m hohen Wald im Unterwuchs angetroffen. In einem 10 × 10-m-Quadrat des lichten und offenbar ausgeschlagenen Baumbestandes waren 10 Individuen (1–2 m) von *J. macrantha* vorhanden. Einige standen bereits in Blüte. Zwischen solchen, oft viele 100 m auseinanderstehenden Vorkommen ist dann kein einziges Individuum dieser Art zu finden.

Das höchste (ca. 1200 m) Auftreten der beiden Arten liegt ebenfalls im Nationalpark in der weiteren Umgebung des Maromba-Wasserfalls. Hier beginnt bereits die etwas feuchtere, mittlere montane Stufe. Die noch sehr gut erhaltenen (z. T. primären) Wälder sind 15–25 m hoch, enthalten außergewöhnlich viele Baumfarne und Epiphyten, Winder sind mäßig vertreten. *J. crassifolia* wurde selten als vereinzelter Baum in der obersten Kronenschichte gefunden, *J. macrantha* trat regelmäßig in zahlreichen Jungexemplaren, jedoch nie fertil auf.

J. subalpina

Diese Art ist im Itatiaia-Gebirge auf 1600–1800 m beschränkt [oberste montane Höhenstufe nach SEGADAS-VIANA (1965): 1700–2000 m]. Im südwestlich gelegenen Campos do Jordão, wo die am weitest nördlich gelegenen Araucarienbestände Brasiliens sind, konnte ich *J. subalpina* ebenfalls häufig in 1600 m Höhe sammeln.

Eingehende Beobachtungen liegen vor allem aus dem Itatiaia (Straße von Eng. Passos nach Pouso Alto/Abzweigung zu der Schutzhütte am Fuße der Agulhas Negras) vor. Die dort vorherrschenden Wälder sind je nach Sukzessionsstufe 10–15 (–20) m hoch und meist primäre oder alte sekundäre Wälder, nur wenige Hänge sind in jüngster Zeit abgeholzt worden. *J. subalpina*, die bereits ab 4–5 m Höhe blüht, ist in lichteren dünnstämmigen Beständen als schlankes oder kugelkroniges Bäumchen häufiger als in ± primären Wäldern, wo sie sich als hoher Baum in die oberste Kronenschichte eingliedert (z. B. in Abb. 52). Innerhalb ihrer Verbreitungszone stellt sie jedenfalls ein häufiges, wenn auch nicht dominierendes Element dar. So wurden z. B. in einer 10 × 10-m-Fläche mit 6–8 m hohem lichtem Sekundärwald (etwa 100 Bäume, alle mit U < 50 cm) 5 Individuen von *Jacaranda* gefunden, in einem benachbarten, etwas dichteren und höheren Wald waren auf einer 25 × 25-m-Fläche 4 Individuen, und in einem weitgehend primären Wald (die meisten Bäume mit U < 50 cm) kamen auf 100 m² 1 bzw. 2 Exemplare von *J. subalpina*. In 2 anderen Probestreifen (100 × 10 m) hingegen war diese Art überhaupt nicht vertreten.

Jacaranda bevorzugt hier, wie an den wenigen Jungexemplaren zu sehen ist, im wesentlichen lichte Standorte, zeigt aber sonst keinerlei Vorliebe für besondere Lagen. An ihrer unteren Verbreitungsgrenze (1600 m) wird ihre Frequenz in den strukturell unterschiedlichen Wäldern (mittlere montane Stufe, vgl. SEGADAS-VIANA 1965) lediglich immer geringer, an ihrer oberen Verbreitungsgrenze bildet sie in den subalpinen Zwergstrauchgesellschaften noch Krüppelexemplare aus (vgl. Abb. 53).

Die Struktur der Klimax- bzw. Subklimaxwälder, in denen *J. subalpina* häufig ist (Abb. 52), zeichnet sich durch meist krüppeligen Baumwuchs und oft vielfach verästelte kugelige bis schirmförmige Kronen aus. Weiters sind viele Bäume nahe dem Boden verzweigt, die Blätter lorbeerartig derb und im Durchschnitt kleiner als die in tieferen Lagen. Palmen treten nicht mehr auf, und Baumfarne sind weniger häufig als in der unteren und mittleren montanen Stufe. Auch Lianen und Winder fehlen weitgehend, dafür ist die Kraut- und Strauchschichte sehr dicht ausgebildet. An Epiphyten treten hauptsächlich sehr große hartblättrige *Bromeliaceae*, diese aber in großer Zahl,

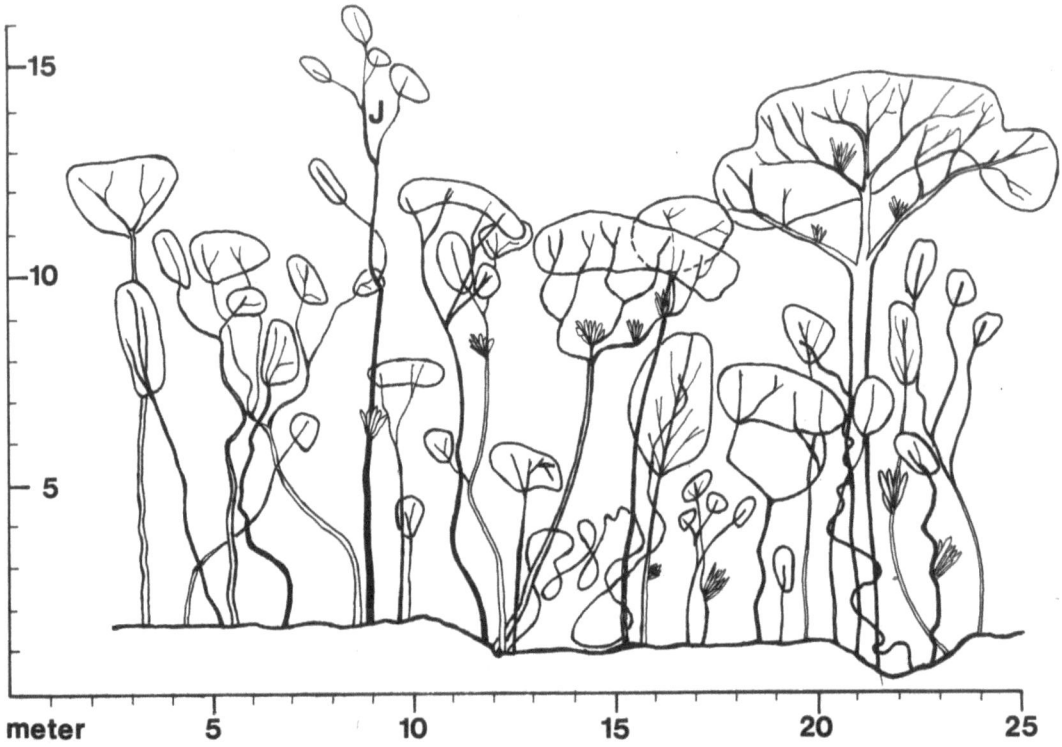

Abb. 52. *J. subalpina* (J) in einem Bergregenwald der obersten montanen Stufe im Gebirge des Itatiaia, 1800 m, Aug. 1978; das Profildiagramm (20 × 5 m) verläuft quer zu einem sanft abfallenden Hang. Lianen und Großepiphyten sind eingezeichnet.

auf. Der mit einer 5–15 cm dicken Humusschichte versehene Boden ist vielfach mit Moosen und Flechten bedeckt, ebenso die hervorstehenden Felsen und Baumstämme.

Ein häufiger hoher Baum dieser Höhenstufe ist *Cabralea eichleriana* sowie die häufig mit *J. subalpina* vergesellschafteten *Croton urucurana*, *Drimys brasiliensis* subsp. *sylvatica* und *Weinmannia discolor*; weiters kommt an Waldrändern *Tibouchina organensis* var. *silvestris* vor. Auffallend sind auch die niedrigeren *Buddleia* sp., *Inga* sp., *Leandra* sp., *Psychotria* sp., *Rapanea* sp. und *Roupala* sp. Auf Lichtungen treten *Cuphea* sp., *Rubus* sp., *Senecio glaziovii*, *Solanum itatiaiae* und *Vernonia* sp. auf. An Windern sind *Clematis* sp. und *Fuchsia* sp. vorhanden.

Einige der Flechten, die auch in der Nähe von den Profildiagrammen (Abb. 52) auftreten, sind folgende*: *Cladonia confusa*, *C. verticillaris*, *Dictyonema pavonia*, forma *pavonia*, *Heterodermia* cf. *vulgaris*, *Teloschistes flavicans*, *T. hypoglaucus*.

Detailliertere Angaben über die Vegetation und Flora des Itatiaia liegen bei BRADE (1956) und SEGADAS-VIANA (1965) vor.

J. mimosifolia**

Diese Art ist vor allem an den unteren Andenhängen des nordwestlichen Argentinien und angrenzenden Bolivien zu Hause (vgl. Abb. 54). *J. mimosifolia* kommt dort als eine der Leitarten bisweilen bestandsbildend im L a u r e l w a l d vor, der am Fuße des Gebirges von den trockeneren Wäldern des Calycophyllum-Typs abgelöst wird und in den oberen kühleren Regionen (600–900 m) in die Gehölze des Myrtaceen-Typs übergeht. Der Laurelwald ist ein subtropischer Bergregenwald, der sich physiognomisch

---

* Für die Bestimmung der Flechten danke ich Herrn cand. phil. WOLFGANG BRUNNBAUER.
** Nach Angaben von T. MEYER (1963) und HUECK (1966) zusammengestellt.

durch mächtige, bis zu 30 m hohe Bäume und einen dichten Unterwuchs auszeichnet. Weiters charakterisiert ihn die Vielzahl an Baumfarnen, Palmen, Lianen und Epiphyten.

Neben *J. mimosifolia* und der namengebenden *Phoebe porphyrica* („Laurel") sind in dieser Höhenstufe noch folgende holzigen Arten häufig: *Blepharocalyx gigantea, Cedrela balansae, C. lilloi, Chorisia insignis, Fagara coco, Piptadenia macrocarpa, Rapanea ferruginea, R. laetevirens, Solanum verbascifolium, Tabebuia avellanedae, Terminalia triflora, Trema micrantha, Vernonia fulta.*

J. copaia

Das Vorkommen und die Standorte dieser am weitesten verbreiteten Art der Gattung *Jacaranda* (vgl. GENTRY 1977 a) decken sich im wesentlichen mit dem Tieflandregenwald der „Terra firme" im nördlichen Südamerika sowie in Mittelamerika. In NO-Venezuela bevorzugt die subsp. *copaia* eher feuchte bis überschwemmte Regenwälder, sonst ist *J. copaia* durchwegs auf gut durchlüfteten, nie überschwemmten Böden verschiedenster Art zu Hause. An den Osthängen der Anden sind sogar Vorkommen in 1200 m bekannt (vgl. S. 124), und im Mato Grosso dringt sie in Trockenwälder ein (Abb. 56). Jungpflanzen sind gehäuft an Waldrändern und Lichtungen zu finden.

Besonders genaue Angaben über die Standorte von *J. copaia* in Surinam liegen bei SCHULZ (1960) vor. So kommt diese Art im 25—38 m hohen Regenwald auf gut durchlüfteten Böden („mesic sites") der Mapane-Region häufig vor (10 Individuen mit 6,2—110 cm Umfang/ha, Basalfläche/ha = 21 dm^2). Ihre Verteilung ist jedoch gruppenartig, d. h., sie ist nur in 6% von 560 untersuchten 10 ×10-m-Quadraten vorhanden. Andere häufige Arten der mittleren bis oberen Kronenschichte dieses nur mäßig mit Windern und Epiphyten ausgestatteten Waldes sind *Eschweilera odora* (173 Individuen/ha), *Irianthera sagotiana* (87 Individuen/ha) sowie *Carapa guianensis, Inga alba, Qualea rosea, Virola melinonii* u. a. In dem unteren Stratum sind *Coussarea paniculata* und *Paypayrola guianensis* häufig, während der Unterwuchs von *Astrocaryum paramaca* dominiert wird.

An einer anderen Stelle wurde *J. copaia* in einem immergrünen, etwas höher gelegenen Regenwald der Goliath-Creek-Region mit etwa 6 Individuen/ha (Größenklassen wie vorher) gefunden. Der ca. 30—35 m hohe Wald zeigte bis auf wenige Ausnahmen eine deutlich unterschiedliche Artenzusammensetzung (s. SCHULZ 1960: 191).

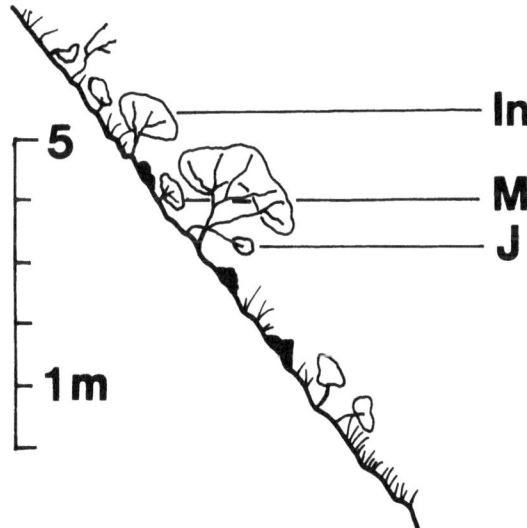

Abb. 53. *J. subalpina* (J) an einem Grenzstandort, etwa 100 Höhenmeter oberhalb von Profildiagramm Abb. 63 A. Zwischen den hervorstehenden Felsen (schwarz) sind Gräser, *Cuphea* sp., Krüppelholz und zahlreiche Flechten (s. Text) angesiedelt. In: *Inga* sp.; M: *Melastomataceae*.

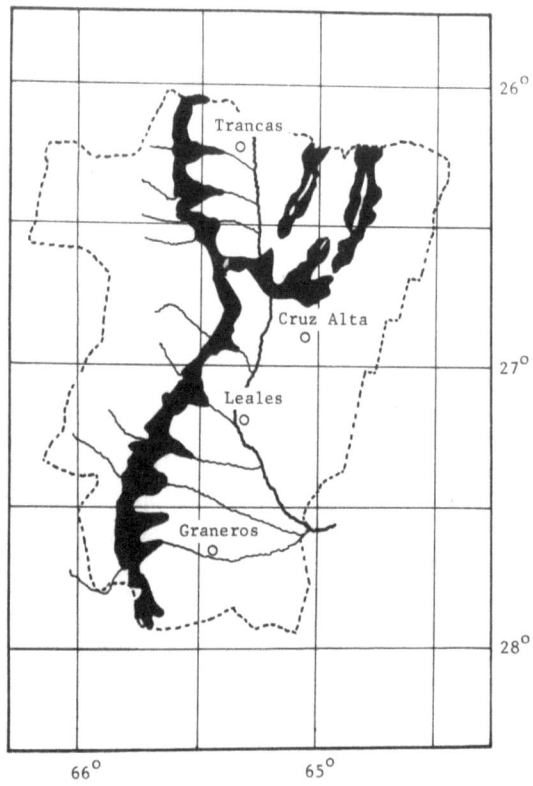

Abb. 54. Verbreitung des subtropischen Bergregenwaldes der untersten Höhenstufe [schwarz eingezeichnet, Laurelwald sensu HUECK (1966)] in der Provinz Tucuman, Argentinien [nach T. MEYER (1963), verändert]. In diesem Vegetationstyp ist *J. mimosifolia* eine der häufigsten baumförmigen Arten.

Die Vorliebe für feuchtere, tiefer gelegene Standorte von *J. copaia* wird bei den Untersuchungen von SCHULZ (1960: 198) ebenfalls deutlich: In der Gegend der Stofbroekoe-Berge ist sie auf oberen Hanglagen und in Gipfelpositionen überhaupt nicht vertreten, während sie auf Unterhängen bzw. im Flußtal mit einer Frequenz von je 2 Individuen/ha auftritt.

Sehr ähnliche Verhältnisse über das Vorkommen von *J. copaia* berichten DAVIS & RICHARDS (1934) aus der Gegend von Morabelli Creek, Britisch-Guayana.

Dort ist diese Art in etwa 30 m hohen Regenwäldern (Morabukea consociation) in einer Frequenz von über 3 Individuen/ha (31–191 cm Stammumfang) bzw. 6 Individuen/ha über 4,6 m Höhe vertreten. Die umgebenden Wälder dehnen sich auf niedrigen Hügeln aus, stehen auf schwerem saurem rotem Lehm und werden von der hohen *Mora gonggrijpii* dominiert. Der Unterwuchs ist gut entwickelt, setzt sich aus verschiedenen Arten zusammen, die häufigste von diesen ist *Paypayrola longifolia*. Die Krautschichte ist wegen des geringen Lichteinfalls sehr arm, es fällt vor allem das häufige Vorkommen von Saprophyten auf. Weitere häufige Arten der Kronenschichte sind *Eschweilera sagotiana*, *Catostemma commune*, *Pentaclethra macroloba*, *Ocotea rodioei* und *Licania venosa*.

Weiters wurde *J. copaia* in der gleichen Gegend in artenmäßig gemischten Regenwäldern mit einer Frequenz von etwa 1–2 Individuen/ha (31–97 cm Umfang) gefunden. Diese sind strukturell durch weitgehend fehlenden Unterwuchs charakterisiert, der hier durch die große Menge von Jungpflanzen ersetzt wird. Hingegen ist die Krautschichte sehr dicht ausgebildet. Die häufigsten hohen Bäume dieser „Mixed forest association" sind *Pentaclethra macroloba*, *Licania venosa*, *L. laxiflora*, *L. heteromorpha* var. *perplexans* und *Eschweilera sagotiana*. Epiphyten sind zahlreich und in sämtlichen Höhen vertreten.

J. copaia tritt noch in einem weiteren Waldtypus bei Morabelli Creek (Greenheart consociation) auf, der auf braunem Sandboden steht und der trockenste der 3 genannten ist. In diesem Regenwald, der von *Ocotea rodioei* beherrscht wird, durch fehlende Brettwurzelausbildung und Unterwuchs und eine recht offene Kronenschichte auffällt, kommt *J. copaia* mit 4 Individuen/ha (31—97 cm Stammumfang) vor. Häufige Gehölze sind weitgehend mit denen des vorigen Vegetationstypus identisch.

Abb. 55. Immergrüner Tieflandregenwald auf der Osa-Halbinsel, Costa Rica. In nächster Nähe des hier abgebildeten Profildiagramms kommt *J. copaia* als Baum der mittleren bis oberen Kronenschichte vor (aus HOLDRIDGE & al. 1971). Asp: *Aspidosperma myristicifolium;* Br: *Brosimum utile;* Mar: *Calophyllum brasiliense* var. *rekoi;* Cm: *Carapa guianensis;* Chm: *Chimarrhis latifolia;* Cry: *Crysophila* sp.; E: *Eugenia* sp.; Geo: *Geonoma congesta;* G: *Guarea* sp.; Gry: *Guettarda* sp.; Xg: *Iriartea gigantea;* Rat: *Lacmella panamensis;* Lo: *Lonchocarpus* sp.; Nz: *Peltogyne purpurea;* Poa: *Pourouma aspera;* Po: *Pouteria* sp.; Pr: *Protium* spp. (2 spp.); Rn: *Rheedia madruno;* r: *Rubiaceae;* Ni: *Sapotaceae;* Si: *Simarouba amara;* Sd: *Socratea durissima;* Ste: *Sterculia mexicana;* Ce: *Symphonia globulifera;* Re: *Tachigalia versicolor;* Trl: *Trattinickia lawrancei;* Tra: *Trichilia tomentosa;* Bat: *Vantanea barbouri;* Vs: *Virola* sp.; We: *Welfia georgii.*

Abb. 56. *J. copaia* (Ja, Pfeil) in einem niedrigen Trockenwald 200 km N von Xavantina (Mato Grosso), Profildiagramm 30 × 5 m (aus RATTER et al. 1973). Ch: *Chaetocarpus echinocarpus;* Cp: *Copaifera langsdorfii;* In: *Inga* sp.; Lg: *Leguminosae* (Winder); Mc: *Miconia lepidota;* Mf: *Myrciaria floribunda;* Pr2: *Protium* sp.; Sa: *Sacoglottis guianensis;* Ta: *Tapirira guianensis;* Sd: *Sideroxylon* sp. aff. *S. venulosum.*

Nähere Angaben über die Ökologie von Morabelli Creek liegen bei DAVIS & RICHARDS (1934) vor.

Andere Autoren bestätigen ebenfalls, daß *J. copaia* in verschiedenen Typen von Tieflandregenwäldern auf sehr unterschiedlichen Böden mit einer Frequenz von 1—4 (oder mehr) Individuen/ha vorkommt: Britisch-Guayana: FANSHAWE (1954: 77, 88, 96); Rio Apacara, Venezuela: BERNARDI (1957: 116); Panama: KENOYER (1929: 207, 212); HOLDRIDGE & BUDOWSKY (1956: 98); Costa Rica: HOLDRIDGE et al. (1971: 196, 235, Abb. 55). Auch eigene Beobachtungen, die hier nicht näher detailliert werden, zeigen, daß *J. copaia* häufig gruppenweise, aber nie dominant in Regenwäldern der „Terra firme" als Baum der obersten Kronenschichte vorkommt (vgl. Abb. 2 A).

Als häufigen Baum der Regenwälder der montanen Stufe (700—1200 m) wurde *J. copaia* in den Anden bei Merida, Venezuela, gefunden (H. HUBER 1973). Sie gehört dort zu den Arten, die häufig an sekundären Standorten vom Tiefland her in die Lorbeerwälder dieser Höhenstufe eindringen. Taxa, die in diesen, im Vergleich zu tieferen Lagen niedrigeren und lichteren Baumbeständen häufig sind, gehören zu den *Rubiaceae* (9 Gattungen), *Melastomataceae* und der Gattung *Piper*. Weiters sind *Siparuna* und Arten der krautigen Gattung *Aphelandra* häufig sowie *Trema micrantha*.

An einem sehr unterschiedlichen Standort, wahrscheinlich aber ebenfalls an der Grenze ihrer ökologischen Amplitude, kommt *J. copaia* im Mato Grosso (Abb. 56) vor. Dort ist sie in einem niedrigen (12—15 m) Trockenwald, der z. T. schon in den Cerradão (vgl. S. 125) übergeht, vertreten. Der relativ lockere Baumbestand weist eine dichte Strauchschichte mit vielen Lianen auf und setzt sich neben den in Abb. 56 genannten Taxa aus folgenden Arten zusammen: *Licania blackii, Myricaria floribunda, Hirtella glandulosa, Roupala montana* sowie u. a. aus den bereits für Cerrados typischen *Aspidosperma multiflorum, Caryocar brasiliense* (vgl. S. 132), *Licania humilis, Vochysia haenkeana* und *Xylopia sericea* (nach RATTER et al. 1973).

Die Verjüngung von *J. copaia* wurde bei Humaita analysiert, tritt aber in ähnlicher Weise auch bei Porto Velho und Manaus auf und deckt sich auch weitgehend mit den Angaben von BENA (1960: 448) und GENTRY (1978 b).

Wie in Abb. 57 dargestellt ist, kommen entlang der Straße, aber auch in anderen Umtriebslücken dichte Bestände dieser Art auf, die nicht selten über größere Strecken eine Frequenz von 4—10 Individuen/100 m² (2—10 m hoch) erreichen. Im Inneren des Waldes hingegen konnte in zahlreichen Probestreifen kein einziges Jungexemplar von *J. copaia* gefunden werden.

Ihr schnelles Wachstum [ca. 20 m in 10 Jahren (H. HUBER 1909 a: 144), 50 cm in 9 Monaten (BENA 1960)] ermöglicht es ihnen, in der Konkurrenz mit anderem Sekundärwuchs zu bestehen. Entsprechend ist das Holz dieser *J. copaia*-Schopfbäume großporig und leicht.

Die Vorliebe der Jungpflanzen für nicht überschwemmte Standorte zeigte sich in der nahe gelegenen Feuchtsavanne: *J. copaia* trat ausschließlich auf kleinen, oft nur 50 cm hohen Hügeln, aber nie im umliegenden, bisweilen unter Wasser stehenden Grasland auf.

Die Arten der Cerrados und anderer Savannen

Mehr als ein Drittel aller Arten der Gattung *Jacaranda* kommen in lichten savannenartigen Vegetationstypen vor. Die meisten dieser Taxa besiedeln die über weite Teile Zentralbrasiliens verbreiteten C e r r a d o s, dringen jedoch bisweilen auch in andere offene Vegetationstypen ein. Manche Arten haben sich auf sehr spezielle, eng lokalisierte Standorte konzentriert.

Vor der speziellen ökologischen Analyse einzelner Taxa scheint es jedoch notwendig, einige dieser Lebensräume allgemein zu charakterisieren.

Als Cerrado s.l. (so z. B. bei Abb. 58 mit *J. decurrens* und *J. rufa*) bezeichnet man einen z. T. immergrünen Vegetationstypus, der sowohl in der Struktur als auch in der floristischen Zusammensetzung sehr charakteristisch ausgebildet ist. Auffallende physiognomische Kennzeichen sind die krüppeligen und biegsamen Stämme der meist niedrigen (0,5–10 m) Bäume und Sträucher sowie deren xeromorphe zerbrechliche Blätter. Die große Epiphytenarmut läßt sich auf die regelmäßig stattfindenden Brände zurückführen. Vor diesen schützen sich die Holzpflanzen durch 2 unterschiedliche Anpassungen: Einerseits bilden die Stämme dicke korkartige Borken aus (Abb. 59 A), die das Meristem vor der Hitze schützen, anderseits haben viele Pflanzen ein unterirdisches wurzelartiges Speicherorgan (Xylopodium, so bei *J. decurrens*, *J. oxyphylla*, *J. rufa* u. a.; Abb. 4 A–D, vgl. S. 21), dessen Erneuerungsknospen nach jedem Brand fertile Triebe bilden. Die meist sehr tief gehenden Wurzeln reichen bis zu dem in großer Menge vorhandenen Grundwasser.

Dichte, relativ hohe Cerrados mit dickstämmigen Bäumen werden als Cerradão (so z. B. Abb. 59 A) bezeichnet, offenere niedrigere Cerrados heißen Cerrado s.s. (so z. B. Abb. 58); stehen die Bäume noch weiter auseinander und dominieren die Sträucher, so wird diese Form Campo Cerrado genannt. Stark degenerierte Cerrados, die hauptsächlich aus niedrigen Büschen und Gräsern bestehen, werden als Campo sujo (z. B. Abb. 64 mit *J. oxyphylla*) klassifiziert (EITEN 1970).

Die Böden, auf denen Cerrados vorkommen, haben spezielle Eigenschaften. Sie sind alle extrem tiefgründig, bilden selten ausgeprägte Horizonte aus (vgl. Abb. 36 B, Bodenprofil mit *J. oxyphylla*), sind nie überschwemmt und gut wasserzügig. Die Menge des verfügbaren Wassers liegt immer unter 15%. Weiters sind sie sauer, nährstoffarm und weisen bisweilen erstaunlich hohe Konzentrationen an freiem Aluminium auf. Cerradoböden werden als Latosole, Regosole, Planosole, Lixosole, Podsole und Litosole eingestuft (RANZANI 1963, GOODLAND 1971, ASKEW et al. 1971, EITEN 1972, eine detaillierte Klassifikation der Böden bei FREITAS & SILVEIRA 1977).

Die floristische Eigenständigkeit der Cerrados ist dadurch bedingt, daß die meisten tropischen, in Südamerika vorkommenden Familien Vertreter ausgebildet haben, die diesen speziellen Bedingungen angepaßt sind (Flora der Cerrados bei RIZZINI 1963 a, einige Charakterarten bei Abb. 58, 64, 66). Weitere Angaben über

Abb. 57. *J. copaia* (J) in einem dichten Sekundärwuchs entlang der Straße Humaitá–Porto Velho (Amazonas). C: *Cecropia* sp.; B: Babaçu-Palme (cf. *Orbignya speciosa*). Die unbezeichneten Bäumchen und Büsche sind z. T. *Vismia* spp. und *Clusia* spp., Profildiagramm 28 × ca. 4 m.

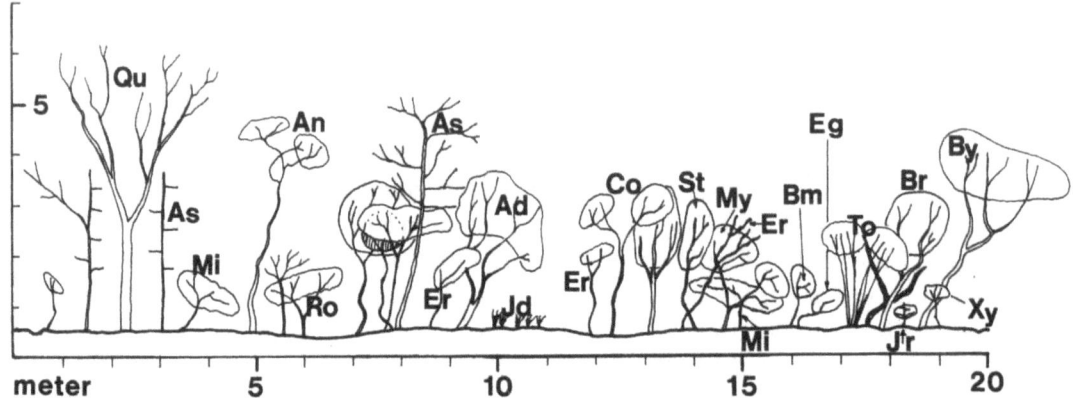

Abb. 58. *J. decurrens* (Jd) und *J. rufa* (Jr) in einem Cerrado s.s. am Fuße der Serra de Botucatu, Profildiagramm 20 × 4 m, Sept. 1978; ein Teil der Bäume (ohne Kronenumriß) ist laublos. Ad: *Anadenanthera falcata;* An: *Annona crassiflora;* As: *Aspidosperma tomentosum;* Bm: *Byrsonima intermedia;* Br: *Brosimum gaudichaudii;* By: *Byrsonima coccolobifolia;* Co: *Annona coriacea;* Eg: *Eriotheca gracilipes;* Er: *Erythroxylum* spp.; Mi: *Miconia albicans;* My: *Myrcia* sp.; Qu: *Qualea multiflora;* Ro: *Roupala montana* var. *montana;* St: *Styrax ferruginea;* To: *Tocoyena formosa;* Xy: *Xylopia aromatica.*

Cerrados finden sich bei HUECK (1966), EITEN (1972, 1975, 1978 b) und WARMING & FERRI (1973).

Oft in unmittelbarer Nachbarschaft, häufig fleckenweise in Cerrados eingestreut, aber auch ganze Gebirgszüge dominierend, sind die Campos rupestres, ein Vegetationstypus, der in Zentralbrasilien in Höhen zwischen 1000 und 1800 m vorkommt (z. B. Abb. 60 mit *J. caroba*). Dieser kann von dichtem niedrigem Baum- und Strauchbestand bis zu offenem Grasland variieren. Der Wuchs der Holzarten ist oft krüppelig und niedrig und wird häufig durch eine nur dort vorkommende kandelaberartige Verzweigung gekennzeichnet. Auch kommen Rosettenpflanzen (z. B. *Eriocaulaceae*) und Schopfbäumchen (z. B. *Vellozia* spp.) öfter als in den Cerrados vor. Neben großen xeromorphen Blättern kommen typischerweise solche vor, die sehr klein sind, dicht aneinander schließen und in ihrer Gesamtheit die Form einer Säule mit quadratischem Grundriß liefern. Floristisch zeichnen sich die Campos rupestres durch die hohe Zahl an Endemiten aus (z. B. *J. racemosa*), z. T. sind aber auch Arten der Cerrados vertreten (z. B. *J. caroba*). Der Boden ist im Gegensatz zu den Cerrados flachgründig (häufig weißer Sand), und regelmäßig stehen Felsen hervor (Abb. 62). Eingehendere Beschreibungen der Campos rupestres finden sich bei EITEN (1978 a, b).

Drei Vegetationstypen, die für NO-Brasilien charakteristisch sind und in denen *Jacaranda* (vgl. S. 130) häufig vorkommen soll, werden hier nach LÜTZELBURG (1923) referiert.

Der Carrasco ist eine häufige und typische Vegetationsform, die in Piauhi, Rio Grande do Norte, Ceará, Pernambuco, Sergipe und Alagoas vorkommt. Sie besteht aus xerophilen niedrigen Bäumen und Büschen, die in vereinzelten Gruppen dicht zusammengedrängt stehen. Der dazwischen liegende sandig-steinige Boden ist weitgehend ohne Grasbewuchs. Die Blätter der Bäume sind groß, meist ganzrandig, derb und häufig mit einer glänzenden Oberfläche. Kakteen kommen vor, sind aber selten. Neben *Vellozia* spp. und *Anacardium* sp. kommen Vertreter folgender Familien häufig vor: *Bignoniaceae, Bombacaceae, Euphorbiaceae, Erythroxylaceae, Leguminosae, Malpighiaceae, Melastomataceae, Vochysiaceae.*

Von anderen benachbarten Vegetationstypen unterscheidet sich der Carrasco durch die Gruppierung der Elemente, durch die niedrigen (max. 6 m) Bäume und durch das Vorkommen vieler Sträucher.

Abb. 59. Cerradão (vgl. S. 125) zwischen Itapeva und Apiai (Serra do Paranapiacaba), Feb. 1975. Auffallend sind die Dominanz der Bäume, deren ± geschlossenes Kronendach und die dicke korkartige, vielfach aufgesprungene Borke der Stämme. In einem angrenzenden Campo Cerrado kommen an viel lichteren Stellen dichte Populationen von *J. oxyphylla* vor, im lichtarmen Unterwuchs dieses Cerradão fehlt sie aber vollkommen. B: *J. oxyphylla* in einem weitgehend zerstörten Cerrado (Campo sujo) in der Nähe von Botucatu, Dez. 1974. Die 3 Stämmchen des Individuums sind unterirdisch durch das Xylopodium verbunden. C: *J. micrantha* als übriggebliebener Baum des früheren Regenwaldes in der Serra do Mar bei Paratí (150 m). Beachte die schopfartigen Teilkronen und die beiden Großepiphyten (Bromelien) am Stamm.

Der Agreste ist nicht so weit verbreitet und kommt am häufigsten im Norden von Piauhi vor. Er kann als lichter, etwa 10 m hoher Wald beschrieben werden, der auch zahlreiche Palmen enthält. Die Baumstämme sind gerade, und die Bäume werfen in der Trockenzeit das derb ledrige Laub ab. Der harte steinig-sandige Boden ist dicht mit Hartgräsern bedeckt. Die Artenmannigfaltigkeit ist sehr groß. So wurden etwa 50 verschiedene, für das Gebiet typische Leguminosen bestimmt, es kommen aber auch *Annonaceae, Combretaceae, Melastomataceae, Myrtaceae, Rubiaceae* und andere Familien mit zahlreichen Vertretern vor.

Von den umliegenden Vegetationstypen unterscheidet sich der Agreste durch das Vorkommen von Palmen, die Bodenbedeckung durch Hartgräser und das weitgehende Fehlen von Sträuchern und Kakteen.

Als Campinas wird unter anderem (im Gegensatz die amazonischen Campinas: LISBOA 1975, 1976, LLERAS & KIRKBRIDE JR. 1978) eine in Goieas und Bahia vorkommende Pflanzenformation beschrieben. In einem meist ebenen Gelände stehen vereinzelte Bäume (etwa alle 1000 m einer); der Boden ist dicht mit Gräsern und grasartigen Kräutern bedeckt. Holzige Arten sind sehr spärlich vertreten und stellen z. T. Elemente aus den Cerrados dar (z. B. *Annona coriacea, Hancornia speciosa, Salvertia convallariodora*. Der niedrige Bodenbewuchs ist durch das Auftreten von *Eriocaulaceae* und *Velloziaceae* geprägt. Klimatisch fallen in dieser Gegend die extremen Temperaturschwankungen vom Tag zur Nacht auf.

Weitere *Jacaranda*-Arten (z. B. *J. obovata*) kommen hauptsächlich in den Restingas vor. Der Überbegriff Restinga wird allgemein für eine Reihe sehr unterschiedlicher Pflanzenformationen verwendet, denen allen lediglich die Meeresnähe und der Wuchs auf meist sandigem Boden in geringer Seehöhe gemeinsam sind (vgl. ORMOND 1960, EITEN 1970, MORAWETZ 1982). Dabei ist hauptsächlich zwischen geschlossenem Wald (vgl. S. 105) und den hier wichtigen offenen savannenartigen Vegetationstypen zu unterscheiden. Diese zeichnen sich strukturell durch vereinzelte bis dicht in Gruppen zusammengefaßte Sträucher und kleine Bäume (bis ca. 5 m) aus, deren Blätter xeromorph, semisukkulent oder extrem reduziert sind. Weiters sind Ausläufer- und Klettersträucher sowie dünnstämmige Lianen häufig, Epiphyten hingegen selten. Der größte Teil der Biomasse ist unterirdisch: Es kommen sowohl sehr tiefe xylopodiumartige Wurzelsysteme und unterirdische Stämme als auch oberflächennahe, weit ausgebreitete, vielfach verzweigte Wurzeln vor. Wichtige ökologische Faktoren sind der Wind, der, von der Meeresseite kommend, in dem mosaikartigen Vegetationsgefüge viele Angriffsflächen findet, und die Hitze, die sich in den windgeschützten Dünentälern wie in einem Parabolspiegel staut. Bisweilen werden auch diese Landstriche ähnlich den Cerrados gebrannt.

Diese offenen Restingas sind durch folgende Floren-Elemente gekennzeichnet: *Allagoptera arenaria, Kielmeyera argentea, K. reticulata, Leucothoe revoluta, Stylosanthes viscosa, Guettarda* spp., *Manilkara* spp., *Polygala* spp.; weiters sind Bodenkakteen (*Cereus* sp., *Melocactus* sp.), terrestrische Orchideen *(Epistephium parviflorum, Encyclia dichroma, Vanilla bahiana), Xyridaceae, Eriocaulaceae* und Bodenbromelien (z. B. *Aechmea itapoana*) charakteristisch (MORAWETZ 1982).

J. caroba

Diese Art zeigt innerhalb der brasilianischen Savannen eine besonders große ökologische Amplitude. Sie überlappt sich in ihrem Areal deutlich mit anderen Cerradoarten (z. B. *J. decurrens, J. oxyphylla, J. racemosa, J. rufa*, Abb. 38–41), dürfte aber im Vergleich zu diesen leicht unterschiedliche ökologische Ansprüche haben und ist daher häufig in Nachbarschaft, aber nur selten in unmittelbarer Nähe zu finden.

So ist sie in Mogi Guaçu (Faz. Campininha, Struktur und Flora bei EITEN 1963) in einem baumarmen Campo Cerrado in Hügelpositionen zu finden, während in dem anschließenden, tiefer gelegenen Cerrado s.s. *J. decurrens* und *J. rufa* vertreten sind. *J. caroba* bildet dort an lichten, nur grasbewachsenen Stellen 50 cm hohe, aber bereits blühende Büsche aus, ist im offenen Strauchwerk als 2 m hohes Bäumchen zu finden und wächst mit bis zu 4 m langen, rutenartigen Stämmen durch dichtes hohes Gestrüpp. In diesem Campo Cerrado ist *J. caroba* häufig zu finden, oft mit bis zu 8 Individuen/100 m², scheint sehr konkurrenzkräftig zu sein und tritt auch noch an stark gestörten Stellen, so etwa im Übergangsbereich zu den kultivierten *Pinus*-Wäldern, auf. In tieferen Lagen wurde sie nie angetroffen.

In der Nähe der Stadt São Paulo ist *J. caroba* häufig in Campos sujos zu finden (HOEHNE et al. 1941) und kommt auch auf der disjunkten Cerradoinsel bei São José dos Campos ± nahe bei *J. decurrens* vor. Wie auch an manchen anderen Standorten besiedelt sie diese Fläche nicht kontinuierlich, sondern ist gruppenweise zusammengefaßt.

Weiter nördlich, entlang der Straße von Belo Horizonte nach Ouro Preto, ist *J. caroba* häufig in Cerrados aller Kategorien (vgl. S. 125) zu finden. In oft kilometerweit ununterbrochener Folge besiedelt sie als 1–2 m hohe Bäumchen oder Sträucher die meisten tiefgründigen Böden zwischen 800 und 1000 m, fehlt aber dort, wo der schieferartige Untergrund herausragt. Die Dichte der Populationen liegt etwa bei 1–5 Individuen/100 m².

Ganz im Gegensatz zu diesem Verhalten steht das Vorkommen in höheren Lagen, wo einige Populationen von *J. caroba* in der Nähe von Ouro Preto (Falcão) untersucht wurden (Abb. 60–62). Dort dehnen sich auf ca. 1200 m in einem hügelig-gebirgigen Land auf flachgründigen sandigen bis verschlemmten Bleicherdeböden niedrige, sehr lockere Pflanzenformationen aus, die zu den Campos rupestres (vgl. S. 126) zu rechnen sind. Lediglich die markanten, breit und tief ausgewaschenen Erosionsrinnen sind dicht mit höheren Bäumen und Sträuchern bewachsen. *J. caroba* bevorzugt aber ebene Stellen oder die Felsnischen der hervorragenden Quarze. Ihr Vorkommen besteht dort aus relativ dichten, markant abgegrenzten, die Vegetation dominierenden Populationen, die aber oft kilometerweit voneinander isoliert sind. Trotz des flachgründigen Bodens bilden alle Individuen Xylopodien aus, die jährlich neue Triebe hervorbringen. Zusammen mit den alten abgedorrten oder durch Brand zerstörten Stämmchen entsteht eine strauchige, etwas struppige Wuchsform (Abb. 61), die für *J. caroba* in diesen Campos recht typisch ist. Wie auch bei den Waldarten von *Jacaranda* (vgl. S. 35) behalten sterile Exemplare das ganze Jahr ihr Laub, während die fertilen ihre Blätter knapp vor der Blüte abwerfen.

In der Umgebung der untersuchten *J. caroba*-Populationen kommen nur wenige locker verteilte, meist sehr niedrige Holzpflanzen vor. Zahlreicher sind hartlaubige Rosettenpflanzen und Horstgräser, die aber ebenfalls nicht bodendeckend sind.

Eine auffallende Charakterart dieser Standorte ist *Rapanea* sp.; die ebenfalls häufigen *Velloziaceae* wurden zwar in der Nähe von *J. caroba*, stets aber an etwas unterschiedlichen Standorten (etwa an windexponierten Kanten) gefunden.

Folgende Taxa wurden in der Nähe von *J. caroba* (Profildiagramm Abb. 60) gefunden*: *Byrsonima verbascifolia, Cambessedesia ilicifolia, Declieuxia cordigera, Eupatorium amygdalinum, Ilex loranthoides, Ilex* sp., *Kielmeyera variabilis, Lippia florida, Lisianthus speciosus, Marcetia fastigiata, Miconia* sp., *Ossaea euphorbioides, Paepalanthus* spp. (2 species), *Palicourea rigida, Peixotoa tomentosa, Rapanea* sp., *Scirpus paradoxus, Vellozia compacta.*

* Für die freundliche Hilfe beim Bestimmen der Arten danke ich Prof. Dr. J. Badini (Ouro Preto) herzlichst.

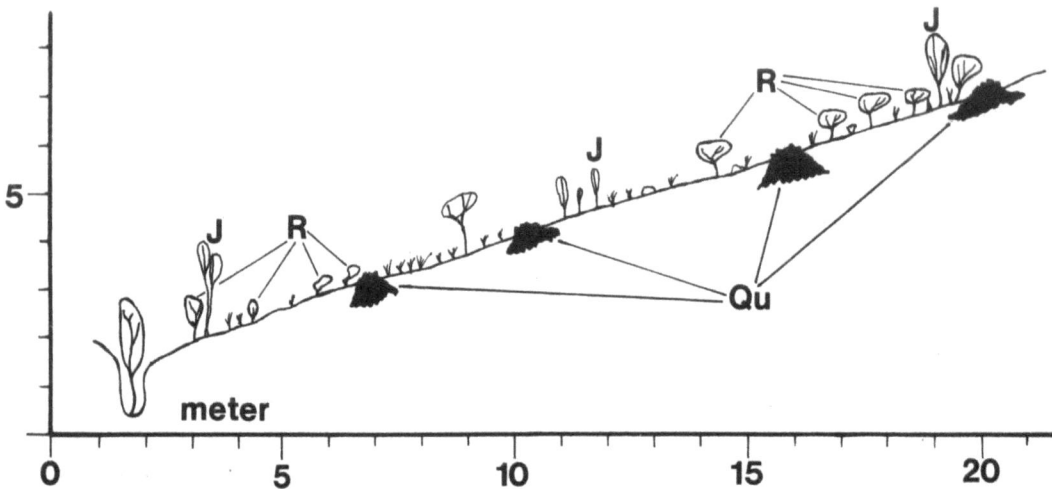

Abb. 60. *J. caroba* in einem Campo rupestre (vgl. S. 126) im Gebirge des Falcão in der Nähe von Ouro Preto, 1200 m, Aug. 1978; Profildiagramm ca. 20 × 5 m. Der flache Hang fällt zu einer dichter bewachsenen Erosionsrinne ab. J: *J. caroba* (Abb. 61 im Detail); R: *Rapanea* sp., weitere Begleitarten auf S. 129; Qu: Hervorragende Quarzitfelsen.

Zusätzliche Arten in der Nähe von Profildiagramm Abb. 62: *Aneimia* sp., *Banisteria vernoniaefolia*, *Byrsonima variabilis*, *Lindsaya* sp., *Myrcia* sp., *Polygala* sp., *Remijia ferruginea*, *Schwenkia hirta*.

In der weiteren Umgebung von Ouro Preto ist *J. caroba* der einzige Camposvertreter der Gattung (*J. macrantha* in den Wäldern), bewohnt aber nicht alle umliegenden Gebirgszüge. So fehlt sie z. B. in den dichter geschlossenen artenreicheren Campos rupestres südlich der Stadt. In der Serra do Cipó hingegen, wo ebenfalls Campos Cerrados und Campos rupestres vorherrschen, soll sie in nächster Nähe mit *J. oxyphylla* und der endemischen, auf bestimmte Sandböden spezialisierten *J. racemosa* vorkommen.

SEABRA (1949) berichtet, daß *J. caroba* in den Dünen von Itapoá (Salvador, Bahia) in einer offenen Restinga-Vegetation ähnlich der auf S. 128 charakterisierten heimisch ist. Ich konnte diese Angabe nicht überprüfen, sie scheint aber durchaus möglich, da auch LÜTZELBURG (1923) von dem bisweiligen Vorkommen dieser Art in den nahegelegenen Trockengebieten von Bahia (Campinas, vgl. S. 128) spricht.

Weiter nördlich soll *J. caroba* zusammen mit *J. oxyphylla* (als *J. elegans*) und *J. paucifoliolata* (diese oder *J. irwinii*-Gruppe) typischerweise in den Carrascos und häufig in den Agrestes (vgl. S. 126) vorkommen (LÜTZELBURG 1923).

Herbarangaben lassen vermuten, daß *J. caroba* bisweilen auch in Galeriewälder eindringt.

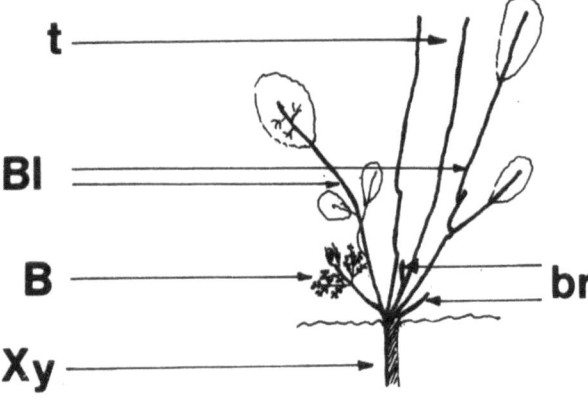

Abb. 61. *J. caroba* in einem Campo rupestre (Abb. 60), ca. 1,5 m hoch, Aug. 1978. Bl: Blühende Triebe ohne Blätter; B: Steriler Trieb mit vergilbenden Blättern aus dem Vorjahr; t: Abgestorbene Triebe ohne Brandspuren (vermutlich 3 Jahre alt); br: Angekohlte, durch Brand abgestorbene Triebe; Xy: Xylopodium.

Eine vikariierende Art von *J. caroba* ist die nahe verwandte *J. variabilis*, die einen der südlichsten Ausläufer der Gattung darstellt und die Campos Cerrados von Paraguay bewohnt.

J. oxyphylla

Diese Art ist für Campos sujos und Campos Cerrados typisch, kommt bisweilen auch in Cerrados s.s. vor und soll im Nordosten Brasiliens etwa in der gleichen Verteilung wie *J. caroba* vorkommen (vgl. S. 130). Im Vergleich zu dieser scheint sie weniger häufig in andere Vegetationstypen auszuweichen und weist kein solch großes Spektrum an Wuchshöhen auf.

So ist *J. oxyphylla* meist als Zwergstrauch ausgebildet und hat nur in Einzelfällen Triebe bis zu 2 m Höhe. Wie auch *J. caroba* hat sie ein gut ausgebildetes, sehr tief reichendes Xylopodium (Abb. 4 B, 36 B), ihre Stämmchen sind aber meist nur ein-

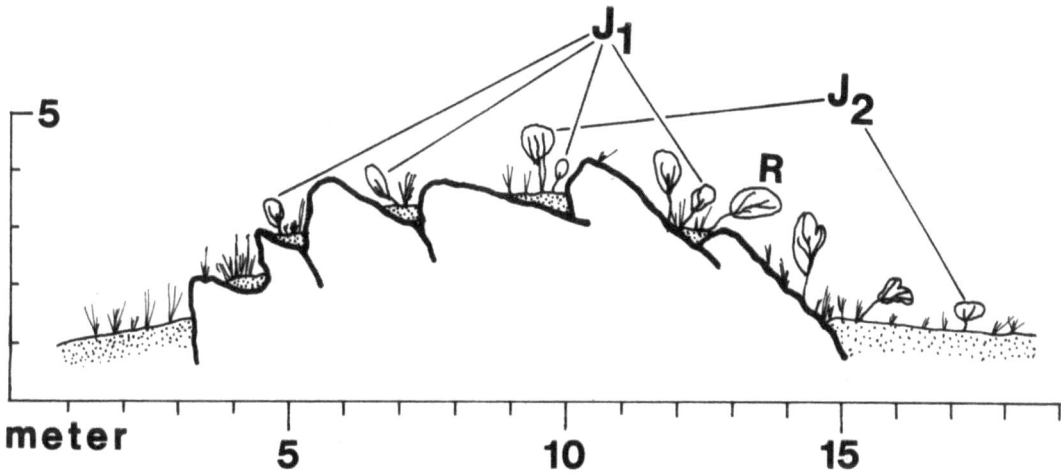

Abb. 62. *J. caroba* auf Quarzitfelsen in einem Campo rupestre in der Nähe von Ouro Preto (ca. 5 km N von Abb. 60), 1200 m, Aug. 1978, Profildiagramm ca. 15 × 5 m. J_1: *J. caroba*, steril; J_2: *J. caroba* in Blüte; R: *Rapanea* sp.; weitere Begleitarten auf S. 130. Das punktierte Substrat ist weißer Sand.

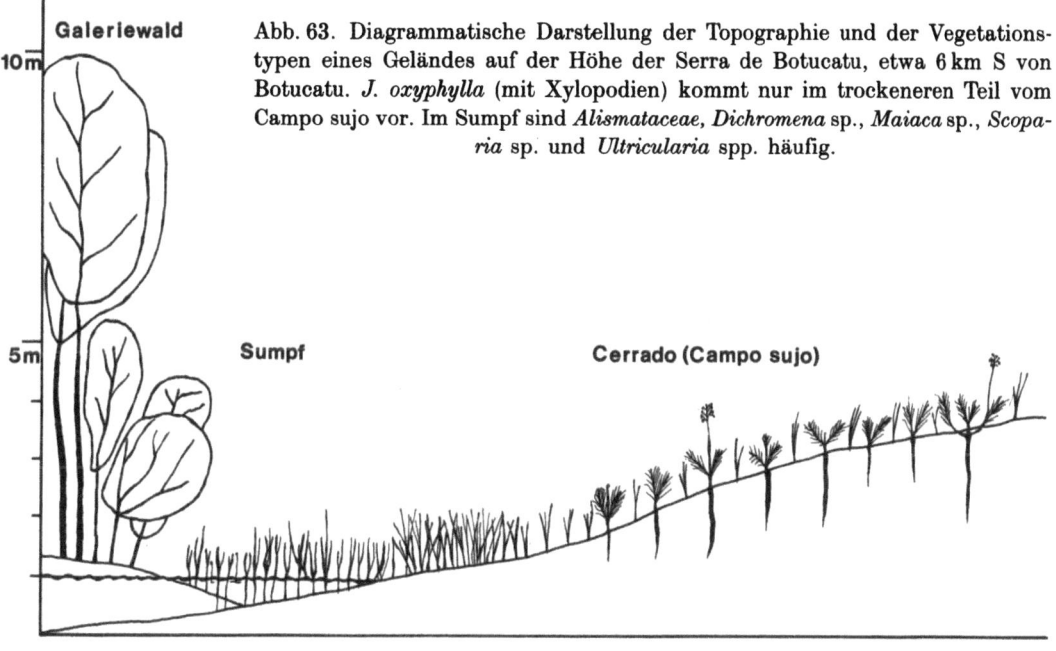

Abb. 63. Diagrammatische Darstellung der Topographie und der Vegetationstypen eines Geländes auf der Höhe der Serra de Botucatu, etwa 6 km S von Botucatu. *J. oxyphylla* (mit Xylopodien) kommt nur im trockeneren Teil vom Campo sujo vor. Im Sumpf sind *Alismataceae*, *Dichromena* sp., *Maiaca* sp., *Scoparia* sp. und *Utricularia* spp. häufig.

jährig, und die viele andere Cerradopflanzen behindernden Brände begünstigen die Ausbreitung von *J. oxyphylla*. Wenn sie daher auch in den Campos sujos (vgl. S. 125, Abb. 59 B, 64) am besten gedeiht, so zählt sie doch zu den wenigen Pflanzen, die in den auf ehemaligen Cerrados kultivierten dichten und dunklen *Pinus eliottii*-Wäldern noch wächst, an Straßenrändern häufig aufkommt, oft mitten auf Erdstraßen austreibt und auch noch an windexponierten Kanten eines flachgründigen cerradoähnlichen Standortes zwischen Felsen blüht.

An ihrem südlichsten Standort, den Cerradoinseln bei Vila Velha (bei Curitiba, Paraná), tritt *J. oxyphylla* in dichten großflächigen Beständen in den wiesenartigen Campos sujos in unmittelbarer Nachbarschaft von Araukarienwäldern auf.

Ganz ähnlich ist sie in den Höhenlagen der Serra de Botucatu von 850 bis 950 m zu finden. So wächst sie dort in einem niedrigen, nur bisweilen bodendeckenden Campo sujo, der an einen Galeriewald heranreicht (Abb. 63). Als Begleitarten treten die ebenso kleinen *Acosmium subelegans*, *Andira humilis* und *Stryphnodendron barbadetimam* auf. Sie bleibt aber stets in einem entsprechenden Abstand von den feucht sumpfigen Rändern des Flüßchens. Dieses scheint durch seinen Grundwasserspiegel die Ausbreitung von *Jacaranda*, die wie auch andere Cerradoarten staunasse Böden meidet, zu regulieren. Der angrenzende Galeriewald ist in seiner Struktur und Artenzusammensetzung vollkommen unterschiedlich. Der artenreiche dichte Baumbestand mit zahlreichen Epiphyten und Windern (z. B. *Tillandsia usneoides*, *Vanilla* sp.) steht auf kleinen, vom Fluß umspülten Inseln und zeichnet sich u. a. durch eine für montane Galeriewälder Innerbrasiliens typische Artenzusammensetzung aus: *Drimys brasiliensis* subsp. *brasiliensis*, *Geonoma* sp., *Hedyosmum brasiliense*, *Posoqueria* sp., *Talauma ovata*, *Podocarpus* sp., *Siparuna* sp.

Eine etwas genauere Analyse eines Campo sujo mit *J. oxyphylla* liegt bei Abb. 64 vor. Das dort aufgenommene Gelände liegt ebenfalls auf einem zu einem Flüßchen abfallenden, nur wenig geneigten Hang, jedoch etwa 500 m von den ersten sumpfigen Stellen entfernt. In der relativ artenarmen Pflanzengemeinschaft ist *J. oxyphylla* eine dominierende Holzpflanze und zeigt in diesem Fall die maximal vorgefundene Dichte in São Paulo und Paraná (ca. 40 Individuen/100 m²). Während einzelne Pflanzen an einer offenbar günstigeren konkurrenzärmeren Straßenböschung in der Nähe bis zu 2 m Höhe erreichen, bildet *J. oxyphylla* innerhalb der dichten, hier gezeigten Grasschicht kaum meterhohe fertile Triebe aus. Auffällig ist auch der unterschiedliche phänologische Zustand innerhalb der Population (Juni 1975): Es gibt vollkommen laublose sterile Pflanzen, solche, die ausschließlich belaubt sind, und auch solche, die von frühen Knospenstadien bis hin zur vollen Blüte stehen. Einige Individuen der näheren Umgebung haben auch grüne bis reife Früchte.

Auch die anderen vergesellschafteten Holzarten sind für degenerierte Cerrados charakteristisch, kommen jedoch, wenn auch in geringerer Frequenz, in Cerrados s. s. vor, nur *Solanum lycocarpum* ist eher zu den unkrautartigen Einwanderern zu rechnen. Die zahlreichen Gräser stehen nicht gemischt, sondern bilden durch aggressive Ausläufer dichte, scharf umgrenzte Flecken. Dazwischen sind noch xeromorphe Farne und bodenbedeckende Moose zu finden.

Die Vorliebe für offene Standorte von *J. oxyphylla* zeigt sich deutlich durch die Abnahme ihrer Frequenz in einem nahe gelegenen Campo Cerrado. Dieser zeichnet sich strukturell durch das Vorkommen von etwa 3–5 Bäumen über 3 m und etwa 35–40 Bäumchen und Sträucher von 1,5–3 m/100 m² aus. In diesem artenreicheren Campo Cerrado ist *J. oxyphylla* weite Flächen überhaupt nicht vertreten, erreicht aber stellenweise eine Dichte von 8–12 Individuen/100 m². Begleitarten, die auch im benachbarten Campo sujo vorkommen, erreichen hier Baumgrößen (so etwa die häufigen *Caryocar brasiliense*, *Acosmium subelegans*, *Piptocarpha rotundifolia*), *J. oxyphylla*

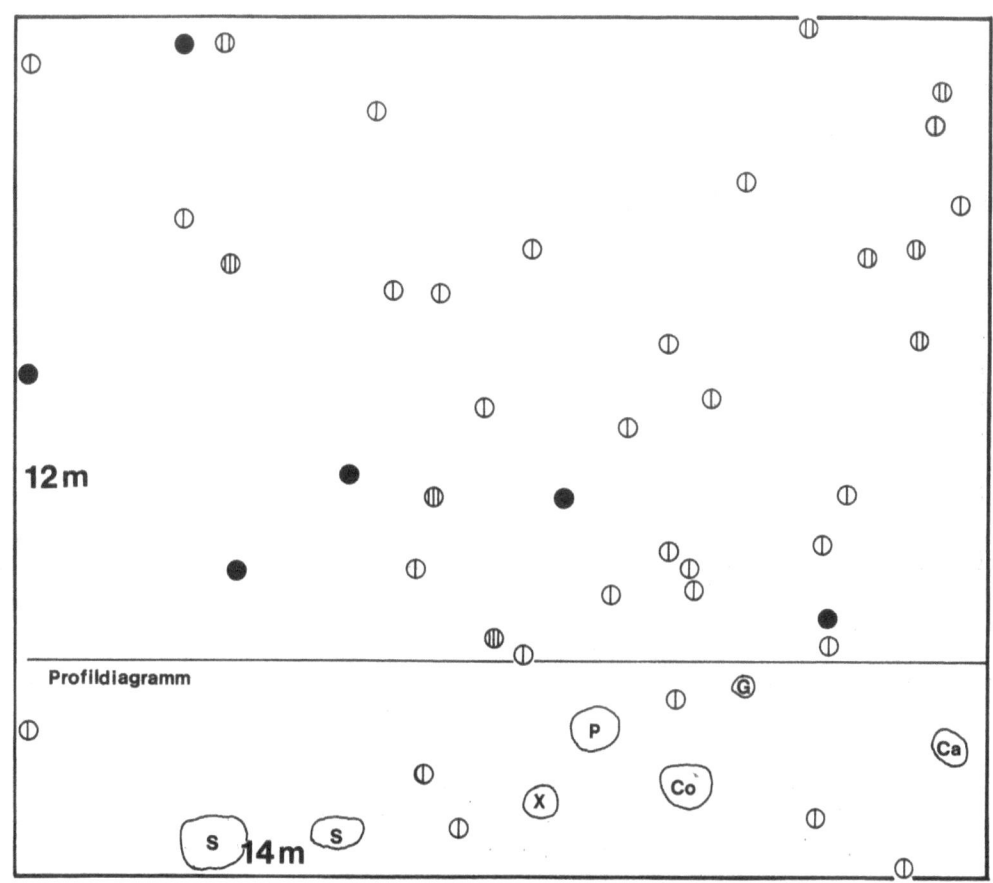

Abb. 64. *J. oxyphylla* in einem Cerrado (Campo sujo) 5 km S von Botucatu, Anfang Juni 1975. Die Fundpunkte von *J. oxyphylla* sind exakt ausgemessen, andere Sträucher scheinen nur im Profildiagramm und in dessen Grundriß auf. Nahe beieinander stehende *Jacaranda*-Individuen sind z. T. unterirdisch verbunden. Ca: *Caryocar brasiliense;* Co: *Asteraceae;* G: *Acosmium subelegans;* J: *Jacaranda oxyphylla;* P: *Piptocarpha rotundifolia;* S: *Solanum lycocarpum;* weiters kommen etwa 6 verschiedene Grasarten vor.

überragt auch hier die gut ausgebildete Grasschichte kaum. Weiters kommen noch folgende Taxa vor: *Annona crassiflora, Borreria argentea, Byrsonima intermedia, Duquetia furfuracea, Gochnatia* sp., *Kielmeyera coriacea, Mimosa* sp., *Myrcia* spp. (2 species), *Psidium* sp., *Sapotaceae, Solanum lycocarpum, Vernonia* sp.

Ganz ähnliche Verhältnisse wie in der Serra de Botucatu finden sich auf den Hochflächen der Serra do Paranapiacaba. Zwischen Itapeva und Apiai wurden auf einer 30 km langen Strecke regelmäßig in Campos Cerrados *J. oxyphylla*-Populationen aufgefunden, die jedoch oft viele 100 m voneinander getrennt waren. Auch hier zeigte sich, daß *J. oxyphylla* am häufigsten an lichten Flecken mit niedriger Begleitvegetation aufkommt. So etwa in einem Campo Cerrado mit lockerer, nicht kronenberührender Verteilung von 4—5 m hohen Bäumen und einer dichten niedrigen Kraut- und Strauchschichte. Die Population von *J. oxyphylla* umfaßte etwa 30 Individuen, die z. T. unterir-

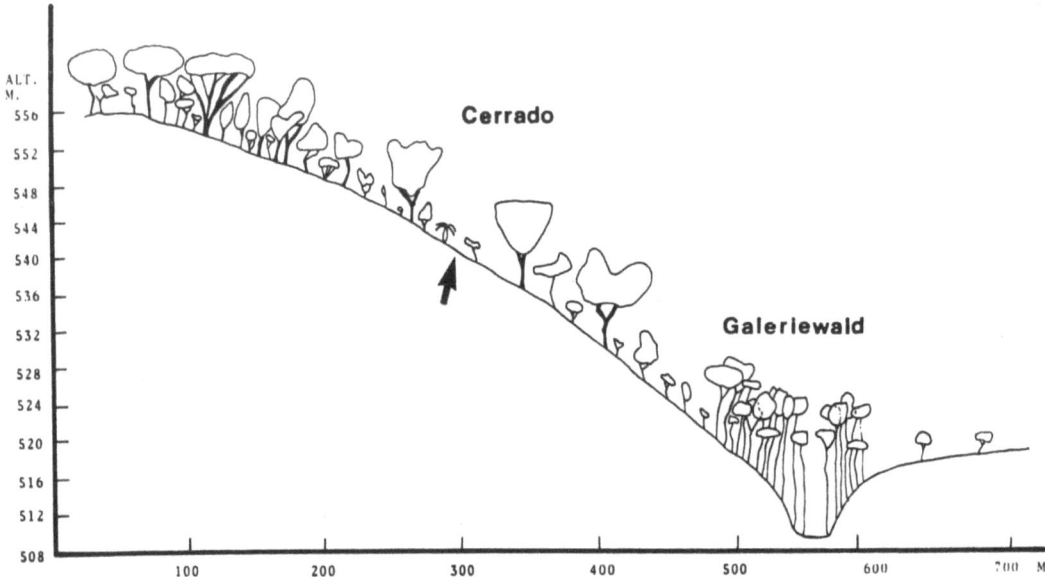

Abb. 65. Topographie und Vegetationstypen in einem Gelände am Fuße der Serra de Botucatu, ca. 18 km N von Botucatu (nach SILBERBAUER-GOTTSBERGER & EITEN in Vorb.). *J. decurrens* und *J. rufa* besiedeln locker den gesamten Cerrado. Detaillierte Vegetationsprofile mit den beiden Arten sind in Abb. 58 und 66 dargestellt (in der Nähe des Pfeiles).

disch verbunden waren und sich auf eine Fläche von etwa 150 m^2 aufteilten. Die Begleitflora war ähnlich der von Botucatu: *Bauhinia* sp., *Byrsonima* sp., *Caryocar brasiliense*, *Cassia* sp., div. Compositae, *Kielmeyera* sp., *Qualea* sp., *Roupala* sp., *Serjania* sp., *Solanum* sp., *Stryphnodendron barbadetimam*.

In den strukturell unterschiedlichen Cerrados s.s. und Cerradoes hingegen konnte über weite Strecken kein einziges Individuum von *J. oxyphylla* entdeckt werden. So war etwa in der nächsten Nachbarschaft der oben beschriebenen *J. oxyphylla*-Population ein dichter und hoher Cerradão (Abb. 59 A). Dessen Baumbestand erreichte stellenweise bis zu 10 m Höhe, die Kronen schlossen eng aneinander, und manche Stämme hatten Umfänge bis zu 100 cm. Die Strauchschichte war dagegen im Vergleich zu den Campos Cerrados schwächer ausgebildet.

J. decurrens und *J. rufa*

Diese beiden Taxa sind ebenfalls charakteristische Cerradoarten, die sich nicht nur wie *J. oxyphylla* und *J. caroba* in ihrem Areal überlappen, sondern häufig dicht nebeneinander am selben Standort auftreten (Abb. 58, 66). Sie scheinen auch unterschiedliche ökologische Ansprüche zu haben: In der Serra de Botucatu bevorzugen sie im Gegensatz zu *J. oxyphylla* tiefere wärmere Lagen (Abb. 69), auch bei Mogi Guaçu (S. 129) nehmen sie gegenüber *J. caroba* tiefer gelegene Standorte ein. Ihre Vorliebe für wärmeres Klima zeigt sich auch in den Arealen: *J. decurrens* und *J. rufa* dringen nur knapp bis an den südlichen Wendekreis vor, während *J. oxyphylla* deutlich subtropische Gebiete besiedelt (Abb. 39–41). Die beiden sympatrischen Taxa wurden auch nie in solch empfindlich kalten Höhenlagen wie z. B. *J. caroba* (vgl. S. 129) gefunden.

Nordöstlich von Botucatu wurden die beiden Arten in einem Cerrado (Abb. 58, 65, 66) gefunden, der sich an beiden Hängen eines Tales ausdehnt. Strukturell von den Cerrados der Hochflächen nicht unterschiedlich, zeigt diese Vegetation eine reichere Flora und einige Differentialarten; abgesehen von den beiden *Jacaranda*-Arten wurden folgende Taxa nur dort angetroffen: *Ananas ananassoides*, *Tocoyena brasiliensis*,

135

T. formosa und *Xylopia aromatica*. Weiters kommen *Erythroxylum suberosum, Byrsonima coccolobifolia* und *Styrax ferruginea* recht häufig vor, aber auch *Casearia silvestris, Kielmeyera rosea, K. coriacea, Hancornia speciosa* und *Machaerium acutifolium* sind ver-

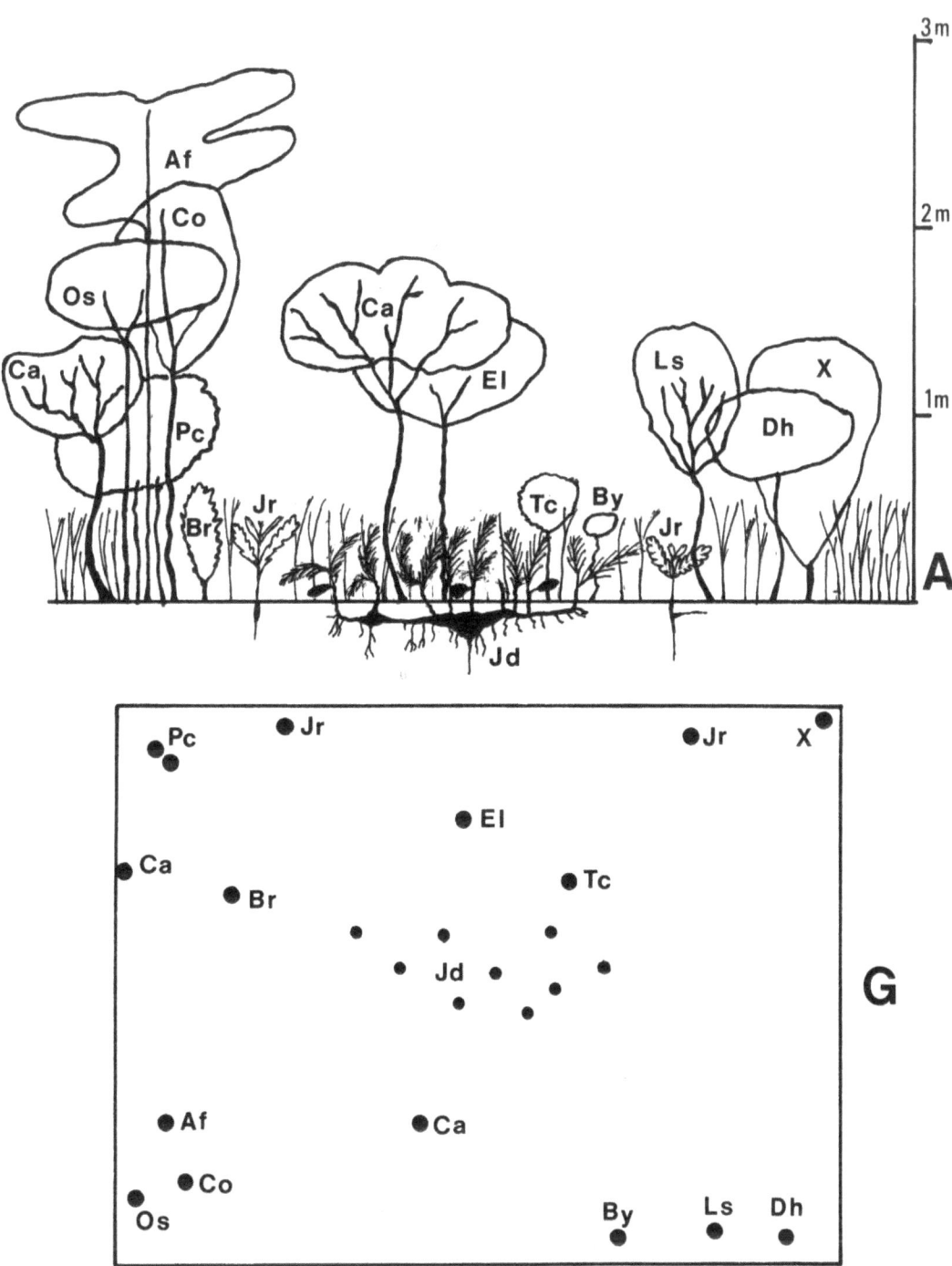

Abb. 66. *J. decurrens* (Jd, schwarze Punkte) und *J. rufa* (Jd) mit ihrer nächsten Umgebung (Cerrado aus Abb. 65 Pfeil, 4 × 3 m). Die Xylopodien sind nur bei *Jacaranda* abgebildet, die meist nur schütter beblätterten Kronen der anderen Arten vereinfacht dargestellt. Im Grundriß (G) ist zu erkennen, daß das ausgewachsene und vielfach verzweigte Individuum von *J. decurrens* eine kleine Lichtung besiedelt. *J. rufa* hat noch sehr kleine Xylopodien (im Aufriß A), ist steril und kommt nur selten so nahe bei *J. decurrens* vor. Af: *Anadenanthera falcata*; Br: *Brosimum gaudichaudii*; By: *Byrsonima coccolobifolia*; Ca: *Caryocar brasiliense*; Co: *Annona coriacea*; Dh: *Diospyros hispida*; El: *Eugenia livida*; Ls: *Lippia salviaefolia*; Os: *Ouratea spectabilis*; Pc: *Peritassa campestris*; Tc: *Tabebuia caraiba*; X: indet.

treten (weitere Einzelheiten zur Struktur und Flora dieses Cerrados bei SILBER-
BAUER-GOTTSBERGER et al. 1977, SILBERBAUER-GOTTSBERGER & EITEN 1978).

J. decurrens und J. rufa sind in diesem Cerrado keine dominierenden Arten, sondern sind nur bisweilen an offenen Stellen zwischen dichteren Baum- und Strauchgrup-
pen eingestreut und erreichen selten eine höhere Dichte als 5 Individuen/100 m² und
fehlen in manchen Teilen der mehrere Hektar großen Fläche vollkommen.

In Abb. 65 ist die Lage dieses Cerrados, der einen mäßig steilen Hang besiedelt
und in Bachnähe in einen Galeriewald übergeht, zu sehen. Ein genaueres Vegetationsprofil (Abb. 58) zeigt die eher untergeordnete Rolle von J. decurrens und J. rufa in dem
von größeren Bäumen und Sträuchern dominierten Cerrado s.s. Wenn auch einzelne
Individuen von J. decurrens im spärlichen Unterwuchs eines Cerradão im oberen Teil
des Hügels auftreten, so bevorzugen sie doch meist offene baumlose Stellen, wie es in
Abb. 66 zu sehen ist. Die dort abgebildeten niedrigen Bäumchen und Sträucher bilden
den Übergang zu der oft bis zu 8 m hohen Vegetation. J. decurrens breitet sich in solchen Fällen sehr stark vegetativ aus und bildet quadratmetergroße, relativ dichte
Teppiche. J. rufa hingegen kommt immer nur in Einzelindividuen, die zumindest einige
Meter voneinander getrennt sind, vor und ragt kaum aus der Grasschichte heraus. Nur
in einem einzigen Fall wurde J. rufa auf einer weitgehend abgeholzten und gebrannten
Böschung bestandsbildend beobachtet. Bei beiden Arten scheinen Brand und sekundäre Beeinflussung der umliegenden Vegetation die Ausbreitung zu fördern, unge-
störte Sukzession hingegen den Bestand zu reduzieren.

Die räumlich nahe Stellung der beiden Arten in Abb. 66 ist zufällig und selten.
Zwar stehen beide Taxa in starker Konkurrenz mit der umgebenden niedrigen Gras-
und Strauchschichte, wurden aber untereinander nie in Blatt- oder Wurzelkontakt
gesehen, so daß selbst bei diesem streng sympatrischen Vorkommen eine intragene-
rische Konkurrenz auszuschließen ist.

Ein ganz ähnliches gemeinsames Auftreten von J. decurrens und J. rufa war bei
Mogi Guaçu (Faz. Campininha) zu sehen. In einem dem von Botucatu sowohl in Struktur als auch Flora weitgehend gleichen Cerrado s.s. traten die beiden Arten ebenfalls
nur spärlich verteilt auf. Dichtere Populationen waren auch hier nur in randlichen,
zum größten Teil zerstörten Gebieten vorhanden. Eine genauere Analyse dieser Vegetation liegt bei EITEN (1962) vor.

Der am weitesten im Nordwesten gelegene Fundpunkt von J. decurrens liegt bei
Vilhena (Rondônia/Mato Grosso). Dort tritt sie vereinzelt als eine der wenigen Pflanzen in weitgehend unbewachsenen Campos („Campos limpos") auf, die offenbar vor
der menschlichen Zerstörung mit dichter, möglicherweise cerradoähnlicher Vegetation bewachsen waren. Sicherlich sind diese offenen Pflanzenformationen zu den
Campo-Inseln der Hylea zu rechnen, da in der weiteren Umgebung Regen-, Halbtrok-
ken- und Trockenwälder vorherrschen.

Vergleich der Lebensräume von Jacaranda-Arten in den Küstengebirgen zwischen São Paulo und Rio de Janeiro

Wie in Abb. 67 dargestellt ist, ist *Jacaranda* sowohl im meeresnahen Flachland als
auch in den parallel zur Küste verlaufenden Gebirgszügen mit zahlreichen Arten vertreten. Fast durchwegs sind die einzelnen Taxa durch ihre unterschiedlichen Standorte voneinander isoliert, in den meisten Fällen zeigen benachbarte Arten auch verschiedene Blühzeiten.

Eine besonders charakteristische Situation in bezug auf die ökologische Trennung
ist in der weiteren Umgebung von Rio de Janeiro gegeben, wo 4 Arten auftreten:
J. puberula agg., *J. micrantha*, *J. jasminoides* und *J. montana*.

J. puberula agg. kommt in den Küstenflachländern häufig vor und steigt in der Serra do Mar mit abnehmender Frequenz bis zu 250 m auf. Hauptsächlich ist sie an sekundär beeinflußten Standorten zu Hause, besiedelt aber auch primäre Restinga-Wälder und niedrige Küsten- bis Bergregenwälder (vgl. S. 105–110).

J. micrantha überschneidet sich in ihrer Höhenstufe (ca. 150–400 m) mit *J. puberula* agg., bevorzugt aber im Gegensatz zu dieser hohe primäre Regenwälder und tritt dort als mächtiger Vertreter des obersten Stratums oder sogar als Übersteher auf (vgl. S. 113–115). In der Küstenebene hingegen, wo *J. puberula* agg. in dieser Gegend ihr Hauptverbreitungsgebiet hat, kommt *J. micrantha* nie vor. Auch in der Phänologie unterscheiden sich die beiden Taxa deutlich: *J. micrantha* blüht etwa 1–2 Monate, nachdem die letzten Populationen der dichten Krüppelrestinga (vgl. S. 107) abgeblüht sind.

J. jasminoides kommt mit ihren südlichsten Vertretern auf den Küstenfelsen bei Rio de Janeiro (vgl. S. 115–116) gerade noch in die räumliche Nähe der anderen Taxa. Als xerophiles Bäumchen dringt sie jedoch nur selten an feuchtere Stellen vor und ist dadurch von den anderen eher hygrophilen Vertretern der Gattung ökologisch deutlich getrennt. Ihre Blühzeit kann sich bisweilen mit der von *J. micrantha* überschneiden, jedoch lassen die beiden Arten unterschiedliche Bestäuberspektren erwarten: *J. jasminoides* hat wenige bodennahe dunkelpurpurne Blüten, während *J. micrantha* viele tausend hellblaue Blüten in über 20 m Höhe zeigt.

J. montana, die ein häufiges und typisches Element der primären Gipfelwälder der Serra do Mar ist und ihre Frequenz mit abnehmender Höhe sichtlich verringert (vgl. S. 110–113), ist durch ihr Vorkommen zwischen 400 und 900 m deutlich von *J. puberula* agg. und *J. micrantha* abgesetzt.

Knapp nördlich von Rio de Janeiro soll (nach Herbarangaben) die Restinga-Art *J. obovata* (vgl. S. 116) ihre südlichsten Vertreter haben. In dieser Gegend befindet sich daher die vermutlich klimatisch bedingte Nord-Süd-Grenze mit den vikariierenden Restinga-Sippen von *J. puberula* agg.

Überschreitet man den Gebirgskamm der Serra do Mar, so gelangt man in dichte epiphytenreiche Wälder, die etwas niedriger und artenärmer als die Gipfelwälder sind und bereits im Regenschatten liegen (Abb. 67/7). Die benachbarte *J. montana* dringt hier nicht mehr ein, das erste *Jacaranda*-Vorkommen liegt in einem noch weiter westlich gelegenen trockeneren Teil des allmählich zum Paraibatal abfallenden Hochplateaus. Die dort auftretende *J. pulcherrima* besiedelt heute weitgehend kultiviertes Land, das früher wohl mit niedrigen ± lichten Wäldern bedeckt war.

Dieses Waldland unterscheidet sich aber selbst in den spärlichen Restbeständen deutlich von der Cerradoinsel, die schon in der Nähe des Paraibaflusses auftritt (Abb. 67/9) und auf deren Ausdehnung sich das Vorkommen von *J. decurrens* (vgl. S. 134) und *J. caroba* (vgl. S. 128) beschränkt.

In der Nähe von São Paulo kommt dann auch *J. caroba* in nächster Nähe von *J. puberula* agg. vor. Die erstere besiedelt dort jedoch ausschließlich offene Campos, *J. puberula* agg. hingegen Feuchtwälder (vgl. S. 110). Die beiden Vegetationstypen sind dort wie auch in anderen Teilen SO-Brasiliens mosaikartig ineinander verzahnt, unterscheiden sich jedoch in der Bodenzusammensetzung, Struktur und Flora wesentlich.

An den zum Itatiaia-Gebirge aufsteigenden Hängen (von etwa 500–1200 m) sind im wesentlichen in der unteren montanen Stufe (Abb. 67/12) 4 *Jacaranda*-Arten vertreten. *J. mimosifolia*, die ursprünglich als Straßenbaum gepflanzt war, kommt vereinzelt verwildert entlang der Straßen vor, ist jedoch innerhalb des natürlichen Vegetationsgefüges ohne Bedeutung. *J. crassifolia* und *J. macrantha* treten bisweilen streng sympatrisch auf (vgl. S. 117), zeigen aber meist unterschiedliche ökologische Tendenzen: *J. crassifolia* bevorzugt bodenfeuchte lufttrockene Hanglagen und ist häufig in pri-

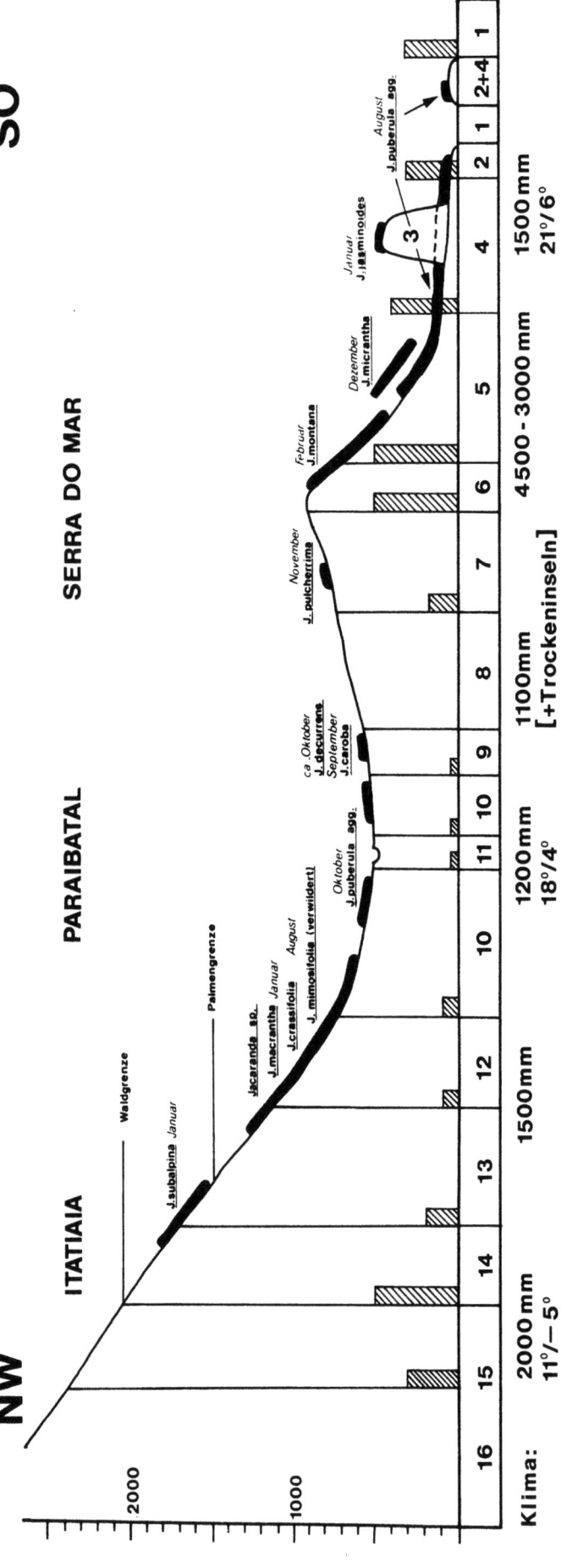

Abb. 67. Die Verteilung der Gattung Jacaranda (dicke schwarze Linien) in den Küstengebirgen zwischen São Paulo und Rio de Janeiro entlang eines mehrfach gestaffelten Transektes (vgl. S. 13). Die Vegetations- und Höhenstufengliederung erfolgte nach SEGADAS-VIANA (1965), HUECK (1966) und eigenen Analysen. Neben den Artnamen ist die lokale Blühzeit (1974–1978) angegeben; die schraffierten Säulen zeigen die relative, geschätzte Epiphytenmenge an; die Klimadaten (nach verschiedenen Quellen) erfassen den Niederschlag (Jahresmittel und absolutes Minimum) und die Temperatur (Jahresmittel und Minimum). Weitere Erläuterungen im Text, S. 136.

1: Meernahe Vegetationstypen, wie z. B. Mangrovevegetation und niedriges Restinga-Gebüsch.
2: Niedriger krüppeliger Restinga-Wald (vgl. S. 107; Abb. 43).
3: Xeromorphe Wälder der Hochplateaus der Küstenfelsen bei Rio de Janeiro (vgl. S. 115; Abb. 50).
4: Hoher Restinga-Wald und Tieflandregenwald (vgl. S. 105).
5: Tieflandregenwald und Bergregenwald der tieferen Lagen (vgl. S. 108–110, 112, 114; Abb. 45, 47).
6: Bergregenwald der Gipfelregion (vgl. S. 110; Abb. 46).
7: Mäßig feuchter Wald im Regenschatten.
8: Halbtrocken- bis Trockenwälder, z. T. Dorn- und Sukkulentenbusch.
9: Disjunkte Campo-Cerrado-Insel bei São José dos Campos (vgl. S. 129).
10: Feucht- und Halbtrockenwälder des Paraibatales (vgl. S. 110).
11: Überschwemmungswälder am Paraibafluß.
12: Bergregenwälder der unteren montanen Stufe (vgl. S. 117–118; Abb. 51).
13: Bergregenwälder der mittleren montanen Stufe (vgl. S. 119).
14: Bergregenwälder der oberen montanen Stufe (vgl. S. 119–120; Abb. 52).
15: Vereinzelte Restwälder an feuchten geschützten Stellen oberhalb der Waldgrenze.
16: Subalpine Strauch- und Grasfluren (Abb. 53).

mären Wäldern zu Hause. *J. macrantha* dagegen besiedelt meist stark gestörte Biotope (vgl. S. 118) und dürfte in der Verbreitung eher durch die Lichtverhältnisse als durch das Kleinklima beeinflußt werden. In nächster Nähe der beiden Arten tritt noch eine weitere, mir unbekannte Art auf. Ihr seltenes Auftreten ließ jedoch keine weiteren ökologischen Beobachtungen zu.

Im größten Teil der mittleren montanen Stufe (Abb. 67/13) kommt *Jacaranda* nicht vor. Ab 1600 m ist *J. subalpina* häufig (vgl. S. 119–120), die dann in der oberen montanen Stufe (Abb. 67/14) ihre größte Dichte erreicht. Durch ihre Höhenlage und das Vorkommen in Wäldern, die sich strukturell und floristisch von denen der tieferen Lagen stark unterscheiden, ist sie von den 4 anderen *Jacaranda*-Arten ökologisch eindeutig getrennt.

Vergleich der Lebensräume von Jacaranda-Arten in den Küstengebirgen im Süden des Staates São Paulo

Nahe der Grenze zu Paraná verlaufen 2 Gebirgszüge parallel zur Küste. Direkt vom Meer steigen die Ausläufer der Serra do Mar auf, die durch ein etwa auf Meereshöhe gelegenes Flußtal von der dahinter gelagerten, nicht viel höheren Serra do Paranapiacaba getrennt sind. Dieser in Abb. 68 dargestellte Umstand bringt eine klimatisch wesentlich unregelmäßigere Situation mit sich, als sie etwa in den ± kontinuierlich aufsteigenden Hängen der nördlich gelegenen Küstengebirge (z. B. Abb. 67) zu finden ist. Dies und die weitgehend zerstörte Vegetation entlang der gebirgsdurchquerenden Straßen bedingt eine etwas unterschiedlichere Verteilung der *Jacaranda*-Arten, als sie von Rio de Janeiro bekannt ist.

Entlang der Küste tritt *J. puberula* agg. ähnlich wie bei Ubatuba (vgl. S. 107–109) auf: In den offenen geradstämmigen Restingas ist sie am häufigsten, in Krüppelrestingas selten und in den niedrigen Regenwäldern bis nur etwa 100 m Höhe vertreten. In den höheren Lagen der Serra do Mar (Abb. 68/3) ist sie nicht vorhanden, andere zur Zeit der Beobachtung nicht blühende Arten wurden möglicherweise übersehen. Ihr Vorkommen bei Jacupiranga (Abb. 68/4) entspricht etwa der ökologischen Position im Paraibatal (Abb. 67/10), hingegen ist die Gipfelposition in der Serra do Paranapiacaba (Abb. 68/5–6) ungewöhnlich und kann etwa dadurch erklärt werden, daß dieser Standort bereits an die Halbtrockenwälder des Inneren von São Paulo anschließt (Abb. 68/6), wo *J. puberula* agg. bisweilen auftritt.

J. micrantha (vgl. S. 113) besiedelt die gleiche Höhenstufe wie in der Serra do Mar bei Rio de Janeiro, liegt jedoch im Regenschatten. Ökologisch unterscheidet sie sich von *J. puberula* agg. wahrscheinlich ebenso wie dort durch die Vorliebe für höhere primäre Wälder, die jedoch heute nicht mehr angetroffen werden.

Ganz in der Nähe dieser Art wurde *J. montana* gesammelt, die hier (Abb. 68/5) in sehr tiefen Lagen auftritt. Ob dieses Vorkommen den natürlichen Verhältnissen entspricht und wieweit sie von *J. micrantha* ökologisch isoliert ist, konnte nicht geklärt werden.

Auf der Hochfläche der Serra do Paranapiacaba treten neben verschiedenen Halbtrockenwäldern auch vereinzelte Flecken von Cerradovegetation auf, die bereits an die größeren Cerrados im nördlicheren São Paulo anschließen. Dort (Abb. 68/7) ist *J. oxyphylla* eine bisweilen gruppenweise auftretende Art (vgl. S. 133), die jedoch die offenen „Campos sujos" und „Campos Cerrados" vorzieht und daher nie in die räumlich bisweilen nahe gelegenen Halbtrockenwälder mit *J. puberula* agg. eindringt.

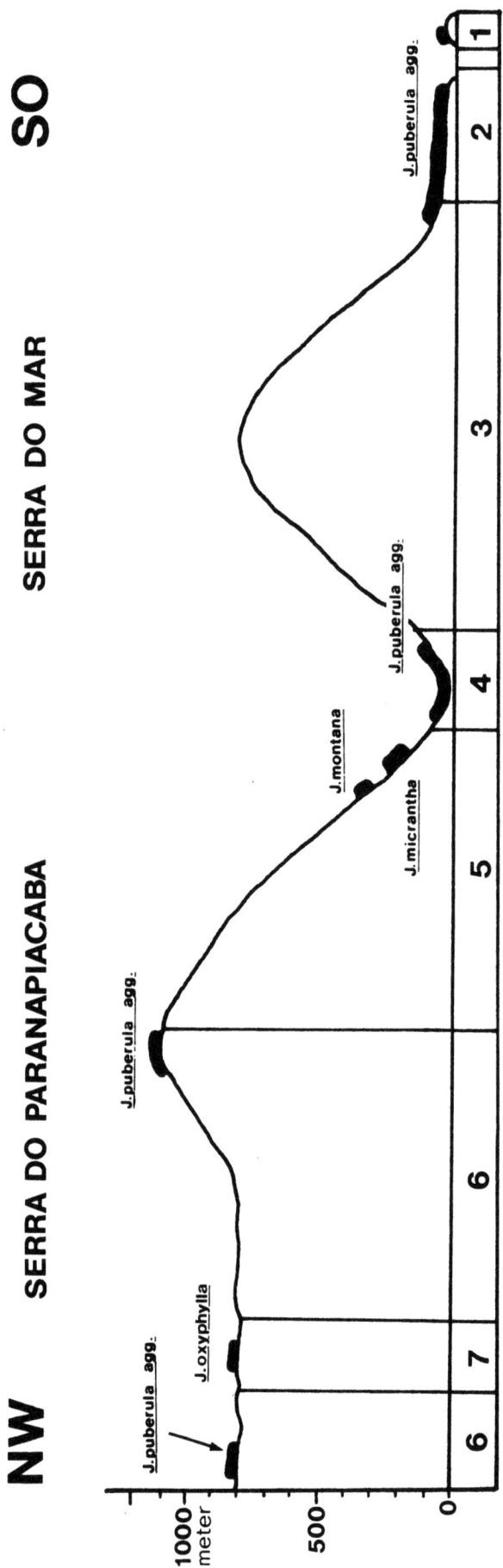

Abb. 68. Die Verteilung der Gattung *Jacaranda* (dicke schwarze Linien) entlang eines Transektes durch die Serra do Mar und Serra do Paranapiacaba im Süden von São Paulo (vgl. Text, S. 139). 1: Vorgelagerte Insel mit verschiedenen Restinga-Wäldern und Mangrove (bei Cananéia; vgl. S. 106); 2: Verschiedene Restinga-Wälder (vgl. S. 105); 3: Tiefland- und Bergregenwälder, Halbtrockenwälder (bei Jacupiranga; vgl. S. 106); 4: Halbtrockenwälder (vgl. S. 114); 5: Feucht- und Halbtrockenwälder (vgl. S. 107); 7: Campos Cerrados s.l. (bei Itapeva, vgl. S. 133).
6: Halbtrockenwälder (vgl. S. 107); 7: Campos Cerrados s.l. (bei Itapeva, vgl. S. 133).

Vergleich der Lebensräume der Jacaranda-Arten in der Serra de Botucatu

In der Umgebung dieses Gebirges treten sehr unterschiedliche Vegetationstypen auf. Auf der Hochfläche sind neben Cerrados unterschiedlicher Struktur (vgl. S. 125) auch weitgehend laubabwerfende Trockenwälder, Halbtrockenwälder, flußbegleitende Feuchtwälder und Galeriewälder vorhanden. Die z. T. sehr steilen Abhänge der Serra sind hauptsächlich Waldland, wobei in der Nähe von Wasserfällen regenwaldähnliche Vegetationstypen vorkommen, die dann in vielen Übergangsstufen bis zu den auf Hügellagen exponierten Trockenwäldern überleiten. Am Fuße der Gebirge beginnen dann wieder Cerrados, die jedoch bisweilen in offene bis geschlossene Busch- bis Trockenwälder übergehen. Entlang der Flüsse sind Galeriewälder häufig.

Wie in dem vereinfachten Profil von Abb. 69 dargestellt ist, kommen dort 4 *Jacaranda*-Arten vor. *J. decurrens* und *J. rufa* sind streng sympatrisch auf die Campos Cerrados am Fuße der Serra beschränkt (vgl. S. 134–136) und meiden andere Vegetationstypen. Ihr gemeinsames Auftreten ist häufig, und die beiden Taxa dürften neben anderen Faktoren (vgl. S. 165) hauptsächlich blütenökologisch isoliert sein: *J. decurrens* besitzt hellblaue populationssynchronisiert aufgehende Blüten, während *J. rufa* individuell sehr unterschiedlich purpurn bis dunkelrot blüht.

Hingegen sind diese beiden Taxa gegenüber den anderen 2 Arten sowie diese untereinander durch vollkommen unterschiedliche Standorte getrennt.

J. micrantha kommt ausschließlich in Wäldern vor, wobei sie feuchtere Lagen bevorzugt und nur in Krüppelexemplaren in die Trockenwälder eindringt (vgl. S. 115). *J. oxyphylla* überschneidet sich in der Höhenstufe mit *J. micrantha* (Abb. 69/2–4), besiedelt aber nur Cerrados (vgl. S. 131–134). Dadurch, daß Wälder

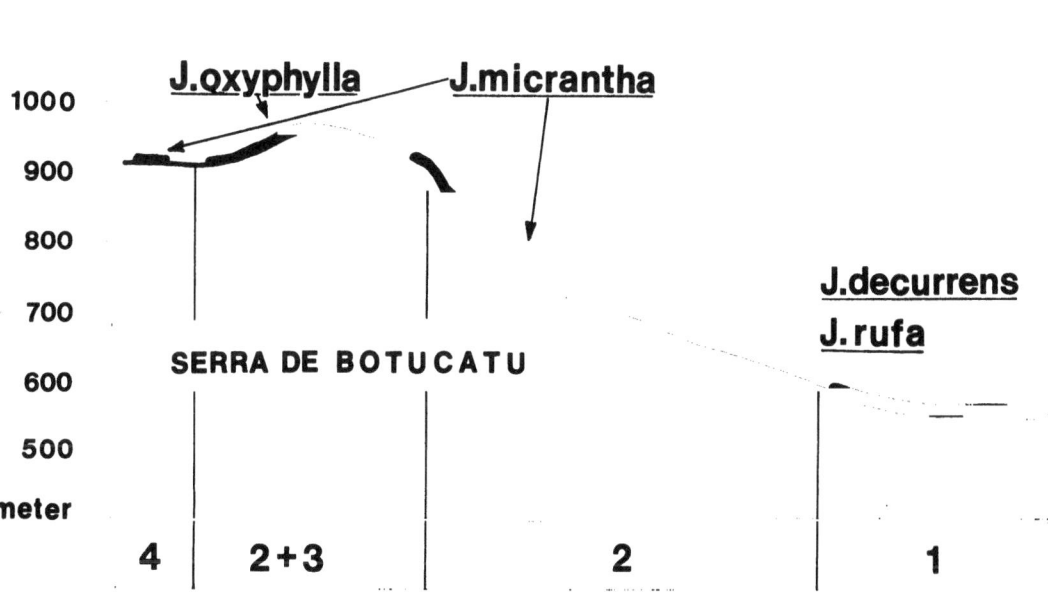

Abb. 69. Die Verteilung der Gattung *Jacaranda* (dicke schwarze Linien) entlang eines Transektes durch die Serra de Botucatu (vgl. Text). 1: Cerrados der tieferen Lagen (s. S. 134–136; Abb. 58, 65, 66); 2: Verschiedene feuchte bis halbtrockene Wälder des Serraabfalls (s. S. 114); 3: Cerrados der höheren Lagen (s. S. 132; Abb. 64, 65); 4: Verschiedene Halbtrocken- bis Trockenwälder der Hochfläche (s. S. 115); Abb. 48, 49).

und Cerrados häufig dicht aneinanderschließen, kommen die beiden Arten bisweilen in nächster Nähe, aber unter ökologisch deutlich unterschiedlichen Bedingungen vor.

Die beiden Cerrados der höheren (Abb. 69/3) und tieferen (Abb. 69/1) Lagen, die strukturell sehr ähnlich sind, unterscheiden sich hauptsächlich durch die klimatischen Verhältnisse. In den kühleren Hochflächen ist die SO-zentrierte, auch subtropische *J. oxyphylla* zu Hause, in den wärmeren Tieflagen kommen die auch weit im tropischen Norden heimischen *J. decurrens* und *J. rufa* vor (Areale: S. 100–101).

Diskussion

In der folgenden Diskussion möchte ich versuchen, die verwandtschaftlichen Zusammenhänge, die raum-zeitliche Entfaltung und die Evolution von *Jacaranda* darzulegen.

Die Interpretation der Gattungsmerkmale (einschließlich der Chromosomenzahlen, Ultrastrukturen usw.) gibt Hinweise auf die Stellung innerhalb der Familie (S. 143), die Analyse der Merkmalsvariabilität innerhalb der Gattung (Wuchsform, Blattausbildung usw.) läßt einerseits gewisse Merkmalsprogressionen erkennen (S. 144) und ermöglicht anderseits die Synthese der natürlichen Verwandtschaftsgruppierungen innerhalb der Gattung (S. 145, Abb. 70). Jedoch können Wesen und Beziehungen der Sippen nur verstanden werden, wenn man auch deren geographische Verbreitung (S. 147) sowie ökologische Ansprüche und Biologie (S. 150) berücksichtigt. Damit sind wiederum die Evolutionsmechanismen eng verknüpft, die ebenfalls diskutiert werden sollen (S. 158). Schließlich wird es bei der zusammenfassenden Darstellung der raum-zeitlichen Entfaltung von *Jacaranda* (S. 162) notwendig werden, auch die floren- und vegetationsgeschichtlichen Verhältnisse Südamerikas zu berücksichtigen.

Die Stellung der Gattung innerhalb der Familie

Die extrem abgeleitete Gattung *Jacaranda* nimmt zusammen mit *Digomphia* eine sehr isolierte Position innerhalb der *Bignoniaceae* ein (GENTRY & TOMB 1979) und steht damit im Gegensatz zu den vielen schwer abgrenzbaren Gattungen der Familie (GENTRY 1973a). Diese Feststellung wird erhärtet durch sehr markante morphologische Gattungsmerkmale (z. B. Blüten- und Fruchtbau, S. 50), Einheitlichkeit im ultrastrukturellen Bereich (Pollen: GENTRY & TOMB 1979, Samenoberfläche: HESSE & MORAWETZ 1980) sowie in der Chromosomenzahl (2 n = 36, vgl. S. 45) und anderen karyologischen Merkmalen (S. 46).

Sicherlich nächstverwandt ist *Digomphia;* bereits DE CANDOLLE (1845) hat sie als dritte Sektion von *Jacaranda* (sect. *Nematopogon*) bewertet. Für einen solchen Anschluß sprechen z. T. die Morphologie (S. 49) und die Pollenskulptur (GENTRY & TOMB 1979), dagegen die andersartige Samenoberfläche (HESSE & MORAWETZ 1980). Die Chromosomenzahl von *Digomphia* ist leider bisher nicht bekannt.

Auf Grund morphologischer Merkmale (S. 49) wird das Gattungspaar *Jacaranda* und *Digomphia* allgemein zur Tribus der *Tecomeae* gestellt. Dies wird auch dadurch bekräftigt, daß sich nur in dieser Tribus Sippen mit der charakteristischen Chromosomenzahl 2 n = 36 finden, so z. B. bei den neotropischen Gattungen *Tecoma* (2 n = 34, 36, 38) und *Tabebuia* (2 n = 34, 36, 38, 40), ebenso wie bei der afrikanischen *Spathodea* (2 n = 26, 36, 38) und der in Nordamerika und Japan heimischen *Campsis* (2 n = 34, 36, 38, 40) (Chromosomenzahlen aus FEDOROV 1969). Jedenfalls weicht *Jacaranda* mit 2 n = 36 von der am häufigsten bei den *Bignoniaceae* vorkommenden Zahl 2 n = 40 ab (RAVEN 1975).

Jedoch läßt sich in der stark isolierten *J. macrocarpa* (S. 55) ein altes Verbindungsglied zu anderen Gattungen der *Tecomeae* vermuten: Ihre abweichende und innerhalb von *Jacaranda* einzigartige Ausbildung der Samenoberfläche zeigt große Ähnlichkeit mit *Digomphia, Tecoma* und *Tabebuia*.

Merkmalsprogressionen

Grundsätze für die Aufstellung von Merkmalsphylogenien wurden vielfach diskutiert (z. B. ESTABROOK 1977, EHRENDORFER 1978 a: 532). Wichtig ist dabei etwa, daß innerhalb einer Verwandtschaftsgruppe weiter verbreitete und unspezialisierte Merkmale als ursprünglich gelten können, während auf kleine Teilgruppen beschränkte Merkmale sowie auf Reduktion bzw. Spezialisation zurückgehende Ausbildungen eher als abgeleitet zu betrachten sind. In der folgenden Übersicht für *Jacaranda* stehen vermutlich ursprüngliche Merkmalsausbildungen links, abgeleitete rechts.

Wuchsform (Abb. 2–5)

Stämme lang ⟶ kurz ⟶ fehlend
Bäume hoch ⟶ niedrig ⟶ Sträucher ⟶ Zwergsträucher
Vegetationskörper vorwiegend oberirdisch ⟶ vorwiegend unterirdisch

Blätter (Abb. 7)

Fiederung doppelt ⟶ einfach ⟶ fehlend
⟶ dreifach
Rachis ungeflügelt ⟶ breit geflügelt

Blättchen (Abb. 7)

Form elliptisch-rhomboid ⟶ oblong-lanzettlich
Größe mittel ⟶ klein
⟶ sehr groß
Rand gesägt bzw. gezähnt ⟶ ganz
Adernetz eucamptodrom-brochidodrom ⟶ reticulat
Haare einzellig ⟶ mehrzellig

Blütenstand (Abb. 11)

Thyrsus komplex ⟶ einfach ⟶ scheintraubig
Form kugelig bis breit pyramidal ⟶ langgestreckt ⟶ gestaucht
vielblütig ⟶ wenigblütig ⟶ breit gestaucht

Blüte

Corollenbasis verlaufend ⟶ kugelig aufgeblasen
Farbe violett-purpurn ⟶ hellblau
Anthere mit 2 Theken ⟶ 1 Theke
Staminodium apikal ± ganz ⟶ breit zweigeteilt

Frucht

Kapselwand dünn ⟶ dick

Einige der angeführten Merkmalsreihen sind nur für den Vergleich der beiden Sektionen relevant. So wird die Ursprünglichkeit der sect. *Dilobos* durch die 2 Theken ihrer Antheren, die einzelligen Haare und die verlaufenden Blütenröhren belegt; all dies sind weniger spezialisierte und primitivere Merkmalsausbildungen. Auch die cunonioide Blättchenzähnung vieler Taxa (vgl. S. 24) soll ein ursprüngliches Merkmal der *Scrophulariales* sein (HICKEY & WOLFE 1975), sie tritt bei den Jugendformen fast aller Arten auf (vgl. S. 17, Abb. 1 A—F) und ist daher wohl wirklich als primitive Ausbildung einzustufen.

Die hier angenommene Blattentwicklung vom geteilten zum ungeteilten Blatt widerspricht dem Trend, den NEUBAUER (1959) für die *Bignoniaceae* vorgeschlagen hat. Jedoch sprechen die doppelt gefiederten Stockausschläge der normalerweise einfach gefiederten *J. cowellii* und die bereits bei den Keim- und ersten Folgeblättern einsetzende Blatteilung vieler Arten (vgl. Abb. 1) für die Ursprünglichkeit der geteilten Blätter. Auch die Befunde von HICKEY & WOLFE (1975) unterstützen diese Ansicht.

Andere Merkmalsprogressionen wiederholen sich in kleineren Verwandtschaftsgruppen beider Sektionen und dürften konvergent entstanden sein. So ist z. B. der Übergang von hohen Bäumen zu Zwergsträuchern sowohl in der sect. *Dilobos* bei den verwandten Arten *J. macrantha, J. glabra* und *J. rufa* als auch bei sect. *Monolobos* in der Reihe *J. brasiliana, J. praetermissa* und *J. decurrens* zu finden. In den meisten Fällen ist die Wuchsform mit anderen Merkmalen korreliert: So haben Bäume meist doppelt gefiederte Blätter, mittelgroße Blättchen, vielblütige komplexe Thyrsen und dünnwandige Kapseln, bei niedrigen Bäumen oder Sträuchern weisen diese Organe dagegen vielfach eine abgeleitete Merkmalsausbildung auf.

Die vermuteten Merkmalsphylogenien bei *Jacaranda* stimmen im wesentlichen mit denen anderer Familien und Gattungen überein (vgl. z. B. *Dypsis* und *Neophloga*: KOECHLIN, GUILLAUMET & MORAT 1974, *Eucalyptus:* JOHNSON 1976, *Moraceae:* BERG 1977, *Rubiaceae:* EHRENDORFER 1977, *Drimys:* EHRENDORFER, SILBERBAUER-GOTTSBERGER & GOTTSBERGER 1979). Parallelen zwischen der Reduktion baumförmigen Wuchses und der Spezialisierung anderer Merkmalsbereiche dürften noch in vielen anderen Gruppen vorkommen: Baumförmige *Violaceae* haben z. B. häufig radiäre Blüten, während die abgeleiteten, stark zygomorphen Blüten meist bei Sträuchern oder Kräutern zu finden sind (MELCHIOR 1925). Bei den ursprünglich hochstämmigen, in den feuchten Tropen zentrierten Palmen *(Arecaceae)* haben einige Taxa der Trockenräume Brasiliens hochspezialisierte Mechanismen, um den kurzen Stamm größtenteils unterirdisch auszubilden (RAWITSCHER & RACHID 1946, SILBERBAUER-GOTTSBERGER 1973). Baum- und strauchförmige *Melastomataceae* bilden fast immer großflächige Blätter aus, während die Zwergformen der Dünen und Hochgebirge häufig nur mehr reduzierte, bisweilen sogar nadelartige Rollblätter aufweisen.

Verwandtschaft und systematische Gruppierung

Das Herausarbeiten natürlicher Verwandtschaftsgruppen bei *Jacaranda* muß sich hauptsächlich auf morphologische Kriterien stützen, da sich andere Merkmalsbereiche (Pollen: S. 32, Chromosomen: S. 45, Chemismus: S. 47, Samenoberfläche: S. 35 bzw. HESSE & MORAWETZ 1980) als zu wenig differenziert erwiesen haben. Dabei wird man ± umweltunabhängigen Merkmalen einen größeren systematischen Zeigerwert zuerkennen als offensichtlich adaptiven und selektionsabhängigen (DAVIS & HEYWOOD 1963: 50, CRONQUIST 1968: 18, EHRENDORFER 1978a: 531). Systematisch besonders relevant sind z. B. die Reduktion der Antheren, die postflorale Persistenz der Kelche, die ein- und mehrzelligen Blatthaare und die Ausbildung der Blattoberfläche (Sippen mit bullaten Blättchen treten öfters im gleichen Lebensraum neben solchen mit flachen Blättchen auf wie z. B. *J. macrantha* und *J. crassifolia*, vgl. S. 117, Abb. 9 A, D). Hingegen haben die Xylopodien der Cerradopflanzen eine lebenswichtige ökologische Bedeutung (vgl. S. 21, 154) und sind in mehreren Verwandtschaftsgruppen unter dem starken selektiven Druck der Savannenbrände konvergent entstanden. Diese Annahme wird auch durch die z. T. artspezifische Ausbildung der Xylopodien erhärtet (Abb. 4). Auch die Ausbildung einfach gefiederter Blätter ist offenbar eine Anpassung an die Trockenräume, öfters konvergent entstanden, und als Merkmal für die Verwandtschaftsgruppierung weniger wichtig.

Das Verwandtschaftsschema Abb. 70 beruht auf der kritischen Wertung aller untersuchten Merkmale. Allgemein anerkannt als natürliche Hauptgruppen sind die beiden Sektionen (Tab. 7, S. 51), zwischen denen keine Übergangsformen vorkommen. Eine stammesgeschichtliche Verbindung wäre im Bereich von *J. macrocarpa* (sect. *Dilobos*) und *J. copaia* (sect. *Monolobos*) zu suchen (GENTRY, pers. Mitt., vgl. S. 87).

Ähnlich wie in der Gattung *Diospyros* (WHITE 1962) lassen sich auch bei *Jaca-*

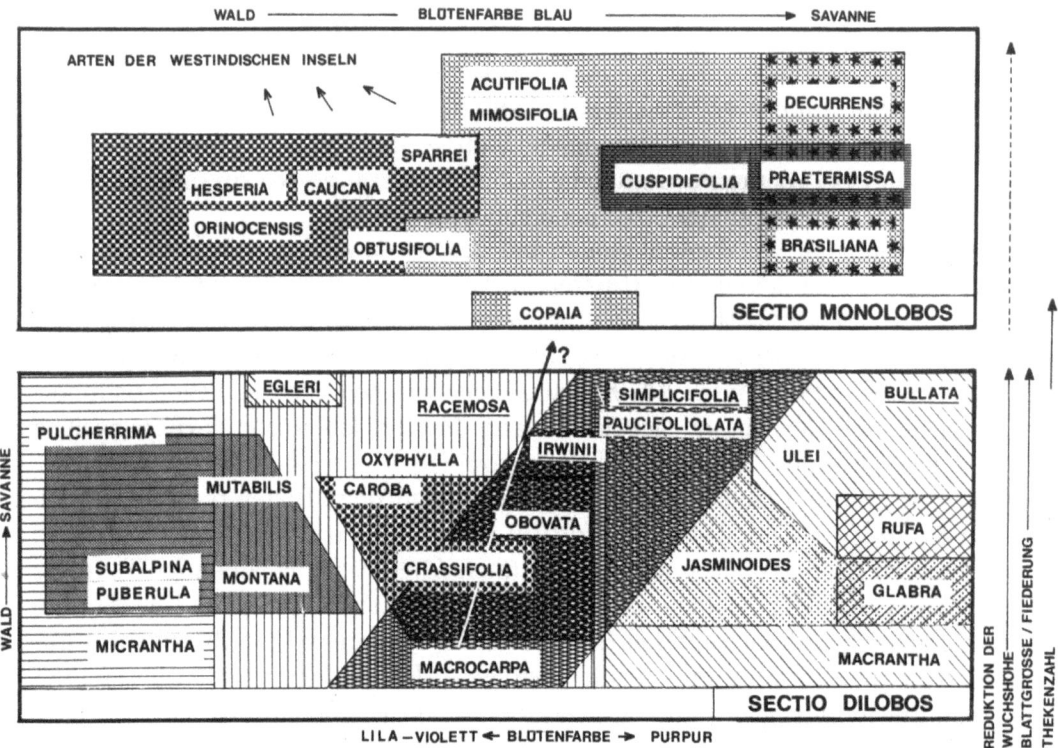

Abb. 70. Verwandtschaftsschema der Gattung *Jacaranda* mit Darstellung der Verbreitung ausgewählter Merkmale. Die Verwandtschaft wird sowohl durch gemeinsame Raster als auch durch die räumliche Nähe der Namen angedeutet. Unterstrichene Arten haben einfach gefiederte Blätter.

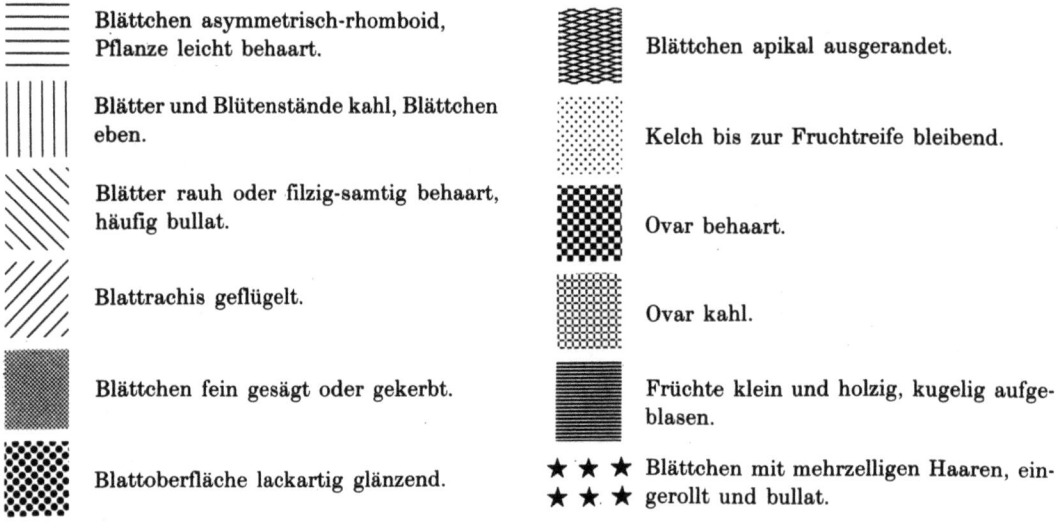

randa stark isolierte Arten und Gruppen von zwei oder mehr näher verwandten Arten unterscheiden. Während in der vermutlich älteren Sektion *Dilobos* isolierte Taxa recht häufig auftreten *(J. bullata, J. crassifolia, J. egleri, J. macrocarpa, J. jasminoides, J. ulei)*, sind sie in der Sektion *Monolobos* auf *J. copaia* und möglicherweise auf ein oder zwei Inselarten (S. 92—94) beschränkt.

Die Einordnung solcher isolierter Arten bereitet Schwierigkeiten. So ist z. B. die Position von *J. egleri* vollkommen unklar. Sicher nicht verwandt ist sie mit *J. bullata* (so bei GENTRY 1978 d), die wegen ihrer bullaten Blättchen und des Fruchtbaues möglicherweise in die Nähe der *J. macrantha*-Gruppe gehört. Weiter vermutet GENTRY (pers. Mitt.) eine Affinität zwischen *J. ulei* und *J. pulcherrima*, letztere steht aber eher im Bereich von *J. subalpina* (MORAWETZ 1979).

Auch der Ähnlichkeitsgrad sicher verwandter Taxa kann sehr unterschiedlich sein. So schreibt GENTRY (1977 a), daß die beiden Unterarten von *J. copaia* mehr Differenzen aufweisen als manche Taxa im Artenrang. Sehr geringe Unterschiede zeigen bisweilen *J. caroba* und *J. mutabilis* (vgl. S. 63), und auch die Arten *J. hesperia, J. caucana* und *J. orinocensis* stehen recht nahe beieinander. Das sehr ähnliche Sippenpaar *J. puberula* agg. und *J. montana* ist ein gutes Beispiel dafür, daß ökologisch vikariierende Taxa bisweilen nur geringe, aber stabile Differentialmerkmale aufweisen (BURGER 1974, BORHIDI & KERESZTY 1979). Noch deutlich verwandt, aber weiter auseinanderstehend als die genannten Artengruppen sind *J. macrantha, J. glabra* und *J. rufa* bzw. *J. brasiliana, J. praetermissa* und *J. decurrens* (vgl. Abb. 70).

Arealgestaltung

Legt man die Artenareale von *Jacaranda* (S. 99—101) übereinander, so sieht man, daß das Gattungsareal ziemlich gleichmäßig mit Fundpunkten aufgefüllt ist. Die Gattung ist also für heutige Maßstäbe (vgl. KUBITZKI 1977) recht gut bekannt. Daher erscheint es durchaus sinnvoll, im folgenden die Arealgestaltung im Vergleich mit der systematischen Gruppierung und der Ökologie zu analysieren.

Das heutige Mannigfaltigkeitszentrum der ursprünglichen Sektion *Dilobos* (S.144) liegt in den Küstenbergen des südöstlichen Brasiliens (Abb. 24). Das deckt sich mit dem von SMITH (1962) postulierten Formbildungszentrum im Raum von Rio de Janeiro. Es scheint aber richtiger und wahrscheinlicher, für *Jacaranda* die gesamte östliche Küstenregion als Mannigfaltigkeitszentrum anzunehmen, so wie dies GENTRY (1978 a) für viele andere *Bignoniaceae* und MÜLLER (1971) für verschiedene Tiergruppen vorgeschlagen hat. Die große Zahl bekannter Arten um Rio de Janeiro hängt z. T. wohl mit der dort intensiveren Sammeltätigkeit zusammen. Dagegen ist das Mannigfaltigkeitszentrum der abgeleiteten Sektion *Monolobos* im andin-amazonischen Gebiet zu suchen (Abb. 24). Eine exakte Zuordnung zu einem der zahlreichen dort postulierten Zentren (vgl. MÜLLER 1971, PRANCE 1973) erscheint allerdings unmöglich. Im Gegensatz dazu kommen die Westindischen Inseln wohl nur als Sekundärzentrum dieser Sektion in Frage (Abb. 24). Die Zwischengebiete sind nur mäßig mit Vertretern beider Sektionen aufgefüllt, sie können als Einwanderungsgebiet von Sippen beider Zentren betrachtet werden.

Die meisten verwandten Arten schließen sich in ihrem Areal aus. Das gilt innerhalb von sect. *Dilobos* etwa für die Verwandtschaftsgruppe von *J. crassifolia* (endemisch bei Rio de Janeiro), *J. obovata, J. paucifoliolata, J. irwinii* und *J. simplicifolia* (Abb. 38), selbst die etwas abseits stehende *J. ulei* grenzt sich von diesen in ihrer Verbreitung deutlich ab. Geographische Vikarianz zeigen auch die näher verwandten *J. macrantha, J. glabra, J. rufa* und *J. jasminoides* (Abb. 41). In der Sektion *Monolobos* setzt sich *J. brasiliana* geographisch gegenüber der nahestehenden *J. decurrens* ab (Abb. 40). Für die hierher gehörige *J. praetermissa* fehlen genauere Angaben. Die etwas ferner stehende *J. cuspidifolia* überlappt mit ihrem Areal die oben genannten Taxa etwas, ist aber im Westen deutlich abgehoben und reicht auch nicht in das Verbreitungsgebiet der näher verwandten *J. mimosifolia* und *J. acutifolia* hinein (Abb. 37). Die Vikarianz nahe verwandter Arten in den Neotropen ist z. B. auch für die *Caryocaraceae* (PRANCE & FREITAS DA SILVA 1973), *Trigoniaceae* (LLERAS 1978) und die Gattung *Doliocarpus* (KUBITZKI 1971) belegt worden.

Jedoch können auch näher verwandte Arten im Areal sympatrisch vorkommen, wie z. B. *J. micrantha* und *J. puberula* agg. (Abb. 41) sowie *J. caroba* und *J. oxyphylla* (Abb. 39). Ähnliche Fälle sind auch bei den *Lauraceae* (KUBITZKI, mündl. Mitt.), bei *Hedyosmum* und bei einigen *Moraceae* (beide BURGER 1974) bekannt geworden. Bei weitem übertrieben scheint allerdings die Ansicht, daß in tropischen Wäldern hauptsächlich nahe verwandte Arten miteinander vorkommen und demnach stark überlappende Areale haben (DOBZHANSKY 1950, FEDOROV 1966). Viel wahrscheinlicher scheint es, daß ein Großteil der Sippen des tropischen Lebensraumes sich geographisch ± gut differenziert hat (vgl. dazu auch Hinweise auf: allopatrische Sippendifferenzierung, S. 158, und parapatrische Arten, S. 159).

KUBITZKI (1975) hat bei den tropischen Familien der *Dilleniaceae* und *Hernandiaceae* gezeigt, daß Sippen mit ursprünglichen Merkmalen ein wesentlich kleineres Areal haben als solche, die abgeleitet erscheinen. Diese Korrelation trifft teilweise auch bei *Jacaranda* zu. So zeigt die basale *J. macrantha* ein wesentlich kleineres Areal als die abgeleiteten Sippen *J. glabra* und *J. rufa* (Abb. 41). Ähnlich sind die Verhältnisse bei dem Formenkreis, den man von der endemischen *J. crassifolia* ableiten kann: *J. obovata* nimmt ein größeres Areal entlang der Küste ein, *J. caroba* und *J. oxyphylla* haben sich über weite Teile Zentralbrasiliens ausgebreitet, hingegen ist die am stärksten abgeleitete Art *J. racemosa*, ähnlich wie die Ausgangssippe, endemisch (vgl. S. 65). *J. copaia* zählt zwar zur abgeleiteten Sektion *Monolobos*, weist aber noch zahlreiche ursprüngliche Merkmale auf; entgegen der Erwartung hat sie aber das größte Areal innerhalb der Gattung (GENTRY 1977 a).

Für das Verständnis der Arealmuster innerhalb der Gattung *Jacaranda* sind jedoch nicht nur die systematischen Verhältnisse wesentlich, sondern es müssen auch die ökologischen Ansprüche der einzelnen Taxa berücksichtigt werden (WHITE 1971). Abgesehen von dem für temperate Zonen reichen Datenmaterial (z. B. NIKLFELD 1973) sind erst jüngst für tropische Gebiete Zusammenhänge zwischen Verbreitung und Ökologie dargestellt worden (LANGENHEIM et al. 1973, GENTRY 1977 a, 1978 a). Gerade *Jacaranda* zeigt dabei eine Vielfalt von Arealtypen, die durch Oberflächengestaltung, Bodenverhältnisse bzw. Klima der Vergangenheit und Gegenwart bedingt sind.

Einige Arten sind wegen der geringen Ausdehnung ihrer Areale als E n d e m i t e n zu bezeichnen. Dabei ist zwischen schrumpfenden Arealen (= Paläoendemismus, Reliktendemismus) und erst in Entfaltung begriffenen Arealen (= Neoendemismus) zu unterscheiden (WALTER & STRAKA 1970).

Ein typischer Fall eines R e l i k t e n d e m i s m u s ist *J. egleri*. Diese Art ist an die nährstoffarmen Böden offener Campos-artiger Standorte angepaßt. Die beiden Fundpunkte im Amazonas-Becken sind durch weite Flächen Regenwaldes voneinander getrennt (Abb. 38). Da eine Fernverbreitung durch Samen unwahrscheinlich ist (S. 40), dürfte es sich bei den beiden kleinen disjunkten Arealinseln um Reste eines früher zusammenhängenden größeren Verbreitungsgebietes handeln. Diese Interpretation schließt sich der Ansicht GENTRYS (1978 a) an, der auch für andere *Bignoniaceae* offener oder trockener Standorte eine ausgedehntere Verbreitung während der pleistozänen Trockenzeiten annimmt und ihre heute beschränkte Ausdehnung als „reverse refugia" erklärt. Die morphologisch leicht unterschiedlichen Amazonas-Populationen von *J. egleri* lassen eine geographische Differenzierung vermuten (vgl. S. 65), wie sie bereits durch Beispiele aus der Zoologie bekannt ist (vgl. MÜLLER 1971). Daraus ergibt sich ein weiterer Hinweis auf die schon lang anhaltende Trennung der beiden Teilareale.

Nicht ganz so klar läßt sich der Endemismus der in der Serra do Cipó und der nahe gelegenen Serra do Espinhaço beheimateten *J. racemosa* (S. 65, Abb. 39) deuten. Diese ist, wie auch viele andere *Bignoniaceae* (GENTRY 1978 a), auf weiße Sandböden spezialisiert und ein typischer Bewohner der endemitenreichen (EITEN 1978 a, b) Campos rupestres (vgl. S. 126). Allerdings ist dieser Vegetationstypus wesentlich weiter verbreitet als *J. racemosa*. Daher dürfte es sich entweder um eine auf diese Nische hochspezialisierte „Insel-Art" mit sehr geringer ökologischer Amplitude (WHITE 1971, vgl. STEBBINS 1942) oder um eine aussterbende Sippe handeln.

Ähnlich liegen die Verhältnisse bei den folgenden, im Osten Kubas auf Serpentinböden endemischen Taxa: *J. arborea* kommt hauptsächlich in den Gebirgen des Sagua-Barcoa-Massivs in *Pinus cubensis*-Wäldern vor, *J. cowellii* bevorzugt die Trockenbuschwälder des Flachlandes (BORHIDI, pers. Mitt.). Beide Arten stellen edaphische Spezialisten einer endemitenreichen Serpentinflora dar (HOWARD 1973). Während ihre Beschränkung auf den Ostteil Kubas eindeutig auf ökologische Gegebenheiten zurückzuführen ist, müssen bei der ebenfalls westindischen *J. caerulea* dafür räumliche Umstände verantwortlich gemacht werden. Sie hat eine wesentlich größere ökologische Amplitude als die beiden vorher genannten Arten, kommt in diversen Waldtypen vor (BORHIDI, pers. Mitt.) und ist nicht nur auf Kuba, sondern auch auf anderen Inseln der Umgebung zu finden (S. 92). Ihr disjunktes und relativ kleines Areal ist wohl hauptsächlich durch die Trennung der Inseln etwa im oberen Miozän bedingt, was auch für die meisten anderen Arten dieses Raumes gilt (ALAIN 1958).

Ein Fall von Neoendemismus läßt sich bei *J. subalpina* vermuten. Im Gegensatz zu den ökologisch eingeengten und stark isolierten Paläoendemiten der Gattung ist diese Art ökologisch noch etwas flexibler und hat nahe Verwandte: Sie steht sowohl verwandtschaftlich als auch räumlich dem noch stark in Entwicklung begriffenen *J. puberula* agg. nahe (MORAWETZ 1979) und hat sich als Gebirgssippe lediglich an bisweilen eintretende Fröste (SEGADAS-VIANA 1965) angepaßt. Auf Grund ihrer nicht allzu starken Differenzierung dürfte *J. subalpina* ihr Areal im Raum Itatiaia und Campos do Jordão erst in jüngster Zeit eingenommen haben. Dieses entspricht etwa der Verbreitung von *Drimys brasiliensis* subsp. *subalpina*, die sich zwar nur auf dem Subspeziesniveau, aber ähnlich wie *J. subalpina* vermutlich während des Pleistozäns aus weiter verbreiteten Sippen der Serra do Mar abgegliedert hat (EHRENDORFER et al. 1979). Die beiden Taxa sind vermutlich zusammen mit vielen anderen (*Annona* sp., *Bombax* sp., *Esenbeckia* sp., *Lafoensia* sp. u. a.) aus den tropisch montanen Gebieten in die montan-alpinen, früher kälteren Refugialräume vieler andin-holarktischer Sippen (*Anemone* spp., *Berberis* sp., *Clematis* sp., div. *Pteridophyta* u. a.) eingedrungen (BRADE 1956, SEGADAS-VIANA 1965). Bei der recht isolierten *J. crassifolia* (S. 57) hingegen, die tiefere Lagen der ostbrasilianischen Gebirge besiedelt (S. 117, Abb. 51), scheinen quartäre Klimaschwankungen wenig zur Differenzierung und Arealgestaltung beigetragen zu haben, hier handelt es sich offenbar um eine paläoendemische Art.

Wesentlich größere Areale haben die im folgenden behandelten Taxa. Einige von ihnen sind hauptsächlich edaphische Zeiger (ein solcher ist allerdings auch *J. egleri* oder *J. racemosa*, beide mit sehr kleinen Arealen), andere haben überwiegend klimatisch beeinflußte Verbreitungsmuster.

Ein sehr markantes Beispiel eines hauptsächlich edaphisch bedingten Areals führt

J. decurrens vor Augen. Sie ist auf die tiefgründigen, nährstoffarmen und gut wasserzügigen Cerradoböden (vgl. S. 125) spezialisiert. Abgesehen von der Bevorzugung gewisser Höhenstufen (S. 134, 141, Abb. 69) hat sie ihr Areal weitgehend unabhängig von klimatischen Einflüssen auf den größten Teil der Cerradoflächen ausgedehnt (Abb. 40). Infolge dieser engen Bindung an den weitgehend edaphisch bedingten Savannentyp der Cerrados (ARENS 1963, vgl. auch EITEN 1972) erscheint das Areal von *J. decurrens* in Zentralbrasilien geschlossen, in den Randgebieten, wo Cerrados nur mehr in kleinen Flecken inmitten von Wäldern vorkommen (HUECK & SEIBERT 1972), ist es dagegen in zahlreiche disjunkte Teilareale aufgespalten. Ähnlich disjunkte Areale treten auch bei *J. rufa* (Abb. 41) und anderen Cerradoarten auf, z. B. bei *Caryocar brasiliense* (PRANCE & FREITAS DA SILVA 1973) oder bei *Acosmium subelegans* (PAULINO FILHO 1972). Allerdings ist keine einzige *Jacaranda*-Art über die gesamte Cerradoregion verbreitet (wie z. B. *Andira humilis, Bowdichia virgiloides* oder *Qualea grandiflora*), vielmehr zeigen sie die für die Cerradoflora typischen kleinen oder mittleren Areale (EITEN 1972).

Eine größere ökologische Toleranz haben andere *Jacaranda*-Arten aus den Cerrados: *J. caroba* dringt auch in Campos rupestres (S. 129, Abb. 60—62), Dünenrestingas (SEABRA 1949) und die nordostbrasilianischen Trockengebiete (LÜTZELBURG 1923, vgl. S. 126—127, 130) ein, *J. oxyphylla* verhält sich ähnlich (S. 131), und *J. brasiliana* soll in manchen amazonischen Campos vorkommen (DUCKE & BLACK 1953). Ein solches Verhalten findet sich auch bei Vertretern anderer Familien, wie z. B. *Annona coriacea, Hancornia speciosa* und *Salvertia convallariodora* (LÜTZELBURG 1923, GOTTSBERGER & MORAWETZ in Vorb.).

Edaphische Bindungen hat GENTRY (1978 a) auch für zahlreiche andere Arten der Bignoniaceae festgestellt, wobei er aber hauptsächlich extremere Bodenverhältnisse berücksichtigt (Beispiele aus der Pioniervegetation weißer Sande, der Mangroven und anderer Überschwemmungswälder usw.).

Als überwiegend klimatisch bedingt erscheint die Gesamtverbreitung von *J. copaia*, einer sehr bodentoleranten Art (S. 121, 124). Das Areal deckt sich weitgehend mit dem des tropischen Inlandregenwaldes (GENTRY 1977 a) und umfaßt Klimaprovinzen von 1500—3000 mm Jahresniederschlag. Es dürfte nur durch die manchmal bis über den Wendekreis vordringenden Kältewellen (vgl. SILBERBAUER-GOTTSBERGER et al. 1977) bzw. durch die Trockenheit der ariden Gebiete Nordostbrasiliens begrenzt werden. *J. copaia* ist also ein Zeiger für humide, tropisch warme Tieflandklimate, läßt aber zusätzlich eine edaphische Differenzierung erkennen: Eine der Unterarten besiedelt die sumpfigen Gebiete des Amacuro-Deltas, die andere ist ein typischer Baum der „Terra firme" (GENTRY 1977 a.

Ein weiterer klimatischer Zeiger ist die edaphisch sehr tolerante *J. puberula:* Ihr küstennahes Areal wird offenbar durch ein subtropisches, frostarmes und mäßig feuchtes Klima bestimmt.

Ökologie und Biologie

Jacaranda ist ein Paradebeispiel für eine tropische Gattung, die in die verschiedensten Lebensräume eingedrungen ist. Sie entspricht damit etwa *Tabebuia* (GENTRY 1978 a), *Hymenea* (LANGENHEIM et al. 1973), *Hirtella* (PRANCE 1972), *Annona, Erythroxylum, Luhea, Machaerium, Vochysia* u. a.; *Jacaranda* besiedelt Standorte, die von immergrünen Regenwäldern bis zu regengrünen Trockenwäldern und von euhumiden bis zu subariden Savannentypen reichen. Diese Standortsamplitude erstreckt sich von tropischen bis zu subtropischen Breitegraden und von Meereshöhe bis nahe an die Waldgrenze (Abb. 67). Dabei sind die einzelnen Arten ökologisch gut abgegrenzt

(S. 136—142, z. B. Abb. 67—69) und den jeweiligen Bedingungen in vieler Hinsicht angepaßt, so wie dies schon GENTRY (1976) für viele andere *Bignoniaceae* festgestellt hat und es auch von den *Melastomataceae* (DUDLEY 1978) bekannt ist.

Ökologisch-systematische Zusammenhänge

Um die Beziehungen von Verwandtschaft, Taxonomie und Ökologie zum Ausdruck zu bringen, haben CLAUSSEN, KECK & HISEY (1945: 62) die Ausgliederung von 4 biosystematischen Einheiten vorgeschlagen (auf der Basis von TURESSON 1922 a, b und DANSER 1929). Es erscheint mir jedoch zweifelhaft, ob diese durch Modifikations- und Kreuzungsexperimente an krautigen Sippen gewonnenen Einteilungsprinzipien bei den experimentell kaum erfaßbaren tropischen Holzpflanzen sinnvoll angewendet werden können. So fehlen z. B. fast immer sichere Hinweise über den möglichen oder tatsächlichen Genfluß zwischen verschiedenen Populationen und Sippen. Auch WHITE (1962) vertritt bei seinen Studien über die afrikanischen *Diospyros*-Arten einen ähnlichen Standpunkt. Jedoch scheint die von den genannten Autoren vorgenommene Einteilung in mono- und polytypische Arten auch bei *Jacaranda* gut brauchbar zu sein, um die ökosystematischen Zusammenhänge zu analysieren.

Monotypische Arten von *Jacaranda* besiedeln einen ökologisch einheitlichen Lebensraum. Sie lassen sich jeweils sehr speziellen Vegetationstypen zuordnen und nehmen innerhalb dieser meist noch eine ganz bestimmte ökologische Nische ein. Beispiele dafür sind etwa die auf arme, bisweilen überschwemmte Sandböden spezialisierte *J. egleri* (S. 65), die in trockeneren Bergwäldern häufig in Bachnähe stehende *J. crassifolia* (S. 117—119) und die Bergnebelwälder besiedelnde *J. subalpina* (S. 119, Abb. 52). All dies sind endemische Arten. Aber auch weiter verbreitete Taxa, wie die Gipfelwälder bevorzugende *J. montana* (S. 110—113), die in nicht zu kühlen Cerrados vorkommende *J. decurrens* (S. 134, Abb. 58, 65—66) oder die auf Restingas nördlich des Wendekreises beschränkte *J. obovata* (S. 116) sind monotypisch. Eine solche Spezialisierung ist für tropische Extremstandorte schon lange bekannt (z. B. Mangrove: *Avicennia* spp., *Rhizophora* spp., Meeresdünen: *Allagoptera arenaria*, *Kielmeyera argentea*, Igapó: *Calophyllum brasiliense*, *Nectandra amazonum*), für die ökologisch scheinbar einförmigen tropischen (Regen-)Wälder aber bisher vernachlässigt worden. Doch sprechen die Untersuchungen von ULE (1901), HUBER, J. (1909 a), ASHTON (1969), GOMEZ-POMPA (1971), HUBER, H. (1973) und BURGER (1974) für die Vermutung RICHARDS (1969), daß auch die Holzpflanzen dieser Wälder zahlreiche, sehr fein abgestimmte ökologische Nischen besetzen. Dabei darf der Zufall bei der Verteilung von Taxa mit identischen ökologischen Ansprüchen nicht vernachlässigt werden (ASHTON 1969). Solche Nischen sind für temperate bis subtropische Wälder schon gut bekannt (z. B. ELLENBERG 1978, Auwälder: JELEM 1974, Wälder des Himalaja: MEUSEL & SCHUBERT 1971).

Monotypische Arten von *Jacaranda* sind in ihrer Wuchsform sehr einheitlich, im übrigen aber häufig recht variabel. So variieren z. B. *J. obovata* und *J. crassifolia* im Blattbereich, *J. decurrens* auch in der Fruchtausbildung (zur aberranten Wuchsform von *J. decurrens* var. *glabrata* S. 97). Dagegen erscheinen *J. montana*, *J. racemosa* und *J. subalpina* morphologisch als eher stabil (zur Variabilität von *J. egleri* S. 148). Diese Einheitlichkeit in der Wuchsform ist offenbar durch den hohen Anpassungsgrad an die ökologisch enge Nische bedingt und auch bei anderen Baumarten zu erwarten: So findet sich z. B. *Hedyosmum brasiliense* immer als ein niedriges Bäumchen, häufig an sehr feuchten Waldrändern montaner Standorte; *Chorisia* sp. ist ein Übersteher buschiger Halbtrockenwälder im Inneren von São Paulo.

Jedoch scheint es nicht richtig, die Bedeutung von monotypischen Arten für den

Aufbau tropischer Wälder überzubewerten, wie dies etwa ASHTON (1969) tut. So weist *Jacaranda* auch eine Anzahl **polytypischer** Taxa auf, die ökologisch sehr heterogen zusammengesetzte Lebensräume besiedeln und sich meist aus mehreren ökologischen Rassen zusammensetzen, so z. B. auch *Drimys brasiliensis* (EHRENDORFER et al. 1979), *Physocalymma scaberrimum* (GOTTSBERGER & MORAWETZ in Vorb.), *Apeiba tibourbou* (tropische Savannen, Wälder, nach eigenen Beobachtungen), *Hymenaea courbaril* (LANGENHEIM et al. 1973) und *Caraipa tereticaulis* (KUBITZKI 1978). Polytypische Taxa variieren häufig in ihrer Morphologie (z. B. in der Wuchsform), sind aber selten so uneinheitlich wie z. B. *J. puberula* agg. (S. 5, Abb. 5, 16; vgl. auch S. 80) oder die taxonomisch schwer faßbaren „Ochlo-species" von WHITE (1962). Sie sind aber bisweilen auch nur physiologisch an ihre divergierenden Standorte angepaßt.

Eine morphologische Divergenz hat sich etwa bei *J. micrantha* herausgebildet: Ihre Küstenwaldrasse umfaßt viel größere Bäume mit größeren Blättern als die Inlandsrasse, beide blühen jedoch zur gleichen Zeit. Hingegen decken sich bei *J. caroba* die verschiedenen Wuchsformen (vgl. S. 129) nicht mit den ökologischen Rassen: Ihre südliche Tieflandrasse (z. B. Campos Cerrados bei Mogi Guaçu) unterscheidet sich lediglich in der Blühzeit von der nördlichen Hochlandrasse (z. B. Campos rupestres bei Ouro Preto); beide zeigen jedoch eine gewisse Variationsbreite im Wuchs. Eine Differenzierung vieler Taxa in Campo-Cerrado- bzw. Campo-rupestre-Sippen vermutet auch EITEN (1978 b).

J. copaia manifestiert eine wahrscheinlich modifikativ bedingte Variation der Wuchshöhe (vgl. Abb. 2 A und Abb. 56), läßt darüber hinaus aber eine Aufspaltung in phänologisch divergierende Rassen vermuten: Das Gesamtareal enthält Blühzeiten über das ganze Jahr (S. 86), während GENTRY (1973 b) und FOSTER (1974) berichten, daß diese Art in Panama während der Trockenzeit (Februar bis April) blüht.

J. macrantha dringt in einem eng begrenzten Gebiet (S. 117–119) in verschiedene Lebensräume ein, ohne sich in Rassen zu differenzieren. Dabei ist – im Gegensatz zu monotypischen Arten – besonders die Variabilität der Wuchsform bemerkenswert: im dichten Regenwald als großer verzweigter Baum mit relativ kleinen Blättern, in offenen Zweitwuchsbeständen als mittelhoher monocauler Baum mit mäßig großen Blättern, im Unterwuchs eines lichten Bergregenwaldes als meterhohes Bäumchen mit sehr großen Blättern. An diese variable küstennahe Rasse schließt sich noch eine morphologisch recht unterschiedliche Inlandsrasse (S. 70). Ein ähnliches Verhalten zeigt auch *J. puberula* agg.

Insgesamt scheinen bei *Jacaranda* polytypische Arten häufiger vorzukommen als bei *Diospyros* (WHITE 1962). Dabei kommt es eher zur Ausbildung ± gut abgegrenzter ökologischer Rassen als zur clinalen Differenzierung, was sich mit den von ASHTON (1969) beschriebenen Verhältnissen deckt.

Die starke ökologische Differenzierung, die weitgehende Standortskonstanz (auch bei polytypischen Arten) und die Vielfalt verschiedener Vegetationstypen ihres tropischen Lebensraumes verhindern auch bei *Jacaranda*-Arten mit überlappenden Arealen fast immer ein gemeinsames Vorkommen. Solche räumlich nahe zusammenstehenden Arten, die ökologisch unterschiedlich sind, werden **parapatrisch** genannt (MAYR 1969, BURGER 1974). Parapatrische Arten sind innerhalb von *Jacaranda* häufig, sie können entweder nahe verwandt sein (vgl. sympatrische Artbildung, S. 159) oder weit auseinanderstehen und durch historische Veränderungen in räumliche Nähe gekommen sein (S. 165). Streng sympatrische, also unmittelbar miteinander vorkommende Taxa sind selten und stets verwandtschaftlich voneinander isoliert, so z. B. *J. decurrens* (sect. *Monolobos*) und *J. rufa* (sect. *Dilobos*) (Abb. 58, 66), *J. crassifolia* und *J. macrantha* (S. 117) sowie die von HERINGER (1971) häufig gemeinsam gefundenen *J. decurrens* und *J. ulei*.

Intragenerische Konkurrenz

Bei den vorher genannten, streng sympatrischen Arten erhebt sich die Frage, ob sie untereinander in Konkurrenz stehen und ob eine die andere im Laufe der Zeit verdrängt. Das Prinzip der Konkurrenz wurde bereits von DARWIN (1860: 83) erkannt und in der Folge häufig im Experiment nachgewiesen oder an artenarmen Pflanzengemeinschaften beobachtet (vgl. MILLER 1967, KNAPP 1967, HARPER 1977: 347). Jedoch schließe ich mich der Meinung von WALTER (1973: 95) an, daß die natürlichen Verhältnisse in einer komplexen Pflanzengemeinschaft nicht nur mit vereinfachten Konkurrenzvorstellungen erklärt werden können. Auch CRONQUIST (1968: 19) und RICHARDS (1969) zweifeln an der Allgemeingültigkeit des „competetive exclusion principle" (GAUSE 1934); ASHTON (1969) beschränkt seine Gültigkeit auf sehr instabile oder junge Ökosysteme. Untersuchungen in einem amazonischen Wald der Terra firme haben gezeigt, daß auf einer Fläche von 300 m^2 etwa 1300 Keimlinge und Jungpflanzen (bis 2,5 m Höhe) vorkommen, die mindestens 60 Arten angehören (GOTTSBERGER & MORAWETZ in Vorb.). Ähnlich liegen die Verhältnisse in den Regenwäldern SO-Brasiliens, wo bisweilen 2 *Jacaranda*-Arten streng sympatrisch vorkommen. Angesichts der großen Menge gattungsfremder Individuen ist die Wahrscheinlichkeit sehr gering, daß die beiden Arten überhaupt in Kontakt kommen oder daß eine Art die andere verdrängt. Vielmehr muß sich jede der in diesem komplexen System vorkommenden Arten gegen eine sehr heterogene Gruppe von Konkurrenten durchsetzen.

Auch hinsichtlich der fehlenden Konkurrenz zwischen den sympatrischen *Jacaranda*-Arten der Campos bzw. Savannen läßt sich vermuten, daß die schwierigen (abiotischen) Umweltbedingungen (S. 125–128) die Populationen ohnehin so klein halten, daß ein direkter Wettbewerb weitgehend ausgeschlossen wird (vgl. Abb. 66). Dafür sprechen auch eigene Beobachtungen aus den Campos rupestres bei Ouro Preto und den Dünenwäldern bei Salvador: Hier besiedeln zahlreiche Arten von *Eriocaulaceae* sympatrisch ökologisch recht einheitliche Flächen. Die extremen edaphischen und klimatischen Verhältnisse verhindern aber größere Populationsdichten und damit auch eine interspezifische Konkurrenz.

Ökologisch-biologische Anpassungen

Anpassung von *Jacaranda* an verschiedene Vegetationstypen findet einen besonders klaren Ausdruck in der verschiedenen Wuchsform (S. 17–22, Abb. 2–6); sie wird vom hohen Regenwaldbaum mit abnehmender Höhe der Begleitvegetation bis zum Zwergstrauch reduziert. Analoge Fälle kommen z. B. bei *Caryocar* vor: *C. villosum* und *J. copaia* kommen als hohe Regenwaldbäume Amazoniens gemeinsam vor (HUBER 1909 a), während die extrem reduzierte *C. brasiliense* häufig gemeinsam mit den Cerradoarten *J. decurrens*, *J. rufa* und *J. oxyphylla* auftritt (Abb. 64, 66). Ebenso sind hochstämmige Arten der Gattung *Tibouchina* im Regenwald der Küstengebirge in Gemeinschaft mit *J. montana* bzw. *J. subalpina* zu finden, während in den Restingas von Salvador eine strauchige *Tibouchina* gemeinsam mit der ebenso niedrigen *J. caroba* vorkommt (SEABRA 1949). Die Waldarten von *Jacaranda* sind meist Vertreter des obersten Stratums oder Übersteher. Dagegen fehlt eine ökomorphologische Differenzierung in typische Unterwuchsbäumchen, wie sie z. B. bei den *Lecythidaceae* (MORI et al. 1978) oder *Rubiaceae* vorkommt. Lediglich die Savannenarten haben sich von Bäumen in allen Übergangsstufen zu Zwergsträuchern entwickelt (Abb. 3 B, 4).

Eng mit dem Biotop und der Wuchsform ist die Ausbreitungsstrategie von *Jacaranda* korreliert. Dabei ist das Flugverhalten der anemochoren Samen in der ganzen Gattung einheitlich (S. 39, Tab. 3). Die hohe Samenproduktion der Bäume im Gegensatz zu Sträuchern (S. 41, Abb. 19) kann folgendermaßen erklärt werden: Die

Effektivität der Samenausbreitung ist bei den ohnehin nicht sehr weit fliegenden Diasporen tropischer (JANZEN 1975, WHITMORE 1975) und temperater (WOLFENBARGER 1946) Bäume von der Auswurfhöhe abhängig. Eine hohe Produktion wird also nur bei Bäumen sinnvoll sein (Abb. 19). Weiters dürfte im Wald der hohe Konkurrenzdruck fremder Arten eine große Keimlingszahl notwendig machen.

Bei den niedrigen Arten der Savannen wird dagegen die Windausbreitung weitgehend wirkungslos [Auswurfhöhen von 0,1–2 (–4) m, vgl. Abb. 4]. Dies und die meist geringere Konkurrenz lassen die Ausbildung weniger Samen sinnvoll erscheinen. Außerdem wird in der Savanne die schwierige Etablierung von Keimpflanzen (FERRI 1961, RIZZINI 1965, 1971) neben edaphischen Faktoren auch durch Feuer, Trockenheit und andere abiotische Katastrophen reguliert: Bei günstigen Verhältnissen kommen auch wenige Keimlinge auf, bei ungünstigen werden auch viele vernichtet. Die großen Schwierigkeiten bei der generativen Reproduktion werden durch die in den Cerrados häufige vegetative Ausbreitung (RIZZINI 1965, 1971, HANDRO 1969) ausgeglichen (Abb. 19–20).

In den Wäldern ist für *Jacaranda* als typisch lichtliebender, häufig im Zweitwuchs aufkommender Baum (KENOYER 1929, FREISE 1938, BRINKMANN 1971, HOLDRIDGE 1976, vgl. S. 42, 106, 112, 114, 119, 124, 132, 136 etc.) das Licht ein wesentlicher begrenzender Faktor für die erfolgreiche Besiedelung. In den hellen Savannen hingegen beeinträchtigen hauptsächlich Brände die Jungpflanzen (s. vorher, Lit. bei EITEN 1972). Savannenbäume wie z. B. *J. brasiliana* wachsen ähnlich wie *Curatella americana* (EITEN 1972: 223 mit Abb.) infolge häufiger Brandeinflüsse krüppelig. Perfekt angepaßt sind dagegen die niedrigen Arten wie z. B. *J. decurrens, J. oxyphylla* und *J. rufa*. So wie die meisten anderen niedrigen Cerradopflanzen (RAWITSCHER & RACHID 1946, RIZZINI & HERINGER 1962), viele Dünengewächse (OLIVEIRA E SILVA 1955) oder die australische *Lambertia formosa* (BEADLE 1940) bilden diese Arten schon in frühen Stadien Xylopodien aus (Abb. 4, 36 B), die nach Bränden wieder austreiben und vermutlich auch Wasser speichern. Die an der Bodenoberfläche bis zu 250 °C hohen Feuertemperaturen [BEADLE 1940, bei COUTINHO 1978 nur 71° (?)] stellen für die Xylopodiumpflanzen einen positiven Selektionsfaktor dar: Bei häufigem Feuer sind sie nämlich den hochstämmigen Bäumen überlegen und können sich zumindest vegetativ leicht ausbreiten (SILBERBAUER-GOTTSBERGER, mündl. Mitt.).

Die Größe der Blättchen gleicht sich im Regenwald (z. B. *J. copaia, J. micrantha*, Abb. 7 A–B) dem für diesen Standort typischen mesophyllen (sensu RAUNKIAER 1934; RICHARDS 1952) Blattbau an. Dagegen sind die Blätter von Arten der Savannen und Halbtrockenwälder uneinheitlich (Abb. 7 F–L, 29 A). Für *J. cowellii* beschreibt HOWARD (1973) die für die Serpentinsavannen Kubas typischen winzigen Rollblättchen. Die Größe der Blattfläche ist also nicht nur vom Klima, sondern auch wesentlich vom Boden abhängig: In klimatisch einheitlichen Gebieten haben die Waldarten stets größere Blattflächen als die auf nährstoffarmen Böden stehenden Cerradopflanzen (Tab. 8). Diese sind meist hartblättrig, was auf den hohen Gehalt freien Aluminiums im Boden und die damit verbundene mangelnde Stickstoffversorgung zurückgeführt wird (ARENS 1963, GOODLAND 1971, Übersichtsreferat). Dementsprechend wird die Blattausbildung der meist gut mit Grundwasser versorgten und tagsüber ungehindert transpirierenden Cerradopflanzen (FERRI 1955, 1960) als „oligotropher Xeromorphismus" (ARENS 1958 a, b, 1963) bezeichnet. Doch sind die offenbar komplexen physiologischen Zusammenhänge noch ungeklärt (EITEN 1972), und auch die auffallend weichblättrige *J. rufa* paßt nicht in dieses Konzept (MORAWETZ et al. 1978). Bei den Taxa der ariden Zonen NO-Brasiliens (z. B. *J. irwinii, J. jasminoides*) hingegen ist eine Anpassung an die mangelnde Wasserversorgung zu erwarten.

Anpassungen an Mikronischen in Wäldern und Savannen zeigen sich nicht nur im

Tabelle 8. Blattflächen und Blattgliederung von *Jacaranda*-Arten unterschiedlicher Standorte in einem klimatisch ± einheitlichen Gebiet (SO-São Paulo). Die Blätter der Waldarten sind durchwegs größer als die der Cerrados (vgl. S. 154). Klimadiagramme aus WALTER & LIETH (1964)

Art	Standort	Blattfläche in cm²	Blättchenzahl
J. micrantha	Wald	750–1000	240–280
J. puberula	Wald	150–450	100–230
J. rufa	Cerrado	100–350	80–140
J. caroba	Cerrado	70–190	60–110
J. oxyphylla	Cerrado	60–180	140–190
J. decurrens	Cerrado	100–150	300–650

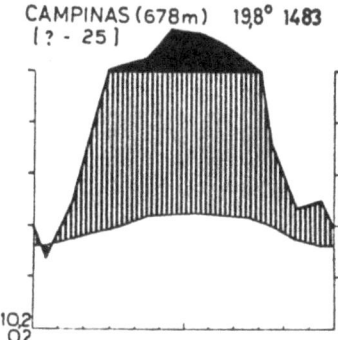
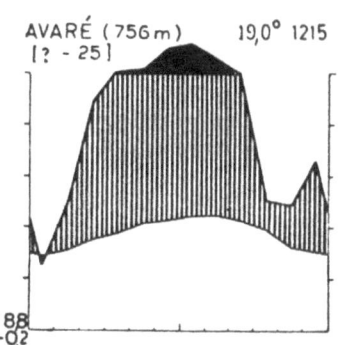

morphologischen Bereich, sondern auch im unterschiedlichen **physiologischen** Verhalten. Hohe Konzentrationen fleckenweise auftretender Keimlinge *(J. montana,* S. 112), oft markant abgegrenzte dichte Populationen *(J. caroba,* S. 129, *J. oxyphylla,* S. 131–134) und Vorkommen in sehr speziellen Lagen *(J. crassifolia,* S. 117) sprechen für solche physiologischen Anpassungen (vgl. auch Phänologie Abb. 15, Modifikation S. 42). Diese werden besonders im Keimlingsstadium wirksam, da die geringen Nährstoffreserven der Samen optimale Bedingungen für das Überleben der Jungpflanzen verlangen (DARWIN 1860: 83, STEBBINS 1971). Sporadische Abweichungen von diesem in der Gattung sehr einheitlichen Regelkreis „wenig Reservestoffe im Samen – viele wahllos ausgestreute Diasporen – zufälliges Aufkommen unter optimalen Bedingungen" lassen eine weitere Selektion in Richtung ökologisch toleranterer und damit erfolgreicherer Keimlinge erwarten. Bei *J. decurrens* sind die Samen etwa 5–10mal so schwer als bei den anderen im Gewicht sehr einheitlichen Arten (Tab. 3). Manche Arten *(J. montana, J. macrantha,* S. 41) werfen die geschlossenen reifen Früchte ab, die schnell modernden, feuchtigkeitsspeichernden Kapselwände setzen dann Nährstoffe für die kritische Anfangsphase der schnell auswachsenden Keimlinge frei.

Innerhalb der Mannigfaltigkeit **phänologischer** Typen tropischer Bäume hat *Jacaranda* den für die Vertreter des obersten Waldstratums typischen regelmäßigen (RICHARDS 1952: 195), und zwar jährlichen Laubabwurf mit gleichzeitiger Blüte, dies entspricht vielen *Tecoma*- und *Tabebuia*-Arten, *Chorisia* sp., *Erithrina* sp., *Simarouba amara* u. a. (IHERING 1923, ALVIM & ALVIM 1978). *Jacaranda* tritt erst im fertilen Zustand in diesen phänologischen Rhythmus ein (vgl. S. 35), eine für tropische, rhythmisch wachsende Bäume häufige Erscheinung (ALVIM et al. 1972, ALVIM & ALVIM 1978).

Blattabwurf und Blüte werden durch verschiedene Faktoren beeinflußt (vgl. Abb. 16). Genetisch fixiert und offenbar umweltunabhängig ist die Blüte bei der weltweit kultivierten *J. mimosifolia* und auch *J. micrantha* (Abb. 15). Von der Trockenheit dürften *J. decurrens* und *J. caucana* (GENTRY 1973) zur Blüte stimuliert werden (vgl. JANZEN 1967).

Ein deutlicher Unterschied der offenbar umweltbedingten Hauptblühzeiten ist bei den folgenden Arten zu erkennen: *J. crassifolia* ist in tieferen wärmeren Lagen des Itatiaia zu Hause (Abb. 67) und blüht während der Trockenzeit, *J. subalpina* besiedelt höhere, in der Trockenzeit schon empfindlich kühle (SEGADAS-VIANA 1965) Lagen und blüht in der regenreichen, aber wärmeren Periode. Bei der letzteren konnte die Umweltabhängigkeit ihrer Blühzeit experimentell überprüft werden (S. 42–45).

J. rufa und *J. oxyphylla* haben den bei vielen Arten der Cerrados vorkommenden unregelmäßigen Blührhythmus (S. 37), der jedoch auch bei Waldbäumen anderer Gattungen vorkommt (ALVIM 1964). Individuell über das ganze Jahr verstreute Blühzeiten verhindern bei sporadisch auftretenden Bränden die Vernichtung der Jahresblüte einer ganzen Population. Brände können aber auch *Jacaranda* so wie viele andere Cerradoarten (WARMING & FERRI 1973) zu einer für die ganze Population synchronisierten Blüte bringen.

Die phänologischen Strategien der meisten Arten sind zum (a) „Cornucopia-Typus" (einige Wochen dauernde Massenblüte, s. S. 37) zu rechnen, den GENTRY (1974 a, b) gegenüber dem (b) „big bang-Typus" von JANZEN (1967) abgrenzt. Einige Arten sind jedoch auch zum (c) „modified steady state-Typus" (tägliche Einzelblüten über einige Wochen, S. 37) zu rechnen. Auffallend ist die über das ganze Jahr verteilte schwache Nachblüte bei *J. montana* und *J. mimosifolia* (Abb. 15). Zumindest bei *J. montana* (sie wächst in einem Gebiet mit etwa 4000 mm Jahresniederschlag) scheint dies ein Sicherheitsfaktor für die bisweilen verregnete Hauptblüte zu sein. Auch Einzelblüten bilden hier während des ganzen Jahres fertile Samen aus.

GENTRY (1974 a, b) verbindet die unterschiedlichen phänologischen Strategien der *Bignoniaceae* mit einem entsprechend angepaßten Verhalten der Bestäuber; dies ist auch bei *Jacaranda* zu vermuten: Bäume mit Massenblüte (a) haben ein recht unspezialisiertes Besucherspektrum, bei sympatrischen Arten macht dies unterschiedliche Blühzeiten notwendig, um die reproduktive Isolation zu gewährleisten (z. B. *J. crassifolia/J. macrantha*, Abb. 67/12).

Sträucher mit wenigen Blüten (c) werden eher von spezialisierten langlebigen Bienen besucht *(Euglossinae)*, die regelmäßig eine Reihe von Einzelindividuen aufsuchen („trapliners", JANZEN 1971). Bei den hierher gehörigen, bisweilen sympatrischen Taxa *(J. decurrens, J. oxyphylla, J. rufa, J. ulei)* ist dadurch, neben anderen Barrieren (vgl. S. 159), eine reproduktive Isolation gegeben.

Die Anpassungen von *Jacaranda* an die Umwelt sind jedoch nicht nur genetisch fixiert wie z. B. die Xylopodien, sie sind vielfach auch **modifizierbar**. So ist die Wuchsform von *J. puberula* agg. (Abb. 5) oder *J. macrantha* (S. 117–118) der jeweiligen Umgebung angepaßt. Solche modifikative Wuchsformveränderungen sind auch aus den temperaten Zonen bekannt (KNAPP 1979) und wurden für *Alnus jorullensis* (HUECK 1966: 83), *Andira humilis* (ARENS 1963), *Conocarpus erectus* (BORHIDI, pers. Mitt.) und *Ilex* sp. (in Abb. 43) beschrieben. Die in den Tropen häufigen monocaulen Schopfbäume (S. 19) treten bei *Jacaranda*-Jugendstadien im Zweitwuchs besonders auffällig auf (Abb. 2 D, 57). Durch ihre Blattverteilung und Blattstruktur sind sie photosynthetisch besonders aktiv (HORN 1971) und damit gegenüber anderen Erstbesiedlern sehr konkurrenzkräftig, bevor sie sich zu Kronenbäumen verzweigen.

Die **Blätter** von *Jacaranda* werden meist im Laufe der Ontogenie kleiner, sind an günstigen Standorten besonders groß und differieren im Schatten und in der Sonne extrem (S. 27, Abb. 8). Ein derartiger Blattpolymorphismus ist bei den *Bignoniaceae* besonders ausgeprägt (GENTRY, pers. Mitt.), aber auch bei *Persea gratissima* u. a. (HUBER 1909 b) bekannt. Außer dem Zusammenhang zwischen Blattausbildung und

Ontogenie (RICHARDS 1952: 86) ist über dieses bei tropischen Bäumen offenbar häufige Phänomen wenig berichtet worden.

Ökologische Progression

Sowohl die morphologischen (S. 144) als auch die im folgenden diskutierten ökologischen Progressionsreihen gründen sich auf die Annahme, daß die in humiden Regionen wachsenden Bäume von *Jacaranda* ursprünglicher sind als die an die Trockenheit angepaßten Sträucher und Zwergsträucher. Das übereinstimmende theoretische Modell von TERBORGH (1973) und die eher phytogeographische Beweisführung von GENTRY (1978 a) sollen hier durch einige biologische Beobachtungen verstärkt werden. So blühen die reduzierten xeromorphen Formen (*J. decurrens, J. oxyphylla, J. racemosa, J. rufa* u. a.) in einem ontogenetisch früheren Stadium als die Bäume in feuchten Lebensräumen (z. B. *J. copaia, J. micrantha, J. montana*). Erstere können demnach als n e o t e n e und phylogenetisch jüngere Ausbildungen angesehen werden (TAKTAJAN 1959; vgl. neotene Palmen: KOECHLIN et al. 1974: 125).

Die biologische Verhaltensweise vieler Waldbewohner kann als P r a e a d a p t a t i o n für die Besiedelung offener und trockener Standorte gelten. So blüht die baumförmige und in feuchtem Klima wachsende *J. subalpina* in Kultur bereits als kleines Bäumchen (S. 42), ähnliches gilt auch für *J. macrantha* (S. 117–119) und *J. puberula* agg. (Abb. 5). Oftmals abgeschlagene (abgebrannte?) Individuen von *J. puberula* agg. bilden äußerst dicke Wurzelstöcke aus (Abb. 21), dadurch wird die Entwicklung eines Xylopodiums veranschaulicht. Die im Alter dicken, korkartigen Borken von *J. copaia* zeigen eine gewisse Ähnlichkeit mit denen der Xylopodien von *J. oxyphylla*. Die nur einfach gefiederten Hunger- bzw. Trockenformen der Blätter von *J. mimosifolia* (S. 17) deuten auf die Blattentwicklung bei xeromorphen Taxa (z. B. *J. racemosa, J. paucifoliolata*, Abb. 7 J, K).

Umgekehrt ist es den ökologisch eingeschränkten und spezialisierten niedrigwüchsigen *Jacaranda*-Arten nicht mehr möglich, die für humide Biotope typischen Merkmale (Baumwuchs, stärker gegliederte Blätter usw.) auszubilden. Das steht im Gegensatz zu Sippen anderer Familien, z. B. *Humiria balsamifera* und *Peschiera affinis*, die sowohl im Regenwald als auch im Cerrado in jeweils vegetationscharakteristischen Wuchsformen vorkommen (RIZZINI 1963). Auch bei *Jacaranda* müssen derartige Übergangsformen zwischen Wald- und Savannenarten bestanden haben oder sind bei genaueren Untersuchungen wohl noch zu finden.

Die leider nur sehr lückenhaft bekannte Genese der brasilianischen Cerrados (MÜLLER & SCHMITHÜSEN 1970) könnte wesentlich zum Verständnis von der Stammesgeschichte von *Jacaranda* beitragen. Wenn auch heute allgemein anerkannt ist, daß die Cerrados eine klimaxähnliche Vegetation darstellen (vgl. HUECK 1966, EITEN 1972, MÜLLER & SCHMITHÜSEN 1970), so ist doch zu vermuten, daß sich diese später als die Regenwälder entwickelt haben. Sowohl der hohe Spezialisationsgrad der Cerradopflanzen (S. 125) als auch die relativ geringe Zahl an holzigen Arten (RIZZINI 1963) deuten auf eine jüngere Entstehung und eine abgeleitete Flora. Zahlreiche Gattungen, die im humiden Lebensraum viel stärker differenziert sind als im xerischen, geben weitere Beweise für die Ursprünglichkeit des Regenwaldes (z. B. *Caryocar*: FREITAS & PRANCE 1973, *Hirtella*: PRANCE 1972, div. Arecaceae usw.).

Aus der Summe der angeführten Hinweise ergeben sich nunmehr für *Jacaranda* und vermutlich für viele andere tropisch zentrierte Gattungen folgende ökologische Entwicklungsrichtungen:

Lebensraum humid ⟶ arid
(z. B. *J. macrocarpa, J. montana*)   (z. B. *J. irwinii, J. racemosa*)

Waldbewohner   ⟶ Savannenbewohner
(z. B. *J. crassifolia, J. micrantha*)   (z. B. *J. caroba, J. paucifoliolata*)

Verbreitung weitgehend klimatisch ⟶ weitgehend edaphisch bedingt,
bedingt, bodentolerant   bodenspezialisiert
(z. B. *J. copaia, J. puberula* agg.)   (z. B. *J. decurrens, J. egleri*)

Evolutionsfaktoren (Artbildung)

Cytogenetische Grundlagen

Jacaranda besitzt eine große cytogenetische Stabilität, die besonders durch die in beiden Sektionen einheitliche Chromosomenzahl 2 n = 36 (S. 45), die einheitliche Interphasekernausbildung und das fast identische C-Bandmuster der Metaphasechromosomen einiger weit auseinanderstehender Vertreter der Gattung (S. 46, Abb. 22—23) belegt wird. Diese Befunde decken sich mit der Annahme, daß viele und besonders tropische Holzpflanzengruppen im Vergleich zu krautigen genetisch recht stabil sind (STEBBINS 1950, EHRENDORFER 1970, z. B. Chromosomenmorphologie: OKADA 1975). Da der Gattung *Jacaranda* viele für die Evolution krautiger Gruppen typische Merkmale fehlen (z. B. Chromosomenumbauten, unterschiedliche Ploidiestufen), ist anzunehmen, daß bei ihr so wie vermutlich in vielen anderen holzigen Gattungen die Evolutionsschritte auf der Basis von Genmutationen vor sich gehen.

Sippendifferenzierung

Die zur Verfügung stehenden Daten lassen für *Jacaranda* verschiedene Wege der Evolution vermuten. Neben der offenbar häufigen allopatrischen kommt auch sympatrische und wohl auch hybridogene Sippendifferenzierung vor.

Wie bereits bei der Arealgestaltung gezeigt wurde (S. 147), sind die meisten nahe verwandten Arten geographisch deutlich isoliert. Sie dürften also aus geographisch-ökologischen Rassen einer polymorphen Basissippe hervorgegangen sein, wie dies auch für zahllose andere Verwandtschaftsgruppen von Pflanzen und Tieren bereits belegt wurde (z. B. GRANT 1976: 87, WHITE 1978: 107). Die Isolation der einzelnen Rassen ist dabei durch tektonische Veränderungen hervorgerufen worden, so wie z. B. die Trennung der Antillen vom Festland im oberen Tertiär den *J. obtusifolia*-Komplex von den Inselsippen abgespalten hat. Klimatische Schwankungen dürften die Isolation von *J. puberula* und *J. subalpina* verursacht haben: Beide Sippen kommen in den sehr alten und tektonisch stabilen Gebirgen des Itatiaia und der Serra do Mar vor, deren frühere phytogeographische Verbindung auch durch andere Arten belegt ist (HUECK 1966, vgl. S. 149). Die beiden wahrscheinlich aus einer gemeinsamen Sippe entstandenen Taxa *J. macrantha* und *J. glabra* (vgl. die Areale Abb. 41) könnten durch kombinierte klimatische (Trockenzeiten) und tektonische (Meereseinbrüche im Amazonas-Becken) Veränderungen getrennt worden sein. Ein wichtiger Faktor für die allopatrische Sippendifferenzierung war sicherlich die relativ junge Andenerhebung, die nicht nur bei *Jacaranda* zu einer Fülle neuer Arten geführt hat. Bei anderen Verwandtschaftsgruppen (z. B. *J. brasiliana, J. praetermissa* und *J. decurrens*) lassen sich die Faktoren, die zu ihrer allopatrischen Differenzierung geführt haben, nicht mehr annähernd rekonstruieren.

Während die genannten Beispiele die bereits erfolgte Aufspaltung der Gattung in taxonomisch „gute" Arten zeigen, sind bei den folgenden Fällen erst Ansätze für eine allopatrische Differenzierung zu erkennen. So besiedeln einige der Küstensippen *(J. obovata, J. puberula)* die dem Festland wenige Kilometer vorgelagerten Inseln. Die kurzfristige, im Quartär stattgefundene Trennung hat hier noch keine morphologische

Differenzierung ausgelöst. Hingegen ist bei den beiden mir bekannten Rassen von
J. caroba (vgl. S. 61) ein beginnender Artbildungsprozeß zu vermuten: Sie sind bereits
weitgehend reproduktiv isoliert und besiedeln Standorte mit unterschiedlichem Selektionsdruck. Die beiden nördlichsten Sippen der in subtropischen Wäldern zentrierten
J. micrantha (S. 27, 37) sind trotz gleichzeitiger Blüte durch die hohen Küstenbergketten reproduktiv isoliert; die unterschiedlichen Standorte dürften eine weitere
Divergenz (vgl. Abb. 32 A, B) verstärken. Prädisponiert für allopatrische Differenzierung sind die zahlreichen Savannen-, Cerrado-, Caatinga- und Campinainseln des
Amazonas-Gebietes und Südbrasiliens. An diesen pleistozänen Refugialstandorten ist
es bei Tieren bereits zu Subspeziesunterschieden gekommen (MÜLLER & SCHMITHÜSEN 1970), bei Pflanzen sind solche für *J. egleri* (vgl. S. 149) zu vermuten, bei anderen Sippen dürfte eine Differenzierung noch nicht sichtbar sein (z. B. bei *Curatella americana, Byrsonima crassifolia, Xylopia aromatica* u. a.).

Streng sympatrische Arten (S. 152) sind vermutlich nach allopatrischer Differenzierung in das gleiche Biotop eingewandert und weisen außer postzygotischen Barrieren auch verschiedene präzygotische reproduktive Isolationsmechanismen auf: unterschiedliche Blühzeit (*J. crassifolia* und *J. macrantha*, Abb. 67) oder bei gleichzeitiger
Blüte (z. B. *J. decurrens* und *J. rufa*, vgl. S. 37) deutlich unterschiedliche Blütenfarbe
und Blumenstetigkeit der Bestäuber (KUGLER 1970: 118). Bei parapatrischen Arten
(S. 161) treten die gleichen Isolationsfaktoren auf, hinzu kommt noch, daß ökologisch
unterschiedliche Arten vermutlich auch unterschiedliche Bestäuberspektren aufweisen und dadurch isoliert sind. Die meisten dieser parapatrischen Arten stehen verwandtschaftlich weit entfernt und dürften jeweils aus verschiedenen Ausgangssippen
entstanden sein (*J. micrantha* und *J. oxyphylla*, S. 141, Abb. 70; *J. egleri* und *J. copaia*
nach Herbarangaben; *J. crassifolia* und *J. subalpina*, S. 137, Abb. 67; *J. puberula* und
J. oxyphylla, S. 139, Abb. 68; *J. jasminoides, J. micrantha* und *J. obovata*, S. 136—139,
Abb. 67). Nahe verwandt und parapatrisch ist dagegen der Formenkreis von *J. micrantha, J. montana, J. puberula* und *J. subalpina*.

Auch diese Befunde (vgl. S. 147) sprechen gegen die Ansicht, daß in den Tropen
verwandte Arten häufig streng sympatrisch vorkommen. Jedoch dürften verwandte
Taxa in räumlich nahen, ökologisch aber deutlich getrennten Nischen häufiger sein
(ASHTON 1969, BURGER 1974, MORI, PRANCE & BOLTEN 1978). Die nahe Verwandtschaft und die räumliche Nähe lassen bei solchen Taxa eine sympatrische Artbildung vermuten. Während MAYR (1963) dies bezweifelt und GRANT (1971) von
einem ungelösten Problem spricht, schließen HARPER (1961), EHRENDORFER (1968)
und WHITE (1978) diesen Weg nicht aus und zeigen an zahlreichen Beispielen mögliche Mechanismen einer solchen Artbildung auf. Als wesentliche Faktoren werden
dabei Polyploidisierung und Chromosomenumbauten herausgestellt; diese kommen
bei *Jacaranda* und anderen tropischen Holzpflanzen mit sehr einheitlichen Karyotypen
offenkundig nicht zum Tragen. Hingegen ist disruptive Selektion bisher als Artbildungsfaktor kaum berücksichtigt worden. Zumindest bei *Jacaranda*, aber auch bei
anderen Gattungen kommt es dabei anscheinend zur Auslösung reproduktiver Isolation durch Modifikation. Hinweise dafür ergeben sich vor allem aus dem Verhalten polytypischer Taxa (vgl. S. 152) wie z. B. *J. macrantha* (S. 117) sowie den Modifikationsexperimenten mit *J. subalpina* (S. 42, vgl. später). Diese Strategie sei im folgenden an einigen Populationen des polymorphen *J. puberula* agg. der Serra do Mar und
an Hand eines Diagramms (Abb. 71) beschrieben:

1. Die große ökologische Amplitude der Ausgangssippe ermöglicht die Besiedelung sehr unterschiedlicher ökologischer Nischen.
2. Die unterschiedlichen Umweltfaktoren bedingen Modifikationen der Wuchsform, der Blütenmenge, der Blühzeit usw.

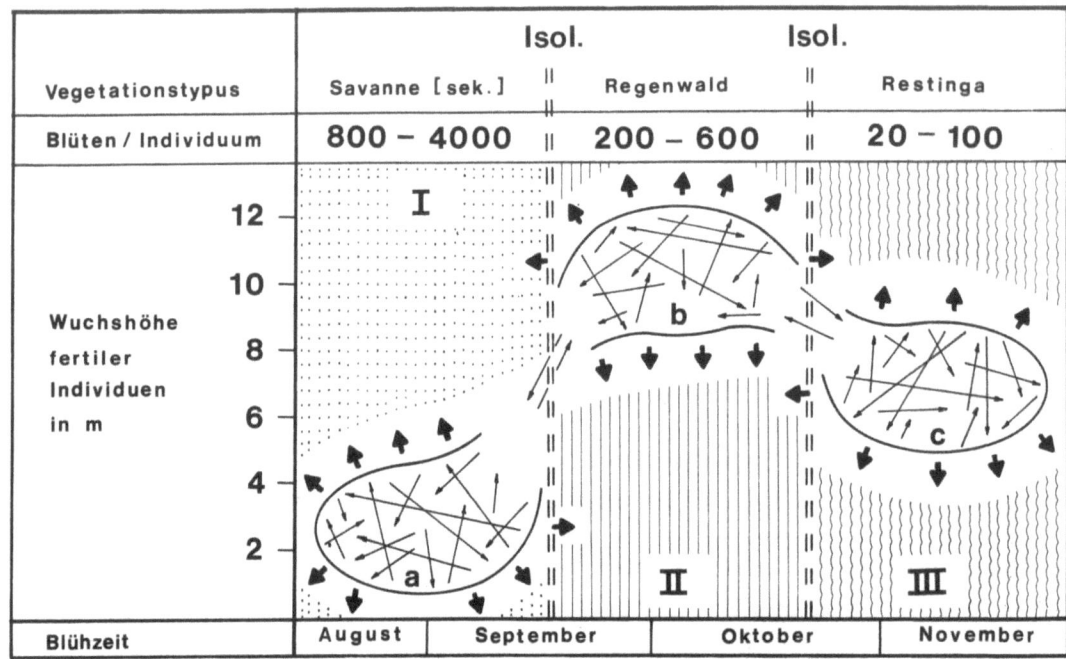

Abb. 71. Modell der Artbildung innerhalb des *J. puberula* agg.

a, b, c   3 Populationen in verschiedenen Ökosystemen, sie sind morphologisch (Blattbau, Blüte, Früchte) noch sehr ähnlich und zeigen gewisse hybridogene Kontakte.

Genfluß, die Zahl der Pfeile deutet die Häufigkeit des Genaustausches innerhalb und zwischen den Populationen an.

Ausbreitungstendenz, der größte Teil der produzierten Samen bleibt allerdings in der Nähe der Mutterpflanzen, Verbreitung in andere Biotope ist selten.

Isol.   Isolationsfaktoren: unterschiedliche Blühzeit, unterschiedliche Bestäuberattraktion (Massenblüte, Einzelblüten usw.), vermutlich unterschiedliches Bestäuberspektrum der nach Standortsfaktoren und Vegetationsschichtung divergierenden Biotope.

Unterschiedliche Selektionsdrucke und Anpassungen:

Savanne I   Keimlinge und Jungpflanzen im dichten Grasbewuchs konkurrenzfähig, kleine tief und stark verzweigte, bereits im jugendlichen Alter blühende Bäumchen.

Regenwald II   Jungpflanzen gegenüber anderen Holzpflanzen im Halbdunkel konkurrenzfähig, auch unter schlechten Lichtverhältnissen kann die Kronenschichte erreicht werden, erst als erwachsener hoher Baum blühend.

Restinga III   Jungpflanzen im Halbdunkel zwischen dichter Strauchschichte konkurrenzfähig, gegenüber sandigem, humusarmem Boden, hohem Grundwasserspiegel und einem gewissen Salzgehalt tolerant, erst in der Kronenschichte blühend.

3. Diese Modifikationen tragen wesentlich zur reproduktiven Isolation bei. Weitere Isolationsfaktoren ergeben sich durch die unterschiedliche Umwelt (z. B. verschiedene Bestäuberspektren).
4. Disruptive Selektion bewirkt nun fortschreitende genetische Divergenz und bessere Anpassung an die jeweilige Umgebung.
5. Dadurch isolierte Sippen bleiben weiterhin parapatrisch, können durch zentrifugale Besiedelung neuer Biotope mit ähnlichen ökologischen Bedingungen allopatrisch oder zuletzt auch sympatrisch werden.

Die Anfänge einer solchen Differenzierung sind an Hand eines schematischen Diagramms (Abb. 71) für Populationen von *J. puberula* agg. in der Serra do Mar dargestellt.

Die *a*-Populationen wachsen an offenen savannenartigen Standorten. Diese können erst wenige Jahre alt und anthropogen bedingt sein (S. 110) oder auch durch größere Umbruchslücken, Erdrutsche oder Wassereinwirkung auf den steilen Hängen auf natürliche Weise entstehen. Manchmal liegen sie auch ± nahe bei bereits länger bestehenden Campos (Dünenbusch, Trockeninseln). Die sehr jungen *Jacaranda*-Pflanzen solcher Standorte sind aus Mutterpflanzen der Regenwaldpopulation *b* entstanden, eine eigene Savannenrasse besteht auf Grund der sonstigen ökologischen Untersuchungen (S. 105—110) nicht. Sie werden aber nur wenige Meter hoch und locken ihre Besucher durch eine bodennahe, sehr früh im Jahr einsetzende Massenblüte an. Ihr verringerter vegetativer, dafür aber erhöhter sexueller Aufwand in einer offenen Umgebung (Selektionsdruck I) entspricht etwa dem Prinzip der R-Selection (GRIME 1977, weitere Lit. dort). Die Generationszyklen sind kurz. Die frühe Blühzeit, das Bestäuberspektrum bodennaher Insekten und die meist in allernächster Nähe abgesetzten Samen (geringe Auswurfhöhe, S. 39) ermöglichen eine weitgehende reproduktive Isolation von den oft sehr nahe stehenden Regenwaldpopulationen *b*.

Die Individuen des nicht allzu hohen Regenwaldes bilden erst in höherem Alter in der obersten Kronenschichte eine verringerte Zahl von Blüten aus. Sie fangen meist erst zu blühen an, wenn die *a*-Populationen der Savanne bereits abgeblüht sind. Da das Bestäuberspektrum sich schon in den verschiedenen Strata des Regenwaldes differenziert (MORI, PRANCE & BOLTEN 1978), dürfte es sich zwischen den Ökosystemen Savanne, Regenwald und Restinga erst recht unterscheiden. Dadurch sollten die Populationen *a*, *b* und *c* selbst bei kurzzeitig überlappender Blühzeit voneinander stark isoliert werden. Auch von den Samen gelangt wohl ein nur sehr kleiner Teil von einem Biotop ins andere. Der Genfluß zwischen den Populationen ist also auf ein Minimum beschränkt. Die längeren Vegetationszyklen, der große vegetative Aufwand und die geringere Samenproduktion der *b*-Populationen an Waldstandorten mit starker Konkurrenz entsprechen etwa der C-Selection von GRIME (1977).

Zuletzt blühen die Individuen der Restinga-Wälder *(c)*. Auch hier mußt mit stark verschiedenen Bestäubern gerechnet werden. Der Selektionsdruck (III) ist vor allem durch den großen edaphischen Streß ausgezeichnet, was etwa der S-Selection von GRIME (1977) gleichkommt. Auch diese Individuen sind ihrem Biotop nur modifikativ angepaßt (krüppeliger Wuchs, kleine Krone, wenig Blüten): Tochterpflanzen der Restinga-Populationen, die an offenen ± kultivierten meeresnahen Standorten aufkommen, verhalten sich ganz ähnlich wie die Pflanzen der *a*-Population.

Diese Verhältnisse müssen nicht immer zur endgültigen Isolation und damit Diversifikation der einzelnen Populationen führen. Auch eine stabile polymorphe polytypische Art hat gegenüber anderen Konkurrenten durch ihre Flexibilität einen großen Selektionsvorteil. Damit tatsächlich eine isolierte divergente Sippe entsteht, muß der neu besiedelte Lebensraum ± stabil bleiben. Nach einer kurzen Selektionszeit können dann auch andere räumlich nahe und ökologisch ähnliche Biotope besiedelt werden, die nicht mehr in die ökologische Toleranz der Ausgangssippe fallen (etwa von labileren sekundären Savannen in stabilere Trockeninseln).

Jedoch gibt es noch weitere deutliche Hinweise, daß dieser sympatrische Artbildungsprozeß bereits stattgefunden hat.

Die nahe verwandte, morphologisch aber unterschiedliche *J. montana* (MORAWETZ 1979) kommt in den topographisch sehr nahen, ökologisch aber sehr unterschiedlichen Gipfelwäldern der Serra do Mar vor (S. 110, Abb. 67). Sie ist von dem *J. puberula* agg. hauptsächlich durch ihre Hauptblühzeit neben den schon erwähnten ökologischen Faktoren reproduktiv isoliert. Andere Arten (z. B. *Moquinia* sp., *Virola* sp., *Vochysia* sp.) besiedeln die Serra do Mar kontinuierlich von den tiefen Lagen (bei *J. puberula* agg.) bis zu den Gipfelwäldern (bei *J. montana*) und zeigen einen den Höhenstufen des Gebirges angepaßten Blühzeitgradienten. Sollte früher eine ± einheitliche Sippe von *Jacaranda* die Gebirge von der Küste bis zu den Gipfelwäldern besiedelt haben, so ist ein solcher Blühzeitgradient ebenfalls denkbar. Die schon auf Grund der Regenmengen sehr unterschiedlichen ökologischen Selektionsbedingungen dürften dann eine weitere Divergenz ausgelöst haben. Tatsächlich ist die Phänologie von *J. montana* den hohen und unregelmäßig auftretenden Niederschlägen gut angepaßt (S. 36).

Auch die Modifikationsexperimente mit *J. subalpina* (S. 42–45) lassen dieses Modell sympatrischer Artbildung als richtig erscheinen. Diese heute sehr ausgeprägte Waldart (S. 119) blüht zu einem jahreszeitlich und ontogenetisch früheren Zeitpunkt, wenn sie an einem offenen wärmeren Standort kultiviert wird. Sie gleicht dann in der Wuchsform und Blühzeit weitgehend der verwandten (MORAWETZ 1979) und parapatrischen *J. pulcherrima*. Eine ältere, weiter verbreitete polytypische Basissippe der beiden Taxa könnte sich auf ähnliche Weise durch Modifikation in reproduktiv isolierte Populationen aufgespalten haben.

Zuletzt sei noch die Möglichkeit der Artentstehung durch Hybridisierung erwähnt. Obwohl dieses Phänomen bei tropischen Holzpflanzen auftritt (z. B. *Tocoyena:* GOTTSBERGER & EHRENDORFER in Vorb.), so dürfte es doch selten sein (ASHTON 1969). Für *J. sparrei*, die GENTRY (1977 b) als geographisch, ökologisch und morphologisch intermediär zwischen 2 Artengruppen beschreibt (S. 91), wäre eine solche hybridogene Entstehung denkbar. Auch intermediäre Formen zwischen *J. decurrens* und *J. cuspidifolia* (S. 97) sowie *J. cuspidifolia* und *J. brasiliana* (S. 95) weisen auf Hybridisierungsvorgänge hin. Weitere Untersuchungen könnten diese Vermutungen rechtfertigen.

Die raum-zeitliche und stammesgeschichtliche Entwicklung der Gattung

Jacaranda ist rein neotropisch. Als stark abgeleitete Gattung innerhalb der *Bignoniaceae* (GENTRY & TOMB 1979) dürfte sie zu einem Zeitpunkt entstanden sein, als Afrika und Amerika bereits ein gutes Stück getrennt waren (NEUBAUER 1959). Ansonsten hätte die bisweilige Fernverbreitung der Samen (S. 41) die Gattung wohl auch nach Afrika gebracht. Die Entstehung könnte demnach in der jüngeren Oberkreide bis zum Alttertiär stattgefunden haben. Zu dieser Zeit existierte bereits das brasilianische Küstengebirge (SEGADAS-VIANA 1965), das wir als Entwicklungszentrum der Gattung annehmen können (S. 147).

Als Ausgangsform für *Jacaranda* wäre eine tropisch montane Sippe mit folgenden Merkmalen zu postulieren: hoher Baum mit doppelt gefiederten Blättern, Blättchen mittelgroß, gezähnt, Blättchenbehaarung einzellig, Thyrsus komplex und vielblütig, Stamina mit 2 Theken, Früchte länglich oval, mittelgroß und dünnholzig.

Die erfolgreiche Besiedelung der meisten neotropischen Biotope könnte auf folgende Eigenschaften dieser Basissippe von *Jacaranda* zurückgeführt werden: Große ökologische Toleranz (polytypisches Vorkommen) und modifikative Anpassung im vegetativen Bereich erleichtern die ökologische Radiation und Artbildung; dagegen Einheitlichkeit im Blütenbau und Festhalten am ursprünglichen, relativ unspezialisierten und gut funktionierenden Bestäubungssystem; Samenausbreitung von geschlossenen zu offenen Vegetationstypen; geringe tierische Schädigung der Blätter und Früchte infolge bitterer Inhaltsstoffe; jährlicher Laubabwurf und Ruhezeit verhindern Ansiedelung von Epiphyllen und ermöglichen das Überleben während Trockenperioden; Ausreifen der Samen in bereits abgestorbenen Kapseln (bei Bränden); Langlebigkeit der Samen und leichte Keimung unter diversen Verhältnissen; rascher Wuchs in frühen Sukzessionsstufen, aber auch Konkurrenzkraft in primären Wäldern; schnelle Regeneration nach mechanischen Beschädigungen (infolge umstürzender Bäume, Feuer usw.).

Bereits zu einem frühen Zeitpunkt könnte sich die Gattung aufgegliedert haben, wobei man 3 Sippengruppen aus der Verwandtschaft von *J. micrantha, J. crassifolia (J. macrocarpa)* und *J. macrantha* in Betracht ziehen sollte.

Der Formenkreis um *J. micrantha* dürfte sich lokal differenziert haben. Die Leitart ist heute eher subtropisch zentriert und kommt sehr vereinzelt in subtropischen Wäldern des südlichen Brasiliens und angrenzenden Gebieten vor (KLEIN 1972, SANDWITH & HUNT 1974), dringt aber bis über den Wendekreis in die tropischen Wälder der Küstengebirge vor und hat Ausläufer bis in die Halbtrockenwälder des Inlandes. Dort beschränkt sich *J. micrantha* aber hauptsächlich auf die flußnahen bodenfeuchten Gebiete oder Hanglagen mit Steigungsregen und dringt nur in Krüppelformen (Abb. 48—49) in trockenere Gipfelpositionen ein. Eine aktuelle Wanderung der durch Cerrados und Trockenwälder eingeschränkten Art entlang der Galeriewälder ist möglich. Von ihr könnte sich die im Areal sehr ähnliche (Abb. 37), aber in der Ökologie unterschiedliche *J. puberula* abgespalten haben — eine charakteristische Sippe niedriger oder gestörter Wälder und Zweitwuchsbestände (SANDWITH & HUNT 1974), die offenbar als Kulturfolger stark in Ausbreitung begriffen ist. Erst in jüngster Zeit dürften *J. montana* und *J. subalpina* entstanden sein (S. 161, 149). Ihre ökologisch beschränktere Amplitude und ihr monotypisches Vorkommen (S. 151) deuten darauf hin, daß es sich um abgespaltene Randsippen des *J. puberula* agg. handelt. Die verwandte niedrige xerophile *J. pulcherrima* könnte sich zu einem ähnlichen neueren Zeitpunkt differenziert haben — sie ist die einzige Trockenart, die noch deutliche Bindungen an eine Waldsippe zeigt.

Nicht so klar lassen sich die Verhältnisse um die in den Bergwäldern des Itatiaia heimische *J. crassifolia* (S. 117, Abb. 18 B, 51) und die im oberen Amazonas vorkommende *J. macrocarpa* darstellen. Die beiden recht isolierten Arten sind möglicherweise aus einer gemeinsamen, im Eozän von der Küste bis zum Amazonas-Becken verbreiteten Sippe entstanden, ähnliches ist auch für *J. macrantha* und *J. glabra* (s. später) zu vermuten. *J. crassifolia*, die sich ökologisch sehr spezialisiert hat, wäre auf Grund ihres alten Refugialstandortes als Paläoendemit zu bezeichnen, *J. macrocarpa* ist heute in dem von HAFFER (1969), VANZOLINI (1970) und PRANCE (1973) postulierten Refugium im nordwestlichen Teil des Amazonas-Zentrums (MÜLLER 1971) zu finden. Morphologisch besser belegt ist der Zusammenhang von *J. crassifolia* und der tropischen Restinga-Art *J. obovata* (MORAWETZ 1979, GENTRY, pers. Mitt.). Die klare Abgliederung dieser sowie einer weiteren Art mit einfach gefiederten Blättern der Küstenwälder (GENTRY unveröff.) läßt eine ältere (tertiäre?) Aufspaltung dieses südostbrasilianischen Verwandtschaftskreises vermuten. Jedenfalls könnten die beiden Küstenarten während der Expansion der Restinga vor etwa 4000 Jahren (MÜLLER & SCHMITHÜSEN 1970) noch wesentlich weiter verbreitet gewesen sein.

Die Ursprungssippe der in den südöstlichen Bergwäldern siedelnden *J. macrantha* und ihrer verwandten amazonischen, am Fuße der Anden beheimateten *J. glabra* hat wahrscheinlich früher ein fast ganz Südamerika bedeckendes Areal gehabt, ähnlich dem heutigen von *J. copaia*. Als Zeitpunkt der maximalen Ausdehnung vor der Restriktion und Differenzierung der beiden heute vorhandenen Taxa wäre vielleicht das Eozän anzunehmen: Die Ablösung des ariden mesozoischen durch das tropisch feuchte frühkänozoische Klima ermöglichte die Verbreitung tropischer Faunen und Florenelemente bis nach Patagonien (ARCHANGELSKY 1968, MENENDEZ 1969,

SIMPSON 1969, FITTKAU 1974). Der Zusammenhang der beiden Sippen ist durch auffällige morphologische Merkmale belegt (S. 70, 71). Das heute polytypische Vorkommen von *J. macrantha* und aggressives Besiedeln neuer Standorte (S. 117—119) lassen ein ähnliches Verhalten der Basissippe und damit eine rasche Wanderung als Pionierart während eines Klimaumschwunges wahrscheinlich scheinen. Ihr heute ± isoliertes Auftreten an feuchten Stellen trockener Inlandsgebirge spricht ebenfalls für ein Rückzugsareal dieses Taxons (vgl. allopatrische Differenzierung S. 158).

Im Oligozän ist die Gattung mit Sicherheit über große Teile des Kontinents verbreitet gewesen. Fossil ist sie auf der damals noch mit dem Kontinent verbundenen Insel Puerto Rico nachgewiesen (GRAHAM & JARZEN 1969). Etwa in oder vor dieser Zeit könnte man auch die Entstehung der Sektion *Monolobos* im nördlichen Südamerika (vgl. S. 50) annehmen: Die vermutlich im oberen Miozän abgetrennten karibischen Inseln (ALAIN 1958) zeigen nur mehr Vertreter dieser Sektion. Die Sippe mit den meisten ursprünglichen Merkmalen innerhalb von sect. *Monolobos* ist *J. copaia* (S. 87), deren relativ hohes Alter auch aus der schwer interpretierbaren, verwandtschaftlich isolierten Stellung hervorgeht. Diese dürfte im Gegensatz zu anderen früher weiter verbreiteten Hylea-Sippen als typischer hoher, gut angepaßter Amazonas-Baum mit großer edaphischer Toleranz die wechselweise Ausbreitung und den Rückzug der Klimax-Regenwälder mitvollzogen haben, ohne sich wesentlich zu differenzieren (2 Unterarten, S. 86).

Im Miozän beginnen sich die vorher weitverbreiteten Regenwälder zurückzuziehen, es entstehen ausgedehnte Trockenräume mit eher offener Vegetation (Lit. bei LANGENHEIM et al. 1973). Mit diesen Veränderungen kann man wahrscheinlich die Entstehung der zahlreichen an die Trockenheit angepaßten Arten von *Jacaranda* in Verbindung bringen. Die hohe Flexibilität (vgl. Modifikation S. 156) und vielleicht auch Präadaptation (S. 157) ermöglichen den baumförmigen Vertretern der Gattung über zahlreiche Übergangsstufen, die z. T. heute noch erhalten sind, die Entwicklung zu Sträuchern und Zwergsträuchern. Ein wesentlicher Selektionsfaktor für die Ausbildung neuer Sippen waren die in der Trockenheit vermutlich häufigeren und sich weiter ausdehnenden Brände, die nachweislich durch Blitzschlag entstehen können (ANDERSON 1966).

Aus der *J. crassifolia/J. obovata*-Gruppe könnten sich die bisweilen noch baumartige *J. caroba* und die bereits vollständig an Brandvegetation angepaßte strauchige *J. oxyphylla* herausgebildet haben. Davon stammt vielleicht auch die endemische und auf sandige Extremstandorte spezialisierte zwergstrauchige *J. racemosa* mit nur mehr einfach gefiederten Blättern ab. Aus der *J. obovata*-Gruppe könnten aber die ebenfalls an diverse Trockenstandorte angepaßten und einfach gefiederten Arten *J. irwinii* und *J. paucifoliolata* entstanden sein. Als Endpunkt dieser Entwicklungsreihe ist die ganzblättrige *J. simplicifolia* anzusehen. Beide von *J. obovata* abgeleiteten Verwandtschaftsgruppen zeichnen sich durch fortschreitende Blattflächenreduktion aus, haben aber verschiedene Strategien der Anpassung an Trockenheit und arme Böden: Die erste *(J. caroba* bis *J. racemosa)* verringert hauptsächlich die Größe der Blättchen, während ihre Zahl gleich bleibt oder steigt, die zweite *(J. irwinii* bis *J. simplicifolia)* hingegen behält die Größe der Blättchen bei oder erhöht sie, während deren Zahl drastisch reduziert wird (Abb. 7).

Wahrscheinlich gehört auch die xeromorphe Savannenart *J. ulei* in diese Verwandtschaft, ihre zentral- bis südostbrasilianische Herkunft sowie ihre heutige Verbreitung ist ein Beispiel einer phytogeographischen Verbindung der Cerrado- und Caatinga-Räume, was im Gegensatz zu der Meinung von ANDRADE-LIMA (1966) steht, der an Hand der wahrscheinlich refugialen amazonischen Campo-Vegetation eine Verbindung der Hylea mit dem Nordosten herstellen will.

Die Schwierigkeit, stark abgeleitete Florenelemente aus Trockenräumen herkunftsmäßig festzulegen, wird bei der „Caatinga"-Art *J. jasminoides* deutlich. Verwandtschaftlich steht diese eindeutig mit der W-amazonischen *J. glabra*, aber auch mit der SO-brasilianischen *J. paucifoliolata* in Zusammenhang (vgl. Abb. 70). Aufsammlungen aus der Restinga von Espirito Santo (DUARTE, S. 74) zeigen auch Merkmale von *J. obovata*. Das heutige Areal von *J. jasminoides* (Abb. 41) erstreckt sich entlang des nordostbrasilianischen Küstenraumes und hat die letzten disjunkten Ausläufer auf den Küstenfelsen bei Rio de Janeiro (Abb. 50), die als Vorposten der trockenen Inlandsvegetation (SMITH 1962) oder eher als durch Regenwälder abgetrenntes Rückzugsgebiet gedeutet werden können. Auf Grund ihrer Verwandtschaft und Verbreitung könnte die ökologisch offenbar recht flexible *J. jasminoides* möglicherweise ein Produkt allopatrischer und hybridogener Differenzierung während abwechselnder Perioden der Expansion und Restriktion von Trockenräumen sein.

Aber nicht nur Vertreter der Sektion *Dilobos* dringen in die Trockenräume ein, auch die Sektion *Monolobos* bildet entsprechend angepaßte Arten. Wahrscheinlich aus dem nördlichen Mannigfaltigkeitszentrum hat sich die baumförmige Savannenart *J. brasiliana* gebildet, die mit der etwas reduzierten *J. praetermissa* zu der weit nach Süden reichenden *J. decurrens* überleitet. Diese in jeder Hinsicht ausgezeichnet angepaßte zwergstrauchige Cerradoart trifft in Zentral- und Südbrasilien mit den in mancher Hinsicht konvergent ähnlichen, aber nur sehr weit entfernt verwandten Taxa *J. rufa, J. oxyphylla, J. ulei* u. a. zusammen. Erst durch den Vergleich der Genese von *J. decurrens* und *J. rufa* wird es verständlich, warum diese beiden Arten trotz heute streng sympatrischen Vorkommens (so auch bei anderen, S. 152) nicht mehr hybridisieren (vgl. auch S. 159): Erst nach Aufspaltung der Gattung in eine südlich und eine nördlich zentrierte Sektion (Abb. 24) werden von je einem Zentrum sukzessiv reduzierte Trockenarten gebildet, deren am stärksten abgeleitete Vertreter als Zwergformen wieder in Kontakt kommen.

Zur gleichen Zeit, also im Miozän, beginnen sich aber auch die Anden zu erheben, eine Entwicklung, die nicht vor dem Pleistozän abgeschlossen wird (HAMMEN 1968). Daher können wir annehmen, daß sich zu dieser Zeit von Stammformen des *J. obtusifolia-J. caucana*-Komplexes die hochandinen Arten zu entwickeln begonnen haben. Dabei könnte man — von diesem Komplex ausgehend — an eine Wanderung und Differenzierung über *J. sparrei* zu *J. acutifolia/J. mimosifolia* in den Süden denken. Die der *J. mimosifolia* verwandte, aber auch an *J. praetermissa* bzw. *J. brasiliana* anschließende Trockenart *J. cuspidifolia* läßt aber auch vermuten, daß während der beginnenden Trockenzeiten des Miozäns auf den noch niedrigen Hügeln der Anden eine *Jacaranda*-Sippe existiert hat, die sich einerseits in die Cerradoarten und anderseits in den hochandinen Komplex weiterentwickelt hat.

Während des Pleistozäns sollen extreme klimatische Fluktuationen in der Neotropis wechselweise eine Dominanz des Regenwaldes bzw. der Trockenräume bewirkt haben (vgl. PRANCE 1973, LANGENHEIM et al. 1973 u. a.), worauf VANZOLINI (1973) die Entstehung der Artenvielfalt im Amazonas-Becken zurückführt. *Jacaranda* bestätigt wegen ihrer relativen Armut an Hylea-Arten diese Hypothese nicht. Ihre aktivste Evolutionsphase ist vielmehr, wie auch der hohe Differenzierungsgrad der meisten Arten vermuten läßt, bereits in einem früheren, wahrscheinlich tertiären Zeitraum. Nur in wenigen Fällen kann eine Differenzierung auf Grund der pleistozänen Klimaschwankungen vermutet werden (*J. subalpina* S. 149, *J. pulcherrima* S. 162, *J. egleri* S. 148). Trotzdem können wir annehmen, daß sich *Jacaranda* auch noch heute in einem sehr aktiven und vielfältigen Evolutionsprozeß befindet: Polytypische Taxa beginnen sich unter verschiedenem Selektionsdruck zu differenzieren, sehr große oder disjunkte Areale polymorpher Sippen signalisieren zukünftige Artbildung, und viele Individuen, die sich nicht eindeutig einem Taxon zuordnen lassen (vgl. im syst. Teil), deuten auf plastische und in Entwicklung befindliche Sippen.

Die bei *Jacaranda* vermutete raum-zeitliche Entfaltung könnte auch bei anderen *Bignoniaceae*-Gattungen ähnlich verlaufen sein, da viele in ihrer ökologischen Radiation (Wuchsformen, Phänologie, Blütenbiologie, Samenausbreitung) und z. T. auch in den Mannigfaltigkeitszentren übereinstimmen (GENTRY 1974 a, b, 1978 a). Die congenerische Mannigfaltigkeit kann durch die jeweils unterschiedliche Besetzung von Nischen erklärt werden, wobei GENTRY (1974 a, b) vor allem die blütenbiologische Spezialisation hervorhebt.

Auch Gattungen anderer Familien sind an unterschiedlichen Standorten mit diversen Vertretern häufig mit *Jacaranda* vergesellschaftet (z. B. *Rapanea:* S. 104, 105, 107, 112, 120, 129—131; *Casearia:* S. 105, 110, 114, 135; *Roupala:* S. 105, 110, 114, 135). Dies wird auch durch fossile Floren bestätigt (Pliozän: Minas Gerais — *Jacaranda, Luhea:* S. 105, 110, 114, 117; *Tibouchina:* S. 110, 120; *Myrsine* [= Rapanea?]; Potosi, Bolivien — *Jacaranda, Cuphea:* S. 105, 118, 120, 121; *Dalbergia:* S. 105; *Inga:* S. 105, 112, 114, 117, 121, 123; *Weinmannia:* S. 112, 114, 120; MENENDEZ 1969, Übersichtsreferat). Aus dem Vorkommen häufig sympatrischer Gattungen mit ähnlichen Mannigfaltigkeitszentren und ähnlicher ökologischer Radiation kann möglicherweise auf parallele Evolutionsabläufe geschlossen werden. Dabei ist zu vermuten, daß solche Gattungen, selbst bei gleicher räumlicher Diversifikation, ihre Entfaltung unterschiedlichen Strategien in der Bestäubung, Samenverbreitung, Wuchsrhythmik, im Keimlingsverhalten usw. verdanken.

Nach vorläufigen Beobachtungen und Befunden könnte z. B. *Rapanea* eine zu *Jacaranda* parallele Entwicklung mitgemacht haben (ost- und westzentriert, auch in den Trockenräumen, im Amazonas selten). Ähnliches ist für *Byrsonima* zu vermuten (Differenzierung von Bäumen des Regenwaldes bis zu Sträuchern der Cerrado- und Serpentinvegetation). Beide Gattungen haben jedoch Beeren- oder Steinfrüchte und daher als zoochore Taxa sicher einen anderen Regelkreis für die Samenkeimung als *Jacaranda* (vgl. S. 155). *Vochysia*, die ein fast identisches Gattungsareal wie *Jacaranda* aufweist (SMITH 1962), ökologisch sehr ähnlich differenziert und ebenfalls anemochor ist, könnte ± parallele Wanderwege gehabt haben. *Mollinedia* sp., eine typische Unterwuchs- und Waldrandpflanze, könnte die Entwicklung der Waldsippen von *Jacaranda* mitvollzogen haben (ost- und westzentriert mit dijunkten Inselvorkommen innerhalb der Trockengebiete). Die anemochore *Kielmeyera*, fast ausschließlich eine Sippe der Cerrados und Campos, ist ähnlich wie viele Trockenarten von *Jacaranda* differenziert, läßt aber als immergrüner Baum mit Tendenz zur Sukkulenz und einer unspezialisierten Bienen- und Käferbestäubung (GOTTSBERGER 1977) ein zu *Jacaranda* unterschiedliches ökologisches Verhalten vermuten.

Vergleichende Betrachtungen ähnlicher Gattungen konnten hier nur angedeutet werden. Besser fundiert und zusammen mit den Ergebnissen bei *Jacaranda* könnten sie Aufschlüsse über die komplexen biologischen Mosaike tropischer Pflanzenformationen und ihre bis heute weitgehend ungeklärte Entstehungsgeschichte geben.

Literaturverzeichnis

ALAIN, H., 1958: La flora de Cuba, sus principales caracteristicas, su origen probable. Revista Soc. Cub. Bot. *15*, 36–59, 84–96.

ALVIM, P. DE T., 1964: Tree growth periodicity in tropical climates. In: ZIMMERMANN, N. H. (Ed.): Formation of Woods in Forest Trees. New York: Academic Press.

— MACHADO, A. D., VELLO, F., 1972: Physiological responses of cacao to environmental factors. In: International Cocoa Research Conference, 4th. Trinidad and Tobago.

— ALVIM, R., 1978: Relation of climate to growth periodicity in tropical trees. – In: TOMLINSON, P. B., ZIMMERMANN, M. H. (Eds.): Tropical Trees as Living Systems. – Cambridge University Press.

ANDERSON, J. A. R., 1966: A note on two tree fires caused by lightening in Sarawak. Malay. Forester *29*: 18–20.

ANDRADE-LIMA, D. DE, 1966: Contribuição ão estudo do paralelismo da flora amazonico-nordestina. Secr. de Agric., Ind. e Comercio. Inst. de pesquisas agronomicas de Pernambuco. Nova Serie de Publicaçoes. Bol. Tecnico *19*, Recife.

ARCHANGELSKY, S., 1968: Paleobotany and palynology in South America: A historical review. Rev. Paleobot. Palynol. *7*: 249–266.

ARENS, K., 1958 a: O cerrado como vegetação oligotrophica. Bol. FFCL, U.S.P. 224, Bot. *15*: 59–77.

— 1958 b: Consideraçoes sobre as causas do xeromorphismo foliar. Bol. FFCL, U.S.P. 224, Bot. *15*: 25–56.

— 1963: As plantas lenhosas dos Campos Cerrados como flora adaptada as deficiencias minerais do solo. In: FERRI, M. G. (Ed.): Simpósio sôbre o Cerrado, Reprint 1971. São Paulo: Blücher.

ASHTON, P. S., 1969: Speciation among tropical forest trees: Some deductions in the light of evidence. Biol. J. Linn. Soc. *1*: 155–196.

ASKEW, G. P., MOFFATT, D. J., MONTGOMERY, R. F., SEARL, P. L., 1971: Soils and soil moisture as factors influencing the distribution of the vegetation formations of the Serra do Roncador, Mato Grosso. In: FERRI, M. G. (Ed.): Simpósio sôbre o Cerrado *3*: 150–160. São Paulo: Blücher.

BAKER, G. H., BAKER, I., 1975: Studies of nectar-constitution and pollinator plant coevolution. In: GILBERT, L. E., RAVEN, P. H. (Eds.): Coevolution of Animals and Plants. Second Printing, Austin-London.

BATE-SMITH, E. C., 1962: The phenolic constitutuents of plants and their taxonomic significance. J. Linn. Soc. Bot. *58*: 95–173.

BEADLE, N. C. W., 1940: Soil temperatures during forest fires and their effect on the survival of vegetation. J. Ecol. *28*: 180–192.

BENA, P., 1960: Essences Forestières de Guyane. Paris.

BERNARDI, A. L., 1957: Estudio Botanico-forestal de las selvas pluviales del Rio Apacara (Venezuela). Publicaciones de la direccion de cultura de la Universidad de los Andes, Mérida.

BORHIDI, A., KERESZTY, Z., 1979: New names and new species in the flora of Cuba resp. Antilles. Acta Bot. Acad. Sci. Hung. *25* (in Druck).

BRADE, A. C., 1956: A Flora do Parque Nacional do Itatiaia. Ministerio da Agricultura, Serviço Florestal, Boletim No. *5*. Rio de Janeiro.

BRINKMANN, W. L. F., 1971: Light environment in tropical rain forest of central Amazonia. Acta Amazonica *1*: 37–49.

BUREAU, E., SCHUMANN, C., 1896–1897: *Bignoniaceae*. In: MARTIUS, C. E. P. (Ed.): Flora brasiliensis *8*, pars 2: 363–394, 414, Tab. 117–120.

BURGER, W. C., 1974: Ecological differentiation in some congeneric species of Costa Rica flowering plants. Ann. Missouri Bot. Gard. *61*: 297–306.

BURTT-DAVY, J., 1938: The classification of tropical woody vegetation-types. Imp. For. Oxford Paper *13*.

BUURMAN, J., 1977: Contribution to the pollenmorphology of the *Bignoniaceae*, with special reference to the tricolpate type. Pollen et Spores *19*: 447–519.

CAIN, S. A., CASTRO, G. M. DE, 1959: Manual of Vegetation Analysis. New York: Harper.

CLAUSEN, J., KECK, D. D., HIESEY, W. M., 1945: Experimental studies on the nature of species II. Plant evolution through amphiploidy and autoploidy, with examples of the *Madiinae*. Carn. Inst. Wash. Publ. *564*.

COUTINHO, L. M., 1978: Aspectos ecologicos do fogo no cerrado. I. – A temperatura do solo durante as queimadas. Revista brasil. Bot. *1* (2): 93–96.

CRONQUIST, A., 1968: The Evolution and Classification of Flowering Plants. London, Edinburgh: T. Nelson.

DANSER, B. H., 1929: Über die Begriffe Komparium, Kommiskuum und Konvivium und über die Entstehungsweise der Konvivien. Genetica *11:* 399–450.

DARWIN, C., 1860: Über die Entstehung der Arten im Tier- und Pflanzenreiche durch natürliche Züchtung. Stuttgart: Schweizerbartsche Verlagshandlung.

DAVIS, P. H., HEYWOOD, V. H., 1963: Principles of Angiosperm Taxonomy. Edinburgh and London: Oliver, Boyd.

DAVIS, T. A. W., RICHARDS, P. W., 1934: The vegetation of Morabelli Creek, British Guiana: An ecological study of a limited area of tropical rain forest, part 2. J. Ecol. *22:* 106–155.

DE CANDOLLE, A. P., 1845: *Bignoniaceae*. In: DE CANDOLLE, A. (Ed.): Prodromus Systematis Naturalis Regni Vegetabilis *9*, 228–233. Paris: Fortin, Masson & Soc.

DECKER, J. S., 1936: Aspectos Biologicos da Flora Brasileira. Rio Grande do Sul: Rotermund & Co.

DOBZHANSKY, T., 1950: Evolution in the tropics. Amer. Sci. *38:* 209–221.

DUCKE, A., BLACK, G. A., 1953: Phytogeographical notes on the brazilian Amazon. Anais Acad. Brasil. Ci. *25.*

DUDLEY, E. C., 1978: Adaptive radiation in the *Melastomataceae* along an altitudinal gradient in Peru. Biotropica *10:* 134–143.

DUGAND, A., 1954: Sobre algunas *Jacaranda (Bignoniaceae)* de Colombia y Venezuela. Mutisia *23:* 1–16.

EITEN, G., 1963: Habitat flora of fazenda Campininha, São Paulo, Brazil. In: FERRI, M. G. (Ed.): Simpósio sôbre o Cerrado. São Paulo: Blücher.

– 1970: A vegetacão do Estado de São Paulo. Bol. Inst. Bot. (São Paulo) *7.*

– 1972: The Cerrado vegetation of Brazil. The Botanical Review *38:* 201–341. New York.

– 1975: The vegetation of the serra do Roncador. Biotropica *7:* 112–135.

– 1978 a: A sketch of the vegetation of central Brazil. Resumos dos Trabalhos, 2. Congresso Latin-Americano: 1–37. Brasília.

– 1978 b: Delimitation of the cerrado concept. Vegetatio *36:* 169–178.

EHRENDORFER, F., 1968: Geographical and ecological aspects of infraspecific differentiation. In: HEYWOOD, V. H. (Ed.): Modern Methods in Plant Taxonomy. London, New York: Academic Press.

– 1970: Chromosomen, Verwandtschaft und Evolution tropischer Holzpflanzen. I. Allgemeine Hinweise. Österr. Bot. Z. *118:* 30–37.

– 1976: Concluding remarks. Plant. Syst. Evol. *125:* 189–194.

– 1977: Karyologie, Systematik und Evolution der *Rubiaceae*. Manuskript zum Symposium Morphologie, Anatomie und Systematik der Pflanzen. Strasbourg.

– 1978 a: Systematik und Evolution. In: E. STRASBURGER: Lehrbuch der Botanik für Hochschulen, 31. Aufl. Stuttgart, New York: G. Fischer.

– 1978 b: Geobotanik. In: E. STRASBURGER: Lehrbuch der Botanik für Hochschulen. Stuttgart, New York: G. Fischer.

– SCHWEIZER, D., GREGER, H., HUMPHRIES, C., 1977: Chromosome banding and systematics in *Anacyclus (Asteraceae, Anthemideae)*. Taxon *26:* 387–394.

– SILBERBAUER-GOTTSBERGER, I., GOTTSBERGER, G., 1979: Variation on the population, racial and species level in the primitive relic angiosperm genus *Drimys (Winteraceae)* in South America. Plant Syst. Evol. *132:* 53–83.

ELLENBERG, H., 1978: Vegetation Mitteleuropas mit den Alpen in ökologischer Sicht. 2. Aufl. Stuttgart: E. Ulmer.

ERDTMAN, G., 1960: The acetolysis method. A revised description. Sv. Bot. Tidskr. *54:* 561–564.

ESTABROOK, G. F., 1977: Does common equal primitive? Syst. Bot. *2:* 36–42.

FABRIS, H. A., 1964: Las Especies Argentinas del Genero „*Jacaranda*" Revista Fac. Agron. Univ. Nac. La Plata *15:* 131–139.

FANSHAWE, D. B., 1954: Forest types of British Guiana. Caribbean Forest. *15:* 73–111.

FEDOROV, A. A., 1966: The structure of tropical rain forest and speciation in the humid tropics. J. Ecol. *54:* 1–11.

– (Ed.), 1969: Chromosome Numbers of Flowering Plants.

FERRI, M. G., 1955: Contribuição ão conhecimento da ecologia do cerrado e da caatinga. Bol. Fac. Fil. Cienc. Letr. Univ. São Paulo 195, Bot. *12:* 1–170.

– 1960: Contribution to the knowledge of the ecology of the „Rio Negro Caatinqa" (Amazon). Bull. Res. Counc. of Israel *8 D:* 195–207.

– 1961: Aspects of the soil-water-plant relationships in connexion with some brazilian types of vegetation. In Proc. Abidjan Symp. (UNESCO): 20.–24. Oct. 1959. Tropical Soils and Vegetation.

FITTKAU, E. J., 1974: Zur ökologischen Gliederung Amazoniens. I. Die erdgeschichtliche Entwicklung Amazoniens. Amazoniana 5: 77–134.
FOSTER, R. B., 1974: Seasonality of Fruit Production and Seed Fall in a Tropical Forest System in Panama. Diss. Phil. Fak. Duke University.
FREISE, F., 1938: Beobachtungen in Zweitwuchsbeständen aus dem Küstenwald Brasiliens. Z. Weltforstwirtschaft 6: 281–299.
FREITAS, F. G., SILVEIRA, C. O., 1977: Principais solos sob vegetação de cerrado e sua aptidão agricola. In: FERRI, M. G. (Ed.): Simpósio sôbre o Cerrado 4: 155–194. São Paulo: Blücher.
GAUSE, G. F., 1934: The struggle for existence. Reprint 1964. New York: Hafner.
GENTRY, A. H., 1973 a: Generic delimitations of Central American *Bignoniaceae*. Brittonia 25: 226–242.
– 1973 b: Flora of Panama. *Bignoniaceae*. Ann. Missouri Bot. Gard. 60: 781–977.
– 1974 a: Flowering phenology and diversity in tropical *Bignoniaceae*. Biotropica 6: 64–68.
– 1974 b: Coevolutionary patterns in Central American *Bignoniaceae*. Ann. Missouri Bot. Gard. 61: 729–769.
– 1974 d: Studies in *Bignoniaceae* 12: New or noteworthy species of South American *Bignoniaceae*. Ann. Missouri Bot. Gard. 61: 872–885.
– 1976: *Bignoniaceae* of southern Central America: Distribution and ecological specifity. Biotropica 8: 117–769.
– 1977 a: Notes on middle American *Bignoniaceae*. Rhodora 79: 430–444.
– 1977 b: A new *Jacaranda (Bignoniaceae)* from Ecuador and Peru. Ann. Missouri Bot. Gard. 64: 138–139.
– 1978 a: Distribution patterns of neotropical *Bignoniaceae*: Some phytogeographic implications (Manuskript).
– 1978 b: Diversidade e regeneração da capoeira do INPA, com referência especial as *Bignonisaceae*. Acta Amazonica 8: 67–70.
– 1978 c: *Bignoniaceae*. In: MAGUIRE et al.: The botany of the Guyana highland 10. Mem. N. Y. Bot. Gard. 29: 245–283.
– 1978 d: Studies in Bignoniaceae 31: New species and combinations from amazonian Peru and Brazil. Ann. Missouri Bot. Gard. 65: 745–283.
– TOMB, A. S., 1979: Taxonomic implications of *Bignoniaceae* palynology (Manuskript).
GOMEZ-POMPA, A., 1971: Posible Papel de la vegetacion secundaria en la evolucion de la flora tropical. Biotropica 3: 125–135.
GOODLAND, R., 1971: Oligotrofismo e aluminio no Cerrado. In: FERRI, M. G. (Ed.): Simpósio sôbre o Cerrado 3: 44–60.
GOTTSBERGER, G., 1977: Some aspects of beetle pollination in the evolution of flowering plants. In: KUBITZKI, K. (Ed.): Flowering Plants Evolution and Classification of Higher Categories. Plant Syst. Evol. Suppl. 1: 211–226.
GRAHAM, A., JARZEN, D. M., 1969: Studies in neotropical palaeobotany 1. The oligocene communities of Puerto Rico. Ann. Missouri Bot. Gard. 56: 308–357.
GRANT, V., 1971: Plant Speciation. New York, London: Columbia Univ. Press. Deutsche Übersetzung 1976: Berlin, Hamburg: Parey.
GREGER, H., 1975: Laubblatt-Flavonoide und Systematik bei *Matricaria* und *Tripleurospermum (Asteraceae-Anthemideae)*. Plant Syst. Evol. 124: 35–55.
GRIME, J. P., 1977: Evidence for the existence of three primary strategies in plants and its relevance to ecological and evolutionary theory. Amer. Natur. 111: 1169–1194.
HAFFER, J., Speciation in amazonian forest birds. Science 165: 131–137.
HALLE, F., OLDEMAN, R. A. A., TOMLINSON, P. B., 1978: Tropical Trees and Forests. Berlin, Heidelberg, New York: Springer.
HAMMEN, T., VAN DER, 1968: Climatic and vegetational succession in the equatorial Andes of Columbia. Colloquium Geographicum 9: 187–194.
HANDRO, W., 1969: Contribuição ão estudo da unidade de dispersão e da plantula de *Andira humilis* MART. ex BENTH. *Leguminosae Lotoideae*. Bol. Univ. São Paulo, Botânica No. 27.
HARBORNE, J. B., 1967: Comparative biochemistry of the flavonoids 6. Flavonoid patterns in the *Bignoniaceae* and the *Gesneriaceae*. Phytochemistry 6: 1643–1651.
HARPER, J. L., 1961: The evolution and ecology of closely related species in the same area. Evolution 15: 209–227.
– 1977: Population biology of plants. London, New York, San Francisco: Academic Press.
HEGI, G., 1923–1924: Illustrierte Flora von Mittel-Europa, Band 4, Teil 3. Wien: Pichler's Witwe.
HERINGER, E. P., 1971: Propagação de espécies arboreas do cerrado em função do fogo, do cupim, da capina e do Aldrim (insecticida). In: FERRI, M. G. (Ed.): Simpósio sôbre o Cerrado 3: São Paulo: Blücher.

HESSE, M., MORAWETZ, W., 1980: Skulptur und systematischer Wert der Samenoberfläche bei *Jacaranda* JUSS. und anderen *Bignoniaceae*. Plant Syst. Evol. *135:* 1–10.

HEYWOOD, V. H., 1973: Taxonomy and Ecology. London.

HICKEY, L. J., 1974: Clasificacion de la arquitectura de las hojas de dicotiledoneas. Bol. Soc. Arg. Bot. *16:* 1–26.

— WOLFE, J. A., 1975: The bases of angiosperm phylogeny: Vegetative morphology. Ann. Missouri Bot. Gard. *62:* 538–589.

HOEHNE, F. C., KUHLMANN, M., HANDRO, O., 1941: O Jardim Botânico de São Paulo. Secretaria de Agricultura, Indústria e Comercio de São Paulo, Brasil.

HOLDRIDGE, L. R., 1976: Ecological and genetical factors affecting exploration and conservation in Central America. In: BURLEY, J., STYLES, B. T. (Eds.): Tropical Trees, Variation, Breeding and Conservation. London: Academic Press.

— GRENKE, W. C., HATHEWAY, W. H., LIANG, T., TOSI JR., J. A., 1971: Forest Environments in Tropical Life Zones, a Pilot Study. Oxford, New York, Toronto, Sidney, Braunschweig: Pergamon.

HORN, H. S., 1971: The Adaptive Geometry of Trees. Princeton.

HOWARD, R. A., 1973: The vegetation of the Antilles. In: GRAHAM, A. (Ed.): Vegetation and Vegetational History of Northern Latin America. Amsterdam, London, New York: Elsevier.

HUBER, H., 1973: Die Wälder in den Anden von Merida (Venezuela) und ihre Tagfalter. Mitt. Pollichia Pfälz. Vereins Naturk. Ser. 3, *20:* 164–201.

— 1977: The treatment of the Monocotyledons in an evolutionary system of classification. In: KUBITZKI, K. (Ed.): Plant Syst. Evol. Suppl. *1:* 285–298.

HUBER, J., 1909 a: Mattas e madeiras amazonicas. Bol. Mus. Goeldi. Pará *6:* 91–225.

— 1909 b: Sobre um caso notavel de polymorphismo nas folhas do abacateiro (*Persea gratissima* GAERTN.). Bol. Mus. Goeldi. Pará *6:* 54–59: G. Fischer.

HUECK, K., 1966: Die Wälder Südamerikas. Stuttgart.

— SEIBERT, P., 1972: Vegetationskarte von Südamerika. Stuttgart: G. Fischer.

IHERING, H., 1923: Der periodische Blattwechsel der Bäume im tropischen und subtropischen Südamerika. Bot. Jb. *58:* 524–598.

JANZEN, D. H., 1967: Synchronisation of sexual reproduction of trees within the dry season in Central America. Evolution *21:* 620–637.

— 1971: Euglossine bees as long-distance pollinators of tropical plants. Science *171:* 203–205.

— 1975: Ecology of Plants in the Tropics. London: Arnold.

JOHNSON, L. A. S., 1976: Problems of species and genera in *Eucalyptus (Myrtaceae)*. Plant Syst. Evol. *125:* 155–167.

KEDARNATH, S., 1950: A note on the chromosome numbers of some plants. Indian J. Genet. Pl. Breed. *10:* 96.

KENOYER, L. A., 1929: General and successional ecology of the lower tropical rain forest at Barro Colorado Island, Panama. Ecology *10:* 201–222.

KERNER, A. VON MARILAUN, 1869: Die Abhängigkeit der Pflanzengestalt von Klima und Boden. Ein Beitrag zur Lehre von der Entstehung und Verbreitung der Arten, gestützt auf die Verwandtschaftsverhältnisse, geographische Verbreitung und Geschichte der Cytisusarten aus dem Stamme *Tubocytisus* D. C. Innsbruck.

KLEIN, R. M., 1972: Arvores nativas da floresta subtropical do Alto Uruguai. Sellowia *24:* 9–62.

KNAPP, H. D., 1979: Geobotanische Studien an Waldgrenzstandorten des hercynischen Florengebietes. Teil 1. Flora *168:* 276–319.

KNAPP, R., 1967: Experimentelle Soziologie und gegenseitige Beeinflussung der Pflanzen. 2. Auflage. Stuttgart: E. Ulmer.

KNUTH, P., 1895–1905: Handbuch der Blütenbiologie, 1–3. Leipzig: Engelmann.

KOECHLIN, J., GUILLAUMET, J.-L., MORAT, P., 1974: Flore et Végétation de Madagascar. Vaduz: J. Cramer.

KORNERUP, A., WANSCHER, J. H., 1963: Taschenlexikon der Farben. Zürich, Göttingen.

KUBITZKI, K., 1971: *Doliocarpus, Davilla* und verwandte Gattungen *(Dilleniacea)*. Mitt. Bot. Staatssamml. München *9:* 1–105.

— 1975: Relationships between distribution and evolution in some heterobathmic groups. Bot. Jahrb. Syst. *96:* 212–230.

— 1977: The problem of rare and of frequent species: The monographers view. In: PRANCE, G. T., ELIAS, E. T. (Eds.): Extinction Is Forever. The New York Botanical Garden.

— 1978: *Caraipa* and *Mahurea (Bonnetiaceae)*. In: MAGUIRE, B., et al. (Eds.): The Botany of the Guyana Highland *10*. Mem. N. Y. Bot. Gard. *29:* 82–138.

KUGLER, H., 1936: Die Ausnützung der Saftmalsumfärbung bei den Roßkastanien durch Bienen und Hummeln. Ber. Deutsch. Bot. Ges. *54:* 394–400.

- 1963: UV-Musterungen auf Blüten und ihr Zustandekommen. Planta *59:* 296–329.
- 1970: Blütenökologie. Stuttgart: G. Fischer.

LANGENHEIM, J. H., LEE YIN-TSE, MARTIN, S. S., 1973: An evolutionary and ecological perspective of amazonian hylea species of *Hymeneae (Leguminosae: Caesalpinioideae).* Acta Amazonica *3:* 5–37.

LISBOA, P., 1975: Estudos sobre a vegetaçao das Campinas Amazonicas II. Oberservaçoes gerais e revisão bibliografica sobre as Campinas amazonicas de areia branca. Acta Amazonica *5:* 211–223.

- 1976: Estudos sobre a vegetação das Campinas amazônicas VI. Aspectos ecologicos de *Glycoxylon inophyllum* (MART. ex MIQ.) DUCKE *(Sapotaceae).* Acta Amazonica *6:* 193–211.

LLERAS, E., 1978: *Trigoniaceae.* Flora Neotropica, Monograph No. *19.* The New York Botanical Garden.
- KIRKBRIDE, J. H., 1978: Alguns aspectos da vegetação da serra do Cachimbo. Acta Amazonica *8:* 51–65.

LÖFGREN, A., 1895: Ensaio para uma synonimia dos nomes populares das plantas indigenas do estado de São Paulo. Bol. Com. Geogr. Geolog. São Paulo.

LÜTZELBURG, PH. VON, 1922–1923: Estudo Botânico do Nordeste 1–3. Serie I. A. da Inspet. Fed. Obras Contra Secas, Minist. Viação, Publ. *57.* Rio de Janeiro.

LUFTENSTEINER, H. W., 1978: Experimentelle Untersuchungen zur Produktions- und Verbreitungsbiologie an vier Pflanzengemeinschaften des Niederösterreichischen Alpenostrandes. Diss. Phil. Fak. Univ. Wien.

MARKS, G. E., 1975: The Giemsa-staining centromeres of *Nigella damascena.* J. Cell. Sci. *18:* 19–25.

MAYR, E., 1963: Animal species and Evolution. Cambridge: Harvard University Press, London: Oxford University Press.
- 1969: Bird speciation in the tropics. Biol. J. Linn. Soc. *1:* 1–17.

MELCHIOR, H., 1925: *Violaceae.* In: ENGLER, A., PRANTL, K. (Eds.): Natürliche Pflanzenfamilien. 2. Auflage.
- 1964: *Bignoniaceae.* In: MELCHIOR, H. (Ed.): Engler's Syllabus der Pflanzenfamilien, 2. Band, 12. Auflage, Berlin-Nikolassee.

MELLO, E. C., 1951: Estudo dendrologico de essencias florestais do Parque Nacional de Itatiaia e os caracteres anatomicos de seus lenhos. Ministerio de Agricultura, Serviço Florestal Parque Nacional do Itatiaia, Bol. No. *2.*

MENENDEZ, C. A., 1969: Die fossilen Floren Südamerikas. In: FITTKAU, E. J., et al. (Eds.): Biogeography and Ecology in South America, vol. 2. The Hague: W. Junk.

METCALFE, C. R., CHALK, L., 1950: Anatomy of the Dicotyledons. Oxford University Press.

MEUSEL, H., 1972: Die Evolution der Pflanzen in pflanzengeographisch-ökologischer Sicht. In: BÖHME, HAGEMANN, LÖTHER: Beiträge zur Abstammungslehre 521–555. Berlin.
- SCHUBERT, R., 1971: Beiträge zur Pflanzengeographie des Westhimalayas. 2. Teil: Die Waldgesellschaften. Flora *160:* 373–432.

MEYER, T., 1963: Estudios sobre la selva tucumana. Opera Lilloana 10. Tucuman.

MILLER, R. S., 1967: Pattern and process in competition. Adv. Ecol. Res. *4:* 1–74. New York: Academic Press.

MORAWETZ, W., 1979: Vier neue Arten der Gattung *Jacaranda (Bignoniaceae)* aus dem Südosten Brasiliens. Plant. Syst. Evol. *132:* 333–341.
- 1982: Dispersal and succession in an extreme tropical habitat: coastal sands and woodland in Bahia (Brazil). Abh. Naturw. Ver. Hamburg (in Druck).
- SCHLEEWEISS, K., SPÖRL, H., 1978: Aluminium in leaves of *Jacaranda (Bignoniaceae)* in relation to habitats. Resumos dos Trabalhos II. Congr. Latino-Americano de Botanica: 194–195.

MORI, S. A., PRANCE, G. T., BOLTEN, A. B., 1978: Additional notes on the floral biology of neotropical *Lecythidaceae.* Brittonia *30:* 113–130.

MÜLLER, P., 1971: Ausbreitungszentren und Evolution in der Neotropis. Mitt. Biogeogr. Abt. Geogr. Inst. Univ. Saarland *1:* 1–20.

MÜLLER, P., SCHMITHÜSEN, J., 1970: Probleme der Genese südamerikanischer Biota. In: Deutsche geographische Forschung in der Welt von heute, Festschrift für ERWIN GENTZ. Kiel: F. Hirt.

NANDA, P. C., 1962: Chromosome numbers of some trees and shrubs. J. Indian Bot. Soc. *41:* 271–277.

NEUBAUER, H. F., 1959: Die Entwicklungsgeschichte des Bignoniazeenblattes und die Entwicklungslinien innerhalb dieser Familie. Ber. Deutsch. Bot. Ges. *72:* 299–307.

NIKLFELD, H., 1973: Über Grundzüge der Pflanzenverbreitung in Österreich und einigen Nachbargebieten. Verh. Zool. Bot. Ges. *113:* 53–69. Mit einer Kartentafel aus dem Atlas der Republik Österreich.

OKADA, H., 1975: Karyomorphological studies of woody *Polycarpiacae.* J. Sci. Hiroshima Univ. Ser. B. Div. 2, Bot. *15:* 115–200.

OLIVEIRA E SILVA, S. L., 1955: Orgãos subterraneos de algumas plantas psamofilas. Arch. Ser. Flor. Brasil *9:* 93–177.

ORMOND, W. T., 1960: Ecologia das restingas do sudeste do Brasil I. Comunidades vegetais das praias arenosas. Arq. Mus. Nac. Rio de Janeiro *50:* 185–236.

PANIZZA, S., 1967: Contribuição ão estudo morfologico e anatomico da *Jacaranda caroba* (VELL.) DC., Bignoniaceae. Rev. Fac. Farm. Bioquim. São Paulo *5:* 93–106.

PATHAK, G. N., SINGH, B., TIWARI, K. M., SRIVASTAVA, A. N., PANDE, K. K., 1949: Chromosome numbers in some angiospermous plants. Curr. Sci. *9:* 347.

PAULINO FILHO, H. F., 1972: Estudo Fitoquimico da Especie *Acosmium subelegans* (MOHLENB.) YAKOVL. Tese para „Mestre em Ciencias" Univ. Fed. Rio de Janeiro, Univ. de São Paulo.

PIO CORREA, M., 1974: Dicionário das Plantas Uteis do Brasil e das Exóticas Cultivadas, Vol. *5,* Rio de Janeiro.

PRANCE, G. T., 1972: *Chrysobalanaceae.* Flora Neotropica Monograph No. *9.* New York: Hafner.

– 1973: Phytogeographic support for the theory of pleistocene forest refuges in the Amazon basin, based on evidence from distribution patterns in *Caryocaraceae, Chrysobalanaceae, Dichapetalaceae* and *Lecythidaceae.* Acta Amazonica *3:* 5–26.

– FREITAS DA SILVA, M., 1973: *Caryocaraceae.* Flora Neotropica, Monograph No. *12.* The New York Botanical Garden.

PUFF, C., 1974: Biosystematik der Formenkreise um *Galium palustre* L. und *G. trifidum* L. *(Rubiaceae)* auf der Nord- und Südhemisphäre. Diss. Phil. Fak. Univ. Wien.

RANZANI, G., 1963: Solos do Cerrado. In: FERRI, M. G. (Ed.): Simpósio sôbre o Cerrado *1:* 37–74. Reprint 1971. São Paulo: Blücher.

RATTER, J. A., RICHARDS, P. W., ARGENT, G., GIFFORD, D. R., 1973: Observations on the vegetation of northeastern Mato Grosso. 1. The woody vegetation of the Xavantina-Cachimbo expedition area. Philos. Trans., Ser. B *266:* 449–492.

RAUNKIAER, C., 1934: The Life Forms of Plants and Statistical Plant Geography. Oxford University Press.

RAVEN, H. R., 1975: The bases of angiosperm phylogeny: Cytology. Ann. Missouri Bot. Gard. *62:* 724–764.

RAWITSCHER, F. K., RACHID, M., 1946: Troncos subterrâneos de plantas brasileiras. Anais. Acad. Brasil. Ci. *18:* 261–280.

RICHARDS, P. W., 1945: The floristic composition of primary tropical rain forest. Biol. Rev. *20:* 1–13.

– 1952: The Tropical Rain Forest. Cambridge: University Press.

– 1969: Speciation in the tropics and the concept of the niche. Biol. J. Linn. Soc. *1:* 149–153.

RIZZINI, C. T., HERINGER, E. P., 1962: Studies on the underground organs of trees and shrubs from the southern brazilian savannas. Anais Acad. Brasil. Ci. *34:* 235–247.

RIZZINI, C. T., 1963: A flora de cerrado. Analise floristica das savannas centrais. In: FERRI, M. G. (Ed.): Simpósio sôbre o Cerrado *1:* 105–152. Reprint 1971. São Paulo: Blücher.

– 1965: Experimental studies on seedlings development of cerrado woody plants. Ann. Missouri Bot. Gard. *52:* 410–426.

– 1971: Aspectos ecologicos da regeneração em algumas plantas do cerrado. In: FERRI, M. G. (Ed.): Simpósio sôbre o Cerrado *3.* São Paulo: Blücher.

SANDWITH, N. Y., 1936: Identification of certain candollean types of South American Bignoniaceae. Candollea *7:* 244–254.

– 1954: Contributions to the flora of tropical America 57: Kew Bull. *1953:* 451–484.

– 1955: Contributions to the flora of tropical America 57: Kew Bull. *1954:* 597–614.

– 1958: *Bignoniaceae.* In: MAGUIRE, B., WURDACK, J. (Eds.): The Botany of the Guyana Highland – part 3. Mem. N. Y. Bot Gard. *1.*

– HUNT, D. R., 1974: Bignoniaceas. In: REITZ, P. R. (Ed.): Flora Ilustrada Catarinense, Fasciculo: *Bign.* Itajai, Santa Catarina, Brasil.

SANKARA SUBRANANIAN, S., NAGARAJAN, S., SULOCHANA, N., 1972: Flavonoids of eight bignoniaceous plants. Phytochemistry *12:* 1499.

– 1973: Hydrochinone from the leaves of *Jacaranda mimosaefolia.* Phytochemistry *12:* 220–221.

SCHENCK, H., 1893: Beiträge zur Biologie und Anatomie der Lianen, 2. Teil. In: SCHIMPER, A. F. W. (Ed.): Botanische Mitteilungen aus den Tropen, Heft *5.* Jena: G. Fischer.

SCHULZ, J. P., 1960: Ecological studies in the rain forest of northern Surinam. Meded. Bot. Mus. Rijks. Univ. Utrecht *163.*

SCHUMANN, K., 1895: *Bignoniaceae.* In: ENGLER, A., PRANTL, K. (Eds.): Die natürlichen Pflanzenfamilien *IV 3 b:* 233–234.

SEABRA, J. J. DE ALMEIDA, 1949: Flora das dunas. Lilloa *20:* 187–192.

SEGADAS-VIANA, F., 1965: Ecology of the Itatiaia range, southeastern Brazil. Arqu. Mus. Nac. Rio de Janeiro *53:* 7–53.

SILBERBAUER-GOTTSBERGER, I., 1973: Blüten- und Fruchtbiologie von *Butia leiospatha (Arecaceae).* Österr. Bot. Z. *121:* 171–185.

- Morawetz, W., Gottsberger, G., 1977: Frost damage of cerrado plants in Botucatu, Brazil, as related to the geographical distribution of the species. Biotropica *9:* 253–261.
- Eiten, G., 1978: Fitosociologia de um hectare de cerrado. Resumos do Trabalhos, 2. Congresso Latin-Americano: 39–40. Brasilia.

Simmonds, N. W., 1954: Chromosome behaviour in some tropical plants. Heredity *8:* 139–145.

Simpson, G. G., 1969: South american mammals. In: Fittkau, E. J., et al. (Eds.): Biogeography and Ecology in South America, vol. 2. The Hague: W. Junk.

Smith, L. B., 1962: Origins of the flora of southern Brazil. Contr. U.S. Nation. Herb. *35:* 215–249.

Soukup, J., 1970: Vocabulário de los Nombres Vulgares de la Flora Peruana. Lima.

Sprague, T. A., Sandwith, N. Y., 1932: Contributions to the flora of tropical America 9. Kew Bull. *1932:* 81–93.

Stafleu, F. A. (Ed.), 1974: Index Herbariorum, 6. Auflage. Utrecht.

Stebbins, G. L., 1942: The genetic approach to problems of rare and endemic species. Madroño *6:* 240–248.
- 1950: Variation and Evolution in Plants. New York: Columbia University Press.
- 1971: Relationships between adaptive radiation and major evolutionary trends. Taxon *20:* 3–16.

Takhtajan, A., 1959: Die Evolution der Angiospermen. Jena: G. Fischer.

Terborgh, J., 1973: The notion of favorableness in plant ecology. Amer. Naturalist *107:* 481–501.

Timberlake, C. F., Bridle, P., 1975: The Anthocyanins. In: Harborne, J. B., Marbry, T. J., Marbry, H. (Eds.): The Flavonoids. London.

Troll, W., 1964: Die Infloreszenzen. Typologie und Stellung im Aufbau des Vegetationskörpers, Band 1. Jena.

Turesson, G., 1922 a: The species and the variety as ecological units. Hereditas *3:* 100–113.
- 1922 b: The genotypical response of the plant species to the habitat. Hereditas *3:* 211.

Ule, E., 1901: Die Vegetation von Cabo Frio an der Küste Brasiliens. Bot. Jahrb. *28:* 511–528.

Uphof, J. C. Th., 1968: Dictionary of Economic Plants, 2. Auflage. New York.

Vanzolini, P. E., 1970: Zoologia sistematica, geografia e a origem das espécies. Univ. São Paulo, Inst. Geogr. Ser. Monografias e teses *3.*
- 1973: Paleoclimates, relief and species multiplication in equatorial forest. In: Meggers, B. J., et al. (Eds.): Tropical Forest Ecosystems in Africa and South America. Washington: Smithonian Press.

Venkatasubban, K. R., 1944: Cytological studies in *Bignoniaceae.* Annamalai Univ. Publ. *1–3:* 1–207.

Vinha, S. G., Soares Ramos, T., Hori, M., 1976: Inventário florestal. In: Diagnostico Socioeconomico da região cacaueira, vol. 7: Recursos Florestais. Comissão Executiva do Plano da Lavoura Cacaueira – Instituto Interamericano de Ciências Agricolas. Ilheus, Brasil.

Vogel, S., 1962: Duftdrüsen im Dienste der Bestäubung. Abh. Akad. Math. Naturwiss. Kl. Wiesbaden *10:* 599–763.

Walter, H., 1973: Allgemeine Geobotanik. Uni-Taschenbuch 284. Stuttgart: E. Ulmer.

Walter, H., Lieth, H., 1964: Klimadiagramm-Weltatlas. Jena: G. Fischer.

Walter, H., Straka, H., 1970: Arealkunde. Floristisch historische Geobotanik, 2. Auflage. Stuttgart: E. Ulmer.

Warming, E., Ferri, M. G., 1908, 1973: Lagoa Santa & A Vegetação de Cerrados Brasileiros. São Paulo: Blücher.

Webb, L. J., 1974: The significance of the tropical rain forest. Annual Report CSIRO Division of Plant Industry: 40–43.

Wettstein, R., 1898: Grundzüge der geographisch-morphologischen Methode der Pflanzensystematik. Jena: G. Fischer.

White, F., 1962: Geographic variation and speciation in Africa with particular reference to *Diospyros.* In: Nichols, D. (Ed.): Taxonomy and Geography. London.
- 1971: The taxonomic and ecological basis of chorology. Mitt. Bot. Staatssamml. München *10:* 91–112.

White, M. J. D., 1978: Modes of Speciation. San Francisco: Freeman & Co.

Withmore, T. C., 1969: First thoughts on species evolution in malayan *Macaranga* (Studies in *Macaranga* 3). Biol. J. Linn. Soc. *1:* 223–231.
- 1975: Tropical Rain Forests of the far East. Oxford: Clarendon Press.

Wolfenbarger, D. O., 1946: Dispersion of small organisms. Amer. Midl. Naturalist *35:* 1–152.

Verzeichnis der Herbarbelege

Abott 460 (37)
Allen 4467 (25 b)
Anderson 6253, 6418, 7600 (18); 8406 (7); 10933 (9); s.n. (26 b)
Anderson et al. 35390 (8); 36150 (11); 36260 (8); 36479, 36641 (12)
Archer & Gehrt 36458 (42)
Argent in Richards 6770 (25 b)
Aublet s.n. (25)

Barreto 473, 474 (4); 798, 803, 806 (11); 1672 (13); 1864 (4); 2025 (24); 5126 (8)
Barros 1204 (20)
Belem 1922 (18)
Belem & Pinheiro 2849, 3167 (3)
Berti 113 (25 a); 537 (26 b)
Blanchet 1843, 3774 (40)
Bockermann 250 (16)
Bonpland 824 (26)
Bordo s.n. (21)
Bouchon 16 (25 b)
Brace 6850 (33)
Brade 6290 (7); 6292 (42); 13490 (7); 13491, 14885 (11); 17579 (16)
Britton 6481 (33)
Britton et al. 6071 (35)
Britton & Cowell 9934 (33); 13316 (35)
Britton & Millspaugh 3003, 5181 (33)
Burchell 3082 (21)
Bureau v. h. Boschwezen 1400, 4527 (25 a)

Cabrera & Fabris 16195 (43)
Cardona 2577 (26 b)
Cavalcante 65346 (13)
Clausen 19 (24); 119 (18); 428 (11); 487 (40); 26190 (4); s.n. (24); s.n. (40)
Cobra & Oliveira 224 (18)
Colenette 186 (16)
Constantino & Occhioni 2378 (22)
Cooper 631 (25 b)
Cowan 39388 (26 b)
Croat 20334 (26 a)
Cruz, de la 1236 (25 a); 1246 (26 b); 1551, 4341 (25 a)
Cuatrescas 7887 (26 a); 10796 (15); 15264 (25 b); 17661 (28)
Curran 12 (20); 101 (3); 628 (24); 720 (20)

Dahlgren 786 (40)
D'Orbigny 1080 (16); 1133 s.n. (15)
Drouet 2621 (40)
Duarte 775 (4); 1970 (8); 2527 (11); 3896 (17); 4020 (3); 6442 (8); 6789 (3); 8094 (11); 8987 (3)

Duarte & Sanyos 137 (40)
Ducke 9026, 9040 (26 b); 9976, 18170 (40); 22685 (11)
Dusen 6623 (21); 7600 (7); 8593 (21); 10872 (7); 13200 (21); 16243 (20); 17213 (21); s.n. (17)

Eggers 4427 (33)
Egler 1169 (25 a)
Ehrendorfer & Gottsberger 73824-10-1 (7)
Eiten & Eiten 4493 (40); 4678 (12)
Ekman H. 7606 (39); 9310 (33); H. 9872 (38); 14603 (36)
Emygdio 3591 (7)
Englesing 54 (25 b)
Eyerdam & Beetle 22394 (31)

Felippe 42 (4); 44 (42)
Ferreira 55 (16)
Fiebrig 259 (43); 5601 (20)
Fonseca 339 (40)
Forest Service 7557 (25 a)
Froes 11900 (40); 12471/214 (25 b)
Froes & Addison 29141 (19)

Garcia-Barriga 14083 (25 b)
Gaudichaud 354 (21); 547 (17)
Gentry 744 (27 b)
Glaziou 8805 (21); 9530 (13); 11239 (14); 11248 (13); 12965, 12977, 14122 (40); 16268 (21); 21848 (12)
Gomes 887 (3); 1045 (12)
Gottsberger 13-131275, 14-171275 (21); 11-19877 (4)
Gottsberger & Morawetz 11-8175 (2); 11-, 12-, 13-, 14-, 15-, 16-, 26-9175 (13); 18-10175 (23); 21-, 22-14475 (25 b); 11-, 12-1675 (21); 11-12878, 16-13878 (2); 19-14878 (23); 31-15878 (2)
Grisebach s.n. (31)
Guedes 520 (17)

Handro 126 (12); 830, 14899, 14914 (16)
Harley 16404, 16906 (17)
Harley et al. 15899, 16647 (10); 17089, 18257, 18411, 18487 (3); 18617, 18784, 19183, 19762, 19931 (10)
Hashimoto 283 (23); 656 (40)
Hassler 635 (42); 3347, 7191, 8506 (43); 10535, 10535 a, 10535 b, 10878, 10904, 10904 a (6); 12270 (43)
Hatschbach 1/66 (21); 4/971, 8/69 (20); 22957 (7); 30413 (43)
Heringer 15 (40); 986, 1820 (13); 2711 (11); 3565 (4); 6673-7168 (18); 7291 (7); 7312 (4); 7356 (8);

7723 (40); 8596 (4); 8707 (18); 8730, 10561, 8730-924 (42); 8862/1056 (16); 12882 (4)
Hill 2405 (33)
Hoehne 179 (17); 2742 (4); 5098 (11); 23024, 28168 (21)
Hoehne & Gehrt 41847 (4)
Holdridge 515 (33)
Howard et al. 403 (35)
Huber 1551 (15); 2518 (40)

Irwin et al. 5137 (4); 8260, 10684 (18); 11719 (42); 11811 (16); 12157 (4); 12353 (18); 14284 (4); 14597 (12); 16722 (16); 16936, 18087 (4); 19268 (18); 19935, 20227 (4); 20449 (4); 21662 (40); 22023 (8); 22079 (4); 22790, 22957, 23842 (11); 24020, 24421 (12); 24877 (18); 25524, 25665 (4); 27225, 27482 (11); 28484 (7); 31392 (18); 31597 (40); 31859 (18); 32250 (10); 33033, 34138 (18); 55397 (26 b)
Irwin & Soderstrom 5999 (18); 6527 (43); 7464 (16)

Jenssen 14 (25 b)
John & Northrop 701 (33)
Joly 1019 (11); 1152 (21); 1168 (7)

Kappler 1359 (26 b)
Karsten s.n. (26)
Killip & Smith 26850 (15)
Klug 114 (25 b); 1852 (15); 3732 (25 b)
Krukoff 1390, 5313 (256), 5341 (26 a); 10879 (25 b)
Kuhlmann 115 (3); 259 (25 b); 512 (25 b); 2363 (13); 2259 (23); 3033, 3036 (4); 4172 (16); s.n. (21)
Kuhlmann et al. 40028 (13)
Kuhlmann & Jimbo 74 (25 a)
Kuntze s.n. (31)

Labouriau 875 (3); 1014 (4); s.n. (42)
Lane 8 (18)
Lanna Sobrinho 1601 (22)
Lavastre 1724 (36)
Lawrence 434 (25 b)
Lems 5098 (25 a)
Lhotzky 18470 (3); 86 vgl. S. 99
Lillo 10809 (31)
Lima 4-4-47 (7); 58-3110 (16)
Lindemann 903 (26 b)
Lisbaa 2380 (40)
Little 21143 (25 b)
Loefgren 247, 344 (4); 1169 (16); 14910 (21)
Lorentz & Hyronimus 1175 (31)
Luederwaldt 513 (4)
Lutz 1512 (21); s.n. (43)
Lützelburg 1629 (40)

Macedo 19 (43); 38 (4); 40 (18); 54 (42); 3560 (18)
Magalhaes 10140 (42); 19242 (16)
Maguire 37710 (26 b)
Maguire et al. 31622 (26 a)
Martius 531 (43); 1370 (11); 1527 (7); s.n. (21); s.n. (25 b)
Mattos 145 (4); 9216 (21)

Mendonça 144 vgl. S. 99
Mexia 4579, 4874 (13); 5604 (40); 7295 (25 b)
Mgf. & App. 10268 (23)
Mimura 6 (42); 550 (4)
Molina 2295 (25 b)
Monetti 2190 (31)
Moore 337 (43)
Morawetz 4711 (16); 11-, 12-, 14-, 15-61274, 11-91274, 11-101274 (7); 1-1175 (24); 11-4175 (16); 31-11175 (20); 31-8275 (21); 11-10275 (20); 31-10275 (22); 21-, 22-, 23-, 26-, 27-, 28-, 31-, 32-, 33-11275 (7); 11-, 21-, 31-18275 (20); 51-18275 (22); 22-, 31-, 32-, 33-19275 (23); 92-20275 (2); 51-, 71-20275 (13); 11-, 21-, 22-10475 (25 b); 11-24575 (42); 11-, 12-, 13-, 14-22675 (7); 11-29675 (21); 12-24775 (42); 11-8875, 12-9875, 21-11875, 211-15875 (22); 19-19875, 16-20875, 11-21875 (21); 12-26875 (22); 41-26875, 14-28875 (21); 12-9975 (42); 11-, 12-11975, 11-, 13-13975, 11-, 12-, 13-, 14-25975 (21); 11-81075 (31); 13-121075, 11-, 12-231075 (16); 11-, 12-, 21-291075 (4); 41-291075 (42); 11-31175 (21)
Morawetz & Badini 11-18878 (4)
Morawetz & Gottsberger 11-30175 (17)
Mosen 4339 (20)

Oldenburger et al. On 259 (26 b)

Paula 119 (7)
Paulino Filho 11-8277 (20)
Pereira 1279 (13); 4674 (18); 5214 (7); 8821 (11)
Philcox et al. 3072 (16)
Philcox & Onishi 4861 (18)
Pickel 141 (40)
Pires 58050 (40)
Pires et al. 6227 (16); 6432 (40); 9145 (18); 9599 (4)
Pittier 925 (27)
Poeppig 1987 (15)
Pohl 169 (16); 223 (4); 588 (42); 820 (18); 2527 (11)
Poiteau s.n. (36)
Poland 6605 (3)
Prance et al. 3971 (25 b); 5866 (26 a); 5939 (25 b); 9237 (26 b); s.n. (25 b)
Prance & Silva 59063 (40)

Rambo 30782 (20)
Ramos & Sousa 61 (16)
Ratter et al. 2526 (18)
Reiss 114 (21)
Reitz 5714 (21); 6079 (20)
Reitz & Klein 4062, 5026 (21); 5690 (20); 6386, 7274 (21); 9356 (20); 10624, 13420 (21); 14091 (21); 17351 (20)
Riedel 237 (17); 556 (40); 997 (8); s.n. (17)
Rieger 1022 (7)
Rizzo 4410, 4482 (42)
Roberts 675 (42)
Roca 6279 (33)
Rodrigues 50 (42)
Rodriguez 21541 (31)
Rojas 10635, 10635 a (42)

Rombouts s.n. (40)
Roth 1740 (4)
Rugel 862 (33)

Sagra, de la s.n. (33)
Salzmann 347 (3)
Schipp 1133 (25 b)
Schott 5961 (17); 5963 (21)
Schreiter 16450 (31)
Schunke 2135 (25 b)
Schunke & Vigo 5743 (15)
Schwebel 405 (22)
Seibert 10879 (25 b)
Sellow 220 (24); 308 (17); 1597 (40); 6000 (21); s.n. (5); s.n. (7); s.n. (8); s.n. (13); s.n. (20); s.n. (21); s.n. (24); s.n. (40); s.n. (42)
Shafer 12434 (35)
Shattuck 781 (25 b)
Sidney 987 (42); 1390 (16)
Silva 1007, 1027 (25 a)
Smith 235, 2119 (26 b)
Smith et al. 7956 (21)
Smith & Klein 7378 (21); 14884 (7)
Spada 62 (3)
Sparre 18862 (30)
Spruce 2571 (1); 1855-6, 4893 (15)
Stahel 282 (26 b)
Steinbach 6521 (43); 6551 (15)

Steyermark 38838 (25 b); 60613 (25 a); 90405 (25 b)
Sucre 379 (18); 7063 (17)
Sucre et al. 6936 (13)

Thierert 861 (35)
Thunberg s.n. (17)
Torrens 24 (3)
Triana s.n. (27)

Ule 6487 (15)

Valido & Moraes 339 (18)
Venturi 5436 (31)

Warming 1.12.63 (11)
Wedell 588 (17)
Weston W-1 (25 b)
Wetmore et al. 104 (25 b)
White 279 (43); 862 (15)
Williams 11537 (25 b); 12507 (26 b)
Woolson 1333 (20)
Woytkowski 5413 (15)
Wright 360 (34); 3034 (33)
Wurdack 39462 (25 b)
Wurdack & Monachino 39769 (29)

Zehntner 348 (40); 472 (18); 588 (40)

Verzeichnis der Namen in der Gattung *Jacaranda*

Fettgedruckt sind die korrekten Namen; fettgedruckte Zahlen beziehen sich auf Diagnosen, Zahlen mit Stern auf genauere ökologische Beschreibungen, andere Zahlen auf sonstige Erwähnung.

	Seite
Bignonia bipinnata	59
B. brasiliana	95
B. caerulea	92
B. caroba	60
B. copaia	86
B. elliptica	68
B. filicifolia	88
B. jasminoides	73
B. obovata	79
B. procera	86
Jacaranda abottii	**94**
J. acutifolia	91
J. amazonensis	87
J. arborea	**93**
J. atrolilacina	98
J. atropurpurea	70
J. bahamensis	92
J. bracteata	**63**
J. cf. brasiliana	19—21, 26, 36, 45, 95
J. bullata	75
J. coerulea	45, 92
J. caroba	26, 35, 43, **60**, 128*
J. caroba var. *oxyphylla*	64
J. caroliniana	92
J. caucana	26, **89**
J. caucana subsp. *caucana*	90
J. caucana subsp. *glabrata*	90
J. caucana subsp. *sandwithiana*	90
J. cauliflora	70
J. chapadensis	99
J. chelonia	91
J. clausseniana	60
J. coerulea	92
J. copaia	20, 21, 24, 26, 27, 35, 41, **86**, 121*
J. copaia subsp. *copaia*	86
J. copaia subsp. *spectabilis*	86
J. copaia var. *spectabilis*	86
J. corcovadensis	80
J. cowellii	93
J. crassifolia	26, 29, 40, 47, **57**, 117*
J. crystallana	74
J. curialis	73
J. cuspidifolia	35, 97
J. decurrens	19, 21, 23—27, 29—33, 36—39, 41—43, 45, 47, **96**, 134*
J. decurrens var. *glabrata*	96
J. digitaliflora	79

	Seite
J. egleri	65
J. ekmanii	**94**
J. elegans	63
J. elliptica	68
J. endotricha	76
J. filicifolia	88, **89**
J. filicifolia var. *puberula*	88
J. glabra	19, **70**
J. gualanday	89
J. hebephora	99
J. hesperia	26, 45, **90**
J. heteroptila	70
J. intermedia	75
J. intermedia	70
J. irwinii	31, **67**
J. jasminoides	26, **73**, 115*
J. lasiogyne	88
J. lilacina	99
J. longiflora	70
J. macrantha	17—21, 26, 29—33, 35—39, 41, 45, 46, **68**, 117*
J. macrocarpa	24, 26, 31, **55**
J. mendoncaei	99
J. micrantha	18—21, 24—27, 30, 33, 35—37, 41, 43, 45, **75**, 113*
J. mimosifolia	17—21, 26, 27, 32, 35, 36, 38, 39, 41, 43, 45—47, **91**, 120*
J. montana	18, 20, 21, 24, 26, 27, 30, 33, 35, 36, 41—43, **80**, 110*
J. mutabilis	**63**
J. mutabilis var. *angustiflora*	63
J. mutabilis var. *genuina*	63
J. mutabilis var. *parvifolia*	63
J. mutabilis var. *parvifolia* forma *integra*	63
J. mutabilis var. *parvifolia* forma *subcoaetanea*	63
J. nitida	59
J. obovata	24, 27, **59**, 116*
J. obovata	79
J. obtusifolia	26, 35, **88**
J. obtusifolia subsp. *obtusifolia*	88
J. obtusifolia subsp. *rhombifolia*	88
J. obtusifolia var. *rhombifolia*	88
J. orinocensis	90
J. ovalifolia	45, 47, 91
J. oxyphylla	17—19, 21—24, 27, 29, 31—33, 35—44, 47, **63**, 131*

	Seite		Seite
J. paucifoliolata	27, *67*	*J. secunda*	95
J. paulistana	99	*J. selleana*	*94*
J. poitaei	26, *94*	J. semiserrata	76
J. praetermissa	26, 35, *96*	*J. simplicifolia*	27, *68*
J. procera	86	*J. sparrei*	91
J. pteroides	96	J. spectabilis	86
J. puberula	19, 23, 25, 26, 36—38, 41, 42, 44, 45, 47, *76*, 105*	J. spruceana	70
J. puberula var. macrophylla	76	J. suberba	87
J. puberula var. microphylla	76	*J. subalpina*	17, 18, 20, 21, 26, 35—37, 41, 43, 44—46, *82*, 119*
J. pubescens	73	J. subrhombea	79
J. pulcherrima	21, 23, 26, 29, 36, 37, 42—45, *84*	J. subvelutina	73
J. racemosa	21, 23, 27, 29, 31, 35, *65*	J. tomentosa	73
J. rachidoptera	70	J. trianae	84
J. rhombifolia	88	*J. ulei*	26, 29, 34, *74*
J. robertii	96	J. variifolia	93
J. rufa	19, 23—25, 27, 32, 33, 35—37, 41, 43, 45, *72*, 134*	Pteropodium glabrum	70
J. sagraeana	92, 93	P. hirsutum	72

Verzeichnis der Pflanzennamen (ohne *Jacaranda*)

	Seite
Acanthaceae	107
Acosmium subelegans (MOHLENB.) YAKOVL.	132, 133, 150
Aechmea itapoana W. TILLL & MOR.	39
Aesculus hippocastanum L.	131
Alismataceae	131
Allagoptera arenaria (GOMES) O. KUNTZE	128, 151
Alnus jorullensis H. B. K.	156
Anacardium sp.	126
Anadenanthera falcata (BENTH.) SPEG.	126, 135
Ananas ananassoides (BAKER) L. B. SMITH	134
Ananas sp.	115
Andira humilis MART. ex BENTH.	132, 150, 156
Andira sp.	117
Aneimia sp.	130
Anemone sp.	149
Annona coriacea MART.	126, 128, 135, 150
Annona crassiflora MART.	126, 133
Annona sp.	107, 149, 150
Annonaceae	105, 128
Apeiba tibourbou AUBL.	152
Aphelandra sp.	124
Apocynaceae	107
Apuleia sp.	114
Araceae	107, 108, 114
Araliaceae	108, 109
Arecaceae	105, 145, 157
Arecastrum romanzoffianum (CHAM.) BECC.	114, 115
Arrabidaea sp.	22, 32
Aspidosperma multiflorum A. DC.	124
Aspidosperma myristicifolium (MARKGR.) WOODSON	123
Aspidosperma tomentosum MART.	126
Asteraceae	133
Astrocaryum aculeatissimum BURRET	118
Astrocaryum paramaca MART.	121
Astrocaryum sp.	104, 107, 112
Astronium concinnum SCHOTT	117
Avicennia sp.	151
Bambusoidae	103, 108, 118
Banisteria vernoniaefolia MART. ex JUSS.	130
Bauhinia sp.	107, 134
Berberis sp.	149
Bertholetia sp.	103
Bignoniaceae	9, 126, 143, 145, 147, 148, 150, 151, 156, 162, 166
Blepharocalyx gigantea (LILLO) BURR.	121
Bombacaceae	126
Bombax pubescens VELL.	117
Bombax sp.	105, 118, 149
Borreria argentea CHAM.	133
Borreria sp.	118
Bowdichia virgiloides H. B. K.	150
Bromeliaceae	107, 108, 110, 119
Brosimum gaudichaudii TRECUL	126, 135
Brosimum utile (H. B. K.) PITT.	123
Buddleia sp.	107, 120
Byrsonima coccolobifolia H. B. K.	126, 135
Byrsonima crassifolia H. G. K.	159
Byrsonima intermedia ADR. JUSS.	126, 133
Byrsonima sp.	134, 166
Byrsonima variabilis A. JUSS.	130
Byrsonima verbascifolia RICH. ex JUSS.	129
Cabralea eichleriana C. DC.	118, 121
Callichlamis latifolia K. SCHUM.	118
Calophyllum brasiliense AUBL.	123, 151
Calophyllum sp.	104, 107
Cambessedesia ilicifolia TRIANA	129
Campsis sp.	26, 143
Canella sp.	118
Caraipa tereticaulis TULASNE	152
Carapa guianensis OLIVER	121, 123
Cariniana excelsa CASAR.	118
Caryocar brasiliense CAMB.	124, 132–135, 150, 153
Caryocar sp.	103, 117, 157
Caryocar villosum PERS.	153
Caryocaraceae	148
Casearia decandra JACQ.	114
Casearia inaequalilatera CAMB.	114
Casearia sp.	105, 166
Casearia sylvestris SW	110, 114, 135
Cassia multijuga L. C. RICH.	108, 110
Cassia sp.	134
Catostemma commune SANDW.	122
Cecropia sp.	42, 109, 110, 112, 114, 118
Cedrela balansae C. DC.	121
Cedrela fissilis VELL.	118
Cedrela lilloi C. DC.	121
Ceratonia siliqua L.	11
Cereus sp.	128
Chaetocarpus echinocarpus (BAILL.) DUCKE	123
Chimarrhis latifolia STANDL.	123
Chorisia insignis H. B. K.	121
Chorisia sp.	105, 114, 118, 151, 155
Chusquea sp.	116
Cladonia confusa R. SANT.	120

	Seite		Seite
Cladonia verticillaris (HOFFM.) SCHAER.	120	*Eugenia sp.*	123
Clematis sp.	120, 149	*Eupatorium amygdalinum* LAM.	129
Clusia sp.	107, 125	Euphorbiaceae	112, 113, 116, 126
Combretaceae	128	*Euterpe edulis* MART.	113
Conocarpus erectus L.	156	*Euterpe sp.*	111, 112
Copaifera langsdorfii DESF.	123		
Copaifera sp.	118	*Fagara coco* (GILL.) ENGL.	121
Couepia rufa DUCK.	117	*Fuchsia sp.*	105, 120
Couratari sp.	118		
Coussarea paniculata STANDLEY	121	*Geonoma congesta* WENDL.	123
Crinum erubescens L.	107	*Geonoma fiscellaria* MART. ex DRUDE	111, 112
Croton sp.	118	*Geonoma sp.*	112, 132
Croton urucurana BAILL.	120	Gesneriaceae	107
Cupania sp.	105	*Gochnatia sp.*	133
Cuphea sp.	105, 118, 120, 121, 166	*Guarea sp.*	123
Curatella americana L.	154, 159	*Guatteria sp.*	107, 108, 117
Cybistax sp.	118	*Guettarda sp.*	123, 128
Cyperaceae	109		
Cytisus sp.	9	*Hancornia speciosa* GOMEZ	128, 135, 150
		Hedyosmum brasiliense MART.	112, 132, 151
Dalbergia sp.	10, 105, 166	*Hedyosmum sp.*	148
Declieuxia cordigera MART. & ZUCC.	129	Hernandiaceae	148
Dichromena sp.	131	*Heterodermia* cf. *vulgaris* VAIN.	120
Dictyonema pavonia (SW.) PARM. forma *pavonia*	120	*Hevea sp.*	103
Didymopanax sp.	105, 117	*Hibiscus tiliaceus* SOLAND in AITON	107
Digomphia sp.	32, 49, 50, 143, 144	*Hirtella glandulosa* SPRENG.	124
Dilleniaceae	107, 148	*Hirtella sp.*	150, 157
Dioscoreaceae	114	*Humiria balsamifera* (AUBL.) ST. HIL.	157
Diospyros hispida A. DC.	135	*Hymenaea courbaril* L.	152
Diospyros sp.	9, 146, 151, 152	*Hymenaea sp.*	9, 150
Dipterocarpaceae	9	*Hypolytrum schraderianum* NEES.	112
Doliocarpus sp.	107, 148		
Drimys brasiliensis MIERS.	132, 152	*Ilex brevicuspis* REISSEK	114
– subsp. *subalpina* EHREND. & GOTTSB.	149	*Ilex dumosa* REISS.	114
– subsp. *sylvatica* (ST. HIL.) EHREND. & GOTTSB.	112, 120	*Ilex loranthoides* MART. ex REISS.	129
Drimys sp.	105, 145	*Ilex sp.*	104, 105, 107, 114, 120, 129
Duguetia furfuracea (ST. HIL.) BENTH. O. HOOK.	133	*Inga alba* WILLD.	121, 166
Dypsis sp.	145	*Inga marginata* WILLD.	114
		Inga sellowiana BENTH.	110
Ecclinusa sanguinolenta PIERRE	117	*Inga sessilis* MART.	112, 114
Encyclia dichroma LINDL.	128	*Inga sp.*	105, 113, 114, 117, 121, 123, 156
Epistephium parviflorum LINDL.	128	*Irianthera sagotiana* (BENTH.) WARB.	121
Eriocaulaceae	126, 128, 153	*Iriartea gigantea* WENDL.	123
Eriotheca gracilipes (K. SCHUM.) A. ROBYNS	126	*Joannesia sp.*	117
Erythrina sp.	105, 155		
Erythroxylaceae	126	*Kielmeyera argentea* CHOISY	128, 151
Erythroxylum deciduum ST. HIL.	114	*Kielmeyera coriacea* MART.	133, 135
Erythroxylum microphyllum ST. HIL.	114	*Kielmeyera reticulata* SADDI	128
Erythroxylum sp.	126, 150	*Kielmeyera rosea* MART.	135
Erythroxylum suberosum ST. HIL.	135	*Kielmeyera sp.*	134, 166
Eschweilera odora MIERS	121	*Kielmeyera variabilis* MART.	129
Eschweilera sagotiana MIERS.	122		
Esenbeckia sp.	149	*Lacmella panamensis* (WOODSON) MARKG.	123
Eucalyptus sp.	145	*Lafoensia sp.*	105, 149
Eugenia livida BERG.	135	*Lambertia formosa* SM.	154
		Lauraceae	108, 109, 112, 113, 115, 118, 148
		Leandra sp.	120
		Lecythidaceae	153
		Leguminosae	111, 112, 123, 126

	Seite		Seite
Leucothoe revoluta DC.	128	*Orbignya speciosa* BARB. RODR.	125
Licania blackii PRANCE	124	Orchidaceae.	105, 107, 114
Licania heteromorpha BTH var. perplexans SANDW.	122	Olacaceae.	109
Licania humilis CHAM. & SCHLECHT.	124	*Ossaea euphorbioides* TRIANA.	129
Licania laxiflora FRITSCH.	122	*Ouratea spectabilis* (MART.) ENGL.	135
Licania venosa RUSBY	122		
Lindsaya sp.	130	*Paepalanthus sp.*	129
Lippia florida CHAM.	129	*Palicourea rigida* H.B.K.	129
Lippia salviaefolia CHAM.	135	*Paypayrola guianensis* AUBL.	121
Lisianthus speciosus CHAM.	129	*Paypayrola longifolia* TUL.	122
Lonchocarpus sericeus H.B.K.	117	*Peixotoa tomentosa* A. JUSS.	129
Lonchocarpus sp.	114, 123	*Peltogyne purpurea* PITT.	123
Luhea divaricata MART.	114	*Pentaclethra macroloba* WILLD.	122
Luhea grandiflora M. ZUC.	117	*Pentastemon sp.*	39
Luhea speciosa WILLD.	110	*Peritassa campestris* (CAMB.) A.C. SMITH	135
Luhea sp.	105, 150, 166	*Persea gratissima* GAERTN.	156
		Peschiera affinis MIERS	157
Machaerium acutifolium VOG.	135	*Phoebe porphyrica* MEZ.	121
Machaerium dimorphandrum HOEHNE.	110	*Phyllanthus sp.*	118
Machaerium nicticans (VELL.) BENTH.	114	*Physocalymma scaberrimum* POHL	152
Machaerium sp.	10, 105, 118, 150	*Picraena sp.*	105
Machaerium stipitatum VOG.	114	*Pinus cubensis* GRISEB.	93, 149
Maiaca sp.	131	*Pinus eliottii* ENGELM. in SARGENT.	132
Malpighiaceae.	126	*Piper sp.*	109, 124
Manihot sp.	110	Piperaceae.	108
Manilkara elata MIQ.	117	*Piptadenia macrocarpa* BENTH.	114, 121
Manilkara sp.	128	*Piptadenia sp.*	105
Marantaceae.	109	*Piptocarpha rotundifolia* BAKER.	132, 133
Marcetia fastigiata COGN.	129	*Piptocarpha sp.*	105
Markgravia sp.	108	*Podocarpus sp.*	132
Melastomataceae	106–109, 111, 112, 114, 121, 124, 126, 128, 145, 151	*Polygala sp.*	128, 130
Melocactus sp.	128	*Posoqueria sp.*	132
Miconia albicans TRIANA	126	*Pourouma aspera* TRECUL.	123
Miconia lepidota DC.	123	*Pouteria sp.*	123
Miconia sp.	129	*Protium sp.*	123
Mimosa sp.	133	*Psidium sp.*	117, 133
Mimosaceae.	107, 110, 118	*Psychotria sp.*	107, 120
Mollinedia iomalla PERK.	110	*Pterocarpus violaceus* VOG.	117
Mollinedia sp.	112, 166		
Monimiaceae.	118	*Qualea grandiflora* MART.	150
Moquinia sp.	103, 108, 112, 162	*Qualea multiflora* MART.	126
Mora gongrijpii	122	*Qualea rosea* AUBL.	121
Moraceae	145, 148	*Qualea sp.*	118, 134
Mucuna sp.	107		
Myrcia sp.	126, 130, 133	*Rapanea ferruginea* (RUIZ & PAVON) MEZ.	121
Myricaria floribunda (WEST) BERG.	123, 124	*Rapanea laetevirens* MEZ.	121
Myrsinaceae	107	*Rapanea leuconeura* (MART.) MEZ.	104, 107
Myrtaceae.	104, 107, 108, 111–113, 128	*Rapanea sp.*	105, 120, 129–131, 166
Myrtus sp.	117	*Rapanea umbellata* (MART.) MEZ.	112
		Remijia ferruginea DC.	130
Nectandra amazonum NEES.	151	*Rheedia madruno* TRIANA & PLANCH	123
Nectandra sp.	105, 117, 118	*Rhizophora sp.*	151
Nematopogon (sect.)	143	*Ripsalis sp.*	107
Neophloga sp.	145	*Rollinia emarginata* SCHLECHT.	110
		Rollinia sp.	103, 106, 108, 112, 120
Ocotea rodioei SCHOMB.	122, 123	*Roupala brasiliensis* KL.	110
Ocotea sp.	105, 117	*Roupala cataractarum* SLEUM.	114
Olacaceae.	109	*Roupala meisneri* SLEUMER	114
		Roupala montana AUBL.	124, 126
		Roupala sp.	105, 134, 166

	Seite
Rubiaceae	103, 108, 118, 123, 124, 128, 145, 153
Rubus sp.	107, 120
Sacoglottis guianensis BENTH.	123
Salvertia convallariodora MART.	128, 150
Sapotaceae	108, 123, 133
Schwenkia hirta KLOTZSCH.	130
Scirpus paradoxus BOECK.	129
Scoparia sp.	118, 131
Senecio glaziovii BAK.	120
Serjania sp.	134
Sideroxylon venulosum MART. & EICHL. ex MIQ.	123
Simarouba amara AUBL.	123, 155
Siparuna sp.	110, 124, 132
Siphocampylus convolvulaceus (CHAM.) G. DON.	112
Socratea durissima (OERST.) WENDL.	123
Solanum itatiaiae DUSEN	120
Solanum lycocarpum ST. HIL.	132, 133
Solanum sp.	42, 134
Solanum verbascifolium L. MORONG	121
Spathodea sp.	143
Sterculia mexicana R. BR.	123
Stryphnodendron barbadetimam (VELL.) FORERO	132, 134
Stylosanthes viscosa Sw.	128
Styrax ferruginea NEES & MART.	126, 135
Styrax leprosum HOOK. & ARN.	110, 114
Styrax sp.	117
Swartzia macrostachya BENTH.	117
Symphonia globulifera L. F.	123
Tabebuia avellanedae LOR. ex GRIS.	121
Tabebuia caraiba (MART.) BUR.	135
Tabebuia sp.	26, 143, 144, 150, 155
Tachigalia versicolor STANDL. & WMS.	123
Talauma ovata ST. HIL.	132
Talisia esculenta RADLK.	117
Tapirira guianensis BENTH.	123
Tecoma sp.	105, 118, 143, 144, 155
Tecomaria sp.	26
Teloschistes flavicans (Sw.) NORM.	120
Teloschistes hypoglaucus (NYL.) A. ZAHLBR.	120
Terminalia triflora (GRIS.) LILLO.	121
Tibouchina organensis COGN. var. silvestris BRADE	120
Tibouchina sp.	110, 153, 166
Tillandsia sp.	106, 107, 114
Tillandsia usneoides L.	132
Tocoyena brasiliensis MART.	134
Tocoyena formosa SCHUM.	126, 135
Tocoyena sp.	107, 162
Trattinickia lawrancei STANDL.	123
Trema micrantha (Sw.) DC.	121, 124
Trichilia tomentosa KNUTH	123
Trigoniaceae	148
Triumphetta sp.	118
Utricularia sp.	131
Vanilla bahiana HOEHNE	128
Vanilla sp.	132
Vantanea barbouri STANDL.	123
Vellozia compacta MART.	129
Vellozia sp.	126
Velloziaceae	128, 129
Verbena sp.	118
Vernonia fulta GRIS.	121
Vernonia sp.	120, 133
Violaceae	145
Virola melinonii A. C. SMITH	121
Virola cf. oleifera (SCHOTT.) SMITH	108, 112
Virola sp.	103, 123, 162
Vismia sp.	42, 103, 104, 107, 125
Vochysia haenkeana MART.	124
Vochysia sp.	103, 105, 118, 150, 162
Vochysiaceae	126
Waltheria sp.	105, 118
Weinmannia discolor GARD.	120
Weinmannia paulliniifolia POHL.	114
Weinmannia sp.	112, 166
Welfia georgii WENDL.	123
Xylopia aromatica (LAM.) MART.	126, 135, 159
Xylopia brasiliensis SPRENG.	110
Xylopia cf. brasiliensis SPRENG.	118
Xylopia sericea ST. HIL.	124
Xyridaceae	128
Zingiberaceae	112, 118

MIX
Papier aus verantwortungsvollen Quellen
Paper from responsible sources
FSC® C105338

If you have any concerns about our products,
you can contact us on
ProductSafety@springernature.com

In case Publisher is established outside the EU,
the EU authorized representative is:
**Springer Nature Customer Service Center GmbH
Europaplatz 3, 69115 Heidelberg, Germany**

Printed by Libri Plureos GmbH
in Hamburg, Germany